81

新知
文库

XINZHI

Zoobiquity:
The Astonishing Connection
Between Human and Animal
Health

共病时代

动物疾病与人类健康的惊人联系

[美] 芭芭拉·纳特森－霍洛威茨
凯瑟琳·鲍尔斯 著 陈筱宛 译

生活·讀書·新知 三联书店

图书在版编目（CIP）数据

共病时代：动物疾病与人类健康的惊人联系 /（美）芭芭拉 · 纳特森 - 霍洛威茨，（美）凯瑟琳 · 鲍尔斯著；陈筱宛译. —北京：生活 · 读书 · 新知三联书店，2017.9 （2021.3 重印）
（新知文库）
ISBN 978 – 7 – 108 – 05937 – 6

Ⅰ. ①共…　Ⅱ. ①芭… ②凯… ③陈…　Ⅲ. ①动物疾病 – 关系 – 健康　Ⅳ. ① S85 ② R193

中国版本图书馆 CIP 数据核字（2017）第 129253 号

责任编辑　曹明明
装帧设计　陆智昌　康　健
责任印制　卢　岳
出版发行　生活 · 讀書 · 新知 三联书店
（北京市东城区美术馆东街 22 号 100010）
网　　址　www.sdxjpc.com
经　　销　新华书店
图　　字　01-2017-5284
印　　刷　三河市天润建兴印务有限公司
版　　次　2017 年 9 月北京第 1 版
2021 年 3 月北京第 3 次印刷
开　　本　635 毫米 × 965 毫米　1/16　印张 23
字　　数　230 千字
印　　数　15,001 – 18,000 册
定　　价　45.00 元
（印装查询：01064002715；邮购查询：01084010542）

新知文库

出版说明

在今天三联书店的前身——生活书店、读书出版社和新知书店的出版史上，介绍新知识和新观念的图书曾占有很大比重。熟悉三联的读者也都会记得，20 世纪 80 年代后期，我们曾以“新知文库”的名义，出版过一批译介西方现代人文社会科学知识的图书。今年是生活·读书·新知三联书店恢复独立建制 20 周年，我们再次推出“新知文库”，正是为了接续这一传统。

近半个世纪以来，无论在自然科学方面，还是在人文社会科学方面，知识都在以前所未有的速度更新。涉及自然环境、社会文化等领域的新发现、新探索和新成果层出不穷，并以同样前所未有的深度和广度影响人类的社会和生活。了解这种知识成果的内容，思考其与我们生活的关系，固然是明了社会变迁趋势的必需，但更为重要的，乃是通过知识演进的背景和过程，领悟和体会隐藏其中的理性精神和科学规律。

“新知文库”拟选编一些介绍人文社会科学和自然科学新知识及其如何被发现和传播的图书，陆续出版。希望读者能在愉悦的阅读中获取新知，开阔视野，启迪思维，激发好奇心和想象力。

生活·讀書·新知三联书店

2006 年 3 月

献给扎克、詹和查利

——芭芭拉

献给安迪和埃玛

——凯瑟琳

目　录

致读者的话

尽管这部作品是两位作者通力合作的成果，但为了文体上的考虑，我们选择从芭芭拉·纳特森-霍洛维茨（Barbara Natterson-Horowits）医生的观点来撰写本书。我们认为，采取第一人称的叙述方式能够反映她从专注于人类医学，转向更宽广、跨越物种研究的心路历程。书中绝大多数访谈由两位作者一同进行，极少数情况是由其中一位负责提问的。最后的成书内容不仅仅是纳特森-霍洛维茨医生与凯瑟琳·鲍尔斯（Kathryn Bowers）两人同心协力的心血结晶，更是许多医生、兽医、生物学家、研究人员、其他专业人士及病患（必要之处使用化名）与我们慷慨分享其时间、学识与经验的成果。

第 1 章

当怪医豪斯遇上怪医杜立德：重新定义医学的分野

2005 年春天，洛杉矶动物园（Los Angeles Zoo）的兽医室主任打电话给我，他的语气听起来非常急切。

“喂，芭芭拉吗？听着，我们园里有只皇狨猴（emperor tamarin）心脏衰竭，你能马上过来吗？”

挂掉电话后，我立刻去拿车钥匙。过去 13 年来，我在加州大学洛杉矶分校医学中心（UCLA Medical Center）担任心脏科医生，负责治疗人类患者。但有时洛杉矶动物园的兽医室会邀请我协助他们处理某些棘手的动物病例。由于加州大学洛杉矶分校医学中心在心脏移植领域为执牛耳者，我因而有幸获得人类各种心脏衰竭病例的第一手资料。至于发生在皇狨猴这种体型娇小的哺乳动物身上的心脏衰竭病例，我倒是从未见识过。我把手提包丢进车里，前往坐落于格里菲斯公园（Griffith Park）东侧，占地 46 公顷，青翠蓊郁的洛杉矶动物园。

眼神的魔力

一走进兽医室，我就看见兽医助理抱着一只用粉红色毛毯裹着的小动物。

“这是小淘气。”她一边介绍，一边轻柔地将这只小兽放进透明的树脂玻璃诊疗箱中。看到这一幕，我的心不禁怦怦乱跳。皇狨猴果真是很可爱的生物，它的体型与小猫相仿。这种猴科动物一般栖息在中南美洲的雨林树梢上。它们纤细、傅满洲式[①] 的白胡须垂在棕色大眼睛下面。小淘气被一条粉红色毛毯紧紧裹着，只能用两只滴溜溜转的眼珠盯着我，这神情勾起我的母性本能。

面对焦虑的人类患者，尤其是小病人，我总会睁大双眼，俯身靠近他们。多年来，我亲眼验证了这种手法如何成功地建立起患者对我的信任感，从而使他们紧张的情绪得以舒缓。所以这次我如法炮制，用同样的方式对待小淘气。我想让这只无法自卫的小兽知道我感受到了它的脆弱无助，我会尽全力帮助它。我把头凑近诊疗箱，从箱子上方直勾勾地与它对视，用一种动物对动物的方式凝视它。果然奏效了！它坐得直挺挺的，透过满是刮痕的塑料板牢牢瞪住我。我噘起嘴，柔声哄它：

“小淘气，你好——勇敢喔。”

突然，有只粗壮的手臂揽住了我的肩膀。

“请你别再跟它进行眼神接触了。”我转过头，发现说话的这位兽医尴尬地朝我笑了笑，“这样可能会让它患上捕捉性肌病（capture myopathy）。”

尽管有些吃惊，我依旧遵照对方的指示站到旁边去。看来人兽间的情感交流得等一等再说。我心里充满疑惑。捕捉性肌病？我从医已近 20 年，从来没有听说过这个病名。我知道什么是“肌病”

---

① 傅满洲（Fu Manchu）是英国推理小说家萨克斯·罗默（Sax Rohmer）笔下的虚构人物。这个中国人瘦高，秃头，留着两撇长长的八字胡。他博学多才却极为邪恶，善用魔术、毒药和黑帮来祸害西方世界。——译者注

（myopathy），它会影响肌肉的功能。在我专攻的领域里，最常在“心肌症”（cardiomyopathy）这种心肌退化的病情中看见这种现象。可是肌病和捕捉有什么关系呢？

就在这时，小淘气的麻醉药开始发挥效力了。“该插管了。”主治兽医一声令下，兽医室里的人全都聚精会神，齐力执行这项既危急又有一定难度的手术。我把自己对捕捉性肌病的疑问暂且搁下，全神贯注在眼前的这名动物患者身上。

等到手术顺利完成，小淘气也平安回到自己的栏舍和同伴相聚后，我立刻着手查询什么是捕捉性肌病。几十年来，这个名词频频出现在兽医学领域的教科书和专业期刊中。早在 1974 年，《自然》（*Nature*）便刊登了一篇相关文章。[1] 动物在被掠食者逮到的瞬间，血流中的肾上腺素会猛增，对肌肉产生“毒性”。就心脏来说，过多的压力激素会破坏心室的功能，使心室虚弱无力，无法有效运作。捕捉性肌病确实会致死，像鹿、鼠等小型哺乳动物和鸟等生性警觉且神经高度紧张的动物尤其容易受害。此外，凝视也可能会诱发捕捉性肌病。对小淘气来说，我充满怜惜的注视并不代表“你好可爱，别害怕，我是来帮助你的”，而是“我好饿，你看起来真好吃，我想一口吞了你”。

尽管这是我第一次知道这种病的存在，但在一瞬间它却让我觉得似曾相识。在刚跨入 21 世纪的头几年，一种名为“章鱼壶心肌症”（takotsubo cardiomyopathy）的症候群在心脏学界引发了许多讨论。[2] 这种特殊的疾病往往伴有剧烈、无法承受的胸痛，患者的心电图明显异常，其变化与典型的突发性心脏病极为相似。[3] 我们将这些患者紧急送入手术室进行血管造影，以为会发现危险的血块。然而在章鱼壶心肌症个案中，主治医师发现病人的冠状动脉非常健康，毫无问题：既没有血块，也没有堵塞，更没有心脏病发作的迹象。

经过更仔细的检查后，医生注意到患者的左心室有个灯泡形状的奇怪鼓包。心室是推动循环系统的引擎，为了快速、强劲地泵血，心室必须是卵形的。假如左心室的底部鼓起，那么原本强有力、健康的收缩，就会变成效能低的痉挛——不但软弱无力，而且极不规律。

可是，最值得注意的是引发鼓胀的原因。[4] 看见自己至爱的人死亡、伴侣临婚脱逃，或是赌运不佳而倾家荡产等情况，都能使大脑感受到强烈、巨大的痛苦，进而引发心脏产生令人担忧且致命的物理变化。过去许多医生猜测心脏与心智有关，章鱼壶心肌症这种新的诊断证实了心脏与心智之间确实存在强大的实质性关联。

身为临床心脏科医生，我必须会辨认和治疗章鱼壶心肌症。不过，在转攻心脏专科之前，我在加州大学洛杉矶分校神经精神医学中心（UCLA Neuropsychiatric Institute）完成了精神科临床医生的进修。我具有精神科教育背景，因此对这种症候群深感着迷，因为它正好落在我两种专业兴趣的交会处。

这样的医学背景让我得以站在一个罕见的绝佳角度，去思索那天在动物园发生的事。我不由自主地将这种发生在人类身上的异常现象与眼前这只小动物放在一起思考。感情刺激……压力激素激增……心肌坏死……可能致死……突然间，我灵光一闪，啊哈！人类患者心室的章鱼壶鼓起和动物染上捕捉性肌病时的心脏，肯定有关，说不定根本是一模一样的症候群，只是名字不同罢了。

紧随着这个“啊哈！”而来的，是另一层更强烈的顿悟。关键不在于两种病症的重叠之处，而是横亘于两个领域之间的鸿沟。近40年来（也许更久），兽医早已了解极度恐惧会损伤动物的肌肉功能，尤其是心肌功能。事实上，即便是最基础的兽医训练都会将确保动物不死于张网捕捉和诊察检验的过程中纳入特定的行为准则。

然而，治疗人类的医生在刚跨进21世纪时大肆宣扬这个观察结果，以花哨别致的异国名字增添吸引力，把每个兽医系学生在入学第一年就学到的事当成“新发现”，并以此打造自己的学术成就。令我们医生茫然无头绪的病，兽医早已有所掌握。如果这个假定是真的，那么还有什么是兽医知道，而医生不懂的呢？还有其他属于人类的疾病能在动物身上找到吗？

于是我为自己设计了一项挑战任务。在加州大学洛杉矶分校医学中心担任主治医师的我，可以看见许多不同的疾病。白天巡诊时，我仔细记录遇到的各种疾病。晚上我会搜遍兽医学数据库和期刊，寻找与这些疾病相关的蛛丝马迹。我总是不断自问：动物会不会得这些病？

我从重大致命疾病着手：动物会不会得乳腺癌、血癌、黑色素细胞瘤？动物会不会发生压力引起的急性心肌梗死、昏厥？动物会不会感染披衣菌？我孜孜矻矻地比对着一种又一种疾病，答案总是肯定的。两者的相似之处非常明显。

美洲豹会得乳腺癌，也可能带有BRCA1突变基因；许多德系犹太人后裔身上也带有这种遗传变异，使他们特别容易罹患乳腺癌。[5] 动物园里的犀牛有得血癌的记录。[6] 从企鹅到水牛，许多动物的身体里都能找到黑色素细胞瘤。[7] 非洲西部低地大猩猩会死于一种恐怖疾病，它导致大猩猩体内最粗、最重要的动脉（主动脉）破裂；[8] 主动脉破裂也夺走了爱因斯坦、女演员露西尔·鲍尔（Lucille Ball）和喜剧演员约翰·瑞特（John Ritter）的生命，每年侵犯袭击数千人。

此外，我得知澳大利亚的考拉正饱受猖獗的披衣菌感染之苦。[9] 没错，披衣菌是性传染病。澳大利亚的兽医正全速研发一种针对考拉的披衣菌疫苗。这给了我一个好主意：全美的人类披衣菌感染率骤升，这项针对考拉的研究是否能为人类公共卫生对策提供借鉴？由于考拉只能进行没有任何防护措施的性交（我找不到动物使用避孕套的相关研究），这些考拉专家对于性传染病如何在一个完全从事“不安全”性交的群体中传播散布，想必颇有了解。

再者，我很好奇肥胖与糖尿病这两种当代最受关注的人类健康问题是否会发生在动物身上？我熬夜上网调查以下问题：野生动物有可能达到医学定义的肥胖吗？动物会有饮食过量或暴饮暴食的问题吗？它们会积存食物，等到夜半再偷吃吗？答案是肯定的。对照食植动物、食肉动物、反刍动物与爱吃零嘴的人、吃大餐的人、节食的人之后，我对传统人类营养摄取建议的看法发生了改变，它也改变了我对肥胖流行原本的观点。

很快我发现自己置身于一个充满惊奇与崭新见解的世界中。在接受医学训练和执业的这些年，我从未被鼓励去思考这些想法。坦白说，这情形让我认识到自己的不足，并促使我采用一种崭新的方式来看待自己医生的角色。我不禁纳闷：医生、兽医和野生动物学家若在野外、实验室和病房联手，不是更好吗？也许这样的跨领域合作能够激发属于我的“章鱼壶时刻”，而主题会变成乳腺癌、肥胖、传染性疾病或其他健康议题。说不定，这样的共同研究还能找出新的治疗方法呢。

向兽医取经

随着我的钻研，有个撩人的问题逐渐在我心中发酵：为什么我们医生不习惯和动物专家合作呢？

进一步寻求答案时，我很惊讶地发现，过去大家曾经这么做过。事实上，大约在一两个世纪前，许多地区的动物和人是由同样的医者（也就是小镇医生）诊治的。[10] 当小镇医生固定断骨或接生时，物种之间的差别并不妨碍他们行医。当时最有名的医生鲁道夫·费尔考夫（Rudolf Virchow）至今仍被公认为现代病理学之父。他的看法是："动物医学与人类医学之间并没有清楚的界限——事实上也不应该有。尽管服务的对象不同，但在彼此领域获得的经验却建构了医学的整体基础。"① [11]

话虽如此，动物医学与人类医学却在进入20世纪之后渐行渐远。都市化代表着只有极少数人依靠动物营生，而自动化机械则进一步将劳役动物逐出众人的日常生活之外，许多兽医的收入因而大幅减少。此外，19世纪晚期颁布推行的美国联邦法规"莫里尔赠地法案"（Morrill Land-Grant Acts）将兽医学校留在乡间，同时医学研究中心却在富裕的大城市迅速崛起。[12]

随着现代医学的黄金时期初现，治疗人类患者显然可以赚取更多金钱，赢得更高的声望和学术地位。对医生来说，新时代几乎抹除了他们过去运用水蛭行医、配制灵丹妙药的那种不光彩形象。不过，在这波医生的社会地位和收入一飞冲天的浪潮中，兽医几乎没有分得任何好处。这两个领域在20世纪的大多时候是分道扬镳的，走在两条平行的道路上。

直到2007年，事情才有了转机。那一年，一位名叫罗杰·马尔（Roger Mahr）的兽医与一位名叫罗恩·戴维斯（Ron Davis）的医生在密歇根州的东兰辛（East Lansing）筹办了一场会议。[13] 他们就自己在各自患者身上发现的类似问题交换意见，这些问

① 被美国医学院学生尊为现代医学之父的加拿大医生威廉·奥斯勒（William Osler）是费尔考夫的得意门生。但是医学界可能不知道，兽医学界也认定奥斯勒是他们的先驱。奥斯勒是比较医学的主要倡议者，对后来加拿大蒙特利尔麦吉尔大学（McGill University）兽医学院的发展方向影响甚巨。

题包括：癌症、糖尿病和二手烟的危害，以及人畜共通传染病（zoonoses，意指会传染给人的动物疾病，比如西尼罗热和禽流感）的激增。他们呼吁医生与兽医停止物种隔离，开始互相学习。

由于戴维斯时任美国医学会（American Medical Association，AMA）理事长，马尔则是美国兽医学会（American Veterinary Medical Association，AVMA）理事长，他们联手举办的会议比起过去重新整合两个领域的尝试都更有分量。①

可惜，戴维斯与马尔的联合宣言并未得到大众媒体的重视，就连医学界本身也不看重此事，医生的反应尤其冷淡。不过，“健康一体”（One Health，这项运动的名称）②得到了世界卫生组织（World Health Organization）、联合国及美国疾病管制局（Centers for Disease Control and Prevention）的青睐。美国国家科学院医学研究所（Institute of Medicine of the National Academies）在 2009 年于华盛顿特区主办了一场“健康一体”高峰会。[15] 此外，包括宾州大学、康奈尔大学、塔夫茨大学、加州大学戴维斯分校、科罗拉多州立大学及佛罗里达大学在内的各校兽医学院，则从教育、研究与临床治疗等方面着手投入“健康一体”运动。

然而摆在眼前的现实是，大多数医生在自己的行医生涯中从未和兽医打过交道，至少在专业领域没有互动。在我开始为洛杉矶动物园提供咨询服务之前，我会想起动物医生的唯一时刻，是带我家狗狗去动物医院检查或打预防针的时候。我的兽医同行告诉我，他们会定期阅读人类医学期刊，以便随时掌握最新的研究动态和技

---

① 20 世纪 60 年代，首波现代整合尝试由著名兽医流行病学家凯文·施瓦内（Calvin Schwabe）带头发起。大家公认他是这个领域的先驱。[14]

② 多年来，这项运动更换过不同的名称，如比较医学（comparative medicine）、医学一体（One Medicine）等。

术革新。可是我所认识的大部分医生压根儿从未想过去翻阅任何一本动物医疗领域的月刊，即便是像《兽医内科期刊》（*Journal of Veterinary Internal Medicine*）这么受敬重的刊物也不例外；我自己的想法也是最近才有所改变。

我想我知道其中的原因。大多数医生认为，动物及其罹患的疾病有别于人类。我们人类有自己的疾病，动物也有它们自己的疾病。除此之外，我怀疑还有另一个理由，那就是尽管没说出口，但是人类医学界对于兽医学怀有一种无可否认的偏见。虽然大部分医生拥有许多值得赞美的特质，比如孜孜不倦的敬业精神、热心助人、有社会责任感，以及追求科学的严谨，但是我必须强迫自己揭发咱们医生中某些不大光彩的事。不知道你听了会不会惊讶，一大半医生都是自负傲慢的人。问问你的（非医学博士）足疗师、验光师、齿颚矫正师，他们是否曾觉得那些姓名后附有两个神圣英文字母（M. D.）[①] 的人态度高傲？我猜你可能听过不少关于医生骄傲自大或医学博士特有的位高权重的矜持态度的麻辣八卦。

顺带一提，医生甚至也会这样对待彼此。你绝不会看见一群不可一世的神经外科临床医生和欢乐的家庭医生，或深富同理心的精神科实习医生共享咖啡和玛芬蛋糕。医学界有种不成文的等级制度，越是竞争激烈、越赚钱、越程序导向、越“出类拔萃”的专科，越是稳坐医生自尊金字塔的顶端。考虑到医生如何轻易地按照负责诊治的身体部位来评判其地位的高低，不难想象光是“动物医生”这个头衔就能引起他们何等的轻蔑。假如我的一些同事知道如今进兽医学院远比进医学院难得多，我相信他们肯定会很震惊。

当某些兽医告诉我这两大领域之间由来已久的嫌恶时，许多人

① 这里指的“M. D.”，就是医学博士学位（Doctor of Medicine）。——译者注

对于自己不被认真视为“真正的”医生而感到愤愤不平。不过，当那些医学博士以高姿态相待，使人愈发耿耿于怀时，大多数兽医选择采取认命的态度来应对这帮华而不实的医生同行。有几位甚至向我透露了一则兽医圈内的笑话：怎么描述医生？只会治疗单一物种的兽医。

尽管如此，在医生之中，欢迎动物医生成为同侪这件事仍待努力。正如达尔文敏锐地观察到：“人类并不喜欢将动物和我们自己一视同仁。”[16] 可是有关生物学的一切，甚至医学的基本原则，全都基于我们是动物这个事实。确实，我们遗传密码中的大部分是和其他生物共有的。

当然，我们在某种程度上能接受大量的生物学重叠，例如几乎每一种人类服用与开立的药品都曾在动物身上试验过。真的，假如你问大多数医生动物怎样告诉我们有关人类健康的事，他们肯定会不自觉地指出一个地方：实验室。可是，这并非我在这本书要谈的。

本书跟动物试验无关，也不会探讨那些错综复杂且重要的伦理议题，而是要介绍一种能同时增进人类与动物患者健康的新方法。这种方法以一个简单事实为基础：生活在丛林、海洋、森林与我们家中的动物有时候都会生病，就像我们一样。兽医在许多种类的动物身上看见这些疾病，并加以治疗，但医生对此却几乎熟视无睹。这是个重大盲点，因为我们可以从动物如何在自然环境中存活、死亡、生病及恢复健康，学得如何增进所有物种的健康。

恐龙的脑瘤

当我开始关注人兽的共性而不是差别时，我对自己的患者、他们罹患的疾病，甚至是“身为医者的意义”的看法也发生了改变。人兽之间的界限逐渐变得模糊。一开始，这变化让我惶惶不安。我无论在加州大学洛杉矶分校医学中心为人类患者还是在洛杉矶动物园为动物患者进行心脏超音波检查时，每一次都会迸发似曾相识的感觉。每个僧帽瓣、左心室心底都带着我们共享的演化结果与健康所面临的挑战。

住在我心中的那个心脏科医生对这崭新的观点、大量的重叠感到非常兴奋。可是身为精神科医生，我不知道该做何反应。生理的相似之处是一回事，血液、骨头、跳动的心脏不只赋予灵长类和其他哺乳动物生命，也让鸟类、爬虫类，甚至是鱼类显得活泼有生气。不过，我认为人类独特发达的大脑代表了这样的雷同仅止于肉体，那些重叠之处肯定无法扩及我们的心智与情绪层面。于是，我从精神病学的观点切入问题。

动物会不会得强迫症、临床抑郁症、药物滥用与成瘾、焦虑症？动物会不会自杀？没想到，通过搜寻，我竟然找到一连串令人吃惊却很迷人的答案。

章鱼和种马有时会自残，手段跟被我们称为“切割者”的自戕患者如出一辙。[17] 野外的黑猩猩会抑郁，有时甚至因此死亡。[18] 精神科医生治疗强迫症患者的强迫行为，与兽医在动物患者身上看到的刻板行为极为相似。[19]

真是意想不到，对照人兽医疗经验的做法似乎能给人类心理健康带来巨大的好处。假如负责治疗强迫症患者的精神科医生愿意向鸟类专家讨教患有啄羽症的鹦鹉的治疗经验，或许那位总是无法克制、想拿香烟烫伤自己的病人的状况可以因而获得改善；如果黛安娜王妃或安吉丽娜·朱莉（她们都曾公开承认用刀片割伤自己）有机会跟处理过马儿欲罢不能地啃咬自己的专科医生讨论那种难以抑制的强烈冲动，或许她们能得到些许安慰。[20]

对于有瘾头的人和他们的治疗师来说，耐人寻味的是已知有多种动物（从鸟儿到大象）会寻觅、采食能影响心智的莓果与植物，以求改变自己的知觉状态——也就是寻求快感。[21] 大角羊、水牛、美洲豹，以及多种灵长类动物，都会食用具有麻醉效果、能引发幻觉的物质，接着表现出对这些物质的依赖。多年来，博物学家早已注意到野外的这些行为。也许治疗酗酒或成瘾的方法或新观点，正潜伏在那些动物研究中。

我也搜寻了有关抑郁症和自杀的兽医学案例。很难想象动物和人类一样具有想要自戕的强烈心理冲动。虽然行为学家和兽医早已针对动物情绪的类似特质提出了极有说服力的描述，但是我对动物是否有能力体会人类对死亡的感受抱持怀疑态度，更遑论对死亡的威力有所认知。尽管如此，我还是追问："动物会自杀吗？"

没错，它们不会悬梁自尽，也不会用左轮手枪送自己上西天，更不会留下遗书交代缘由。可是那些显然出于悲痛、足以夺命的"自我忽视"（self-neglect，如拒绝进食和饮水）实例，在科学文献和兽医、宠物主人的证言中比比皆是。[22] 至于感染寄生虫的昆虫会自杀，则在昆虫学家笔下留有翔实的记录。

这引发了一个有趣的议题。既然人类的生理结构是亿万年演化而成的，也许现代人类的情感也是历经数千年才逐步形成的。焦虑、悲痛、羞愧、骄傲、喜悦，甚至是幸灾乐祸，自然选择是否在我们感受各种情绪的历程中扮演了重要角色？

尽管达尔文自己就自然选择对人类与动物情绪的影响做了深入研究，并详加阐述，但是我的精神科医学训练中根本不曾提到"人类的感觉也许有演化的根源"这种可能性。事实正好完全相反，我接受的医学教育严厉警告我们不得受拟人化的不当吸引。过去如果我们注意到动物脸上流露出疼痛或悲伤，会被指责为投射、做白日梦、过分多愁善感。可是过去20年来的科学进展指出，我们应该采取合乎时代发展的观点来看待此事。在动物身上看见人类的影子，也许并不像我们以为的是个问题，或许未能重视我们的动物天性才是更大的障碍。

身为精神科医生，过去我对自己受过的训练深信不疑。然而我现在开始觉得，刻意保持对动物身心疾病的无视，跟只因为某份人类研究报告是用外文书写，就拒绝去理解其内容一样，是胸襟狭小的行为。

话虽如此，我心中的怀疑天性驱使我仍想对人兽的雷同找到其他解释。也许这种相似只是因为我们和动物享有相同的环境。毕竟，人类强占了整个食物链，将我们主要的日常饮食、防御手段和疾病硬塞给受我们控制的一切生物。

于是，我重新检视过去我始终认定是人类与现代独有的病症。没想到，我偶然获得了一些值得注意的发现：恐龙患有痛风、关节炎、压力性骨折……甚至是癌症。不久前，古生物学家在一只蛇发女怪龙［*Gorgosaurus*，霸王龙（*Tyrannosaurus rex*）的近亲］的头骨化石中发现了一团东西。[23] 他们说，脑瘤让地球上曾经最庞大的食肉动物倒下。这种疾病使一个中生代晚期的癌症患者与包括作曲家乔治·格什温（George Gershwin）、“雷鬼教父”鲍勃·马利（Bob Marley），以及美国参议员泰德·肯尼迪（Ted Kennedy）在内的人类脑瘤患者产生了联系。

长久以来，我将心力全都奉献给人类患者，没想到却突然迎面遇到移动的分界。癌症侵袭并杀害它的受害者已有至少七千万年的历史。我不禁纳闷，这个信息会如何重新定义患者与医生看待疾病的态度……甚至影响肿瘤学家寻找治疗的方法。

人兽同源

大约就在这时候，我开始和科学记者凯瑟琳·鲍尔斯携手合作。她不是医生，但拥有社会科学与文学的教育背景，她在这些医学相似性中看见了更宽广的含义。她敦促我用更开阔的眼光检视我在动物园和医院体会到的重叠经验。我们开始合力研究并撰写本书，期望能将医学、演化、人类学与动物学结合在一块。

我们的调查始于几千年来哲学家与科学家如何确定人在生物中的位置。显然，从人类有能力琢磨这个问题开始，对于“我们是动物”这个明明白白的事实一直存在两种截然不同的看法。根据至少能回溯到柏拉图时代的文字记载，我们的祖先确实承认人类和所谓较低等生物之间存在明显的相似性。柏拉图曾若有所思地说：“人是没有羽毛的两足动物，鸟则是有羽毛的两足动物。”然而长期以来，人类一直希望能通过人性的定义，让我们稳居于比其他生物高一级的地位。

达尔文通过《物种起源》（*The Origin of Species*）一书，为我们提供了一种新颖的（对许多人而言则是惊恐慌乱的）方式去设想人类与动物的关系。达尔文断定，人与兽分别居于同一棵进化树的不同分枝上，并不处于分裂的两个对立面上。各路学者纷纷针对人究竟是否与猿类和其他动物是亲戚，以及关系到底有多亲近，发表了很有分量的见解。

到了20世纪中叶，《裸猿》（*The Naked Ape*）一书的问世重新引发论战。动物学家戴斯蒙德·莫里斯（Desmond Morris）曾是伦敦动物园哺乳动物馆馆长，经过客观研究后，他将生物学家在野外详细记录动物行为的方式套用到人类身上，在《裸猿》一书中翔实描述了人类进食、睡觉、打架和育儿的种种行为。

大约在莫里斯指出我们与猿类如何相似的同时，有两位开风气之先的灵长类学者详尽记录了猿类在许多方面的举止表现得像人类。珍·古道尔（Jane Goodall）是最早观察到野生黑猩猩会运用工具，还会有组织地攻击敌人的灵长类学者。黛安·弗西（Dian Fossey）则花了将近 20 年的时间，与卢安达的一群大猩猩近距离相处，研究它们的发声和社会组织。尽管弗西与古道尔探讨的是严肃的科学问题，但她们针对猿类的独特个性与和大家庭成员的关系所发表的权威文章，还有那些引人入胜的访谈，促使大众对人猿交会产生了莫大的兴趣。

后来，有不少学者通过钻研动物与演化生物学，尝试揭开现代人类生活的神秘面纱。其中的两大对立阵营——爱德华·威尔逊（Edward O. Wilson）和斯蒂芬·杰伊·古尔德（Stephen Jay Gould）都是任教于哈佛的博学之士。

威尔逊于 1975 年出版的《社会生物学》（*Sociobiology*）不仅撼动了学术界，也为广泛的公共论述带来了冲击。受到对蚂蚁的全面研究启发，威尔逊将动物的社会行为与包括自然选择在内的演化力量联结在一起。将这个理论扩展到人类社会时，则意味着基因勾勒出我们许多方面的天性与行为。可惜威尔逊的这个理论提出得不合时宜。当时距离优生学理论被用来支持种族灭绝合理化才过了 30 年，世界还没准备好接受人类天性的任何方面可能由基因决定的观点。同时，民权和女性主义运动方兴未艾，他们誓言破除几个世纪的种族、性别和经济歧视，舆论完全无法容忍丝毫暗示“与生俱来的生物特性决定了命运”（biology is destiny）的理论。此外，分子生物学与基因组定序的科学革命还要再等 15 年才会出现，虽然高科技在未来终将证实威尔逊的大多数理论，但这时的他还无法以此为靠山。

某些学术界同侪为他冠上种族主义者、性别主义者、“决定论者”的恶名。其中炮火最猛烈的诋毁者就是古尔德。他是著名的古生物学家、地质学家和科学史家（他正巧也是我的学士论文指导老师之一。当年我的论文探讨的是达尔文对大众关于身体残缺看法的影响）。古尔德在其著作《熊猫的拇指》（*The Panda's Thumb*）一书中主张，人类状态的细微差别无法单纯通过自然选择来解释。他告诫读者，轻率地从遗传学角度解释人类行为，有可能会使社会严重倒退。他的看法正符合 20 世纪七八十年代的学界氛围，当时新历史主义学家正重新诠释文学，而解构主义学者正在破坏西方文明进程。

理查德·道金斯（Richard Dawkins）在这一时期成为丰饶多产的作家，他出版了多部挑衅意味浓厚的著作，如《自私的基因》（*The Selfish Gene*）和《盲眼钟表匠》（*The Blind Watchmaker*）。道金斯将演化描绘成一种并非感情用事的历程，而是一场存在于竞争基因间、出于自私且永不休止的竞赛。道金斯和威尔逊一样，被抨击为过度夸大了遗传的优势，认为它远胜于文化的作用。尽管如此，这位牛津大学教授仍然继续深入调查人类行为的生物学基础，包括它在宗教与信奉上帝中扮演的角色。在《祖先的故事》（*The Ancestor's Tale*）这部较晚出版的作品中，道金斯灌输了“生物学大统一”的概念，尝试探讨河马、水母和单细胞生物的共同始祖是什么。

《自然》在 2005 年发表了一项重新定义这场对话的研究：人类基因组与黑猩猩基因组的相似性高达 98.6%。[24] 这个数据鼓舞了许多人（不光是科学家）去重新思考是什么原因使我们成为人。如今，已无须证明动物与人之间存在的关联，值得关注的是对这种庞大重叠性在深度和广度上的探索。

这样的挑战促使科学家将探索的触角延伸到人类和猿类以外。生物学家很快就发现了哺乳动物、爬虫类、鸟类等不同生物之间的古老遗传相似性。这个发现十分惊人：几乎完全相同的多组基因已在细胞与生物间流传了数十亿年。这些未曾改变的基因群负责在不同物种中打造相似的结构，甚至是相似的本能反应。换句话说，一份共有的遗传“蓝图”会指示杀人鲸“夏慕”、赛马名驹“秘书”和凯特王妃的胚胎长出外观不同，但实则同源的肢体：能操纵游动方向的鳍状肢、飞奔的马蹄，以及优雅挥动致意的手臂。“深同源性”（deep homology）是生物学家肖恩·卡罗尔（Sean B. Carroll）、尼尔·舒宾（Neil Shubin）和克利夫·塔宾（Cliff Tabin）创造的新词，用以描述人类与其他几乎所有生物共享的遗传核心要点。[25]深同源性说明了从视力正常的老鼠身上取出的基因，如何在植入盲眼果蝇体内后，使之长出结构正确无误的复眼。同样，在遗传上联结老鹰对光敏感的锐利视力与绿藻感旋光性的，也是深同源性。我们可以通过深同源性追溯分子的血统，一路找到生物最早的共同始祖。它证实了包括植物在内的所有生物都是失散已久的亲戚。

关于先天遗传与后天环境孰轻孰重的争论，在20世纪80年代曾经引起整个学术圈的关注，如今却成了陈年旧事。由于分子生物学、遗传学和神经科学进展神速，争论的主题早已从行为是否具有遗传基础转到基因、文化与环境究竟如何互动上。这个转变使得“表观遗传学”（epigenetics）这个崭新领域迅速茁壮成长，它探讨了感染、毒素、饮食、其他生物，还有文化实践如何启动与关闭基因作用，从而改变动物个体的发展。

想想看，这代表了什么。演化未必只能发生在经历世世代代之后，或百万年间，它也可能发生在你我和任何动物的有生之年。惊人的是，表观遗传机制为我们的DNA带来的变化，意味着我们遗传给子女的基因可能和我们继承自父母的基因不同。表观遗传学和深同源性分别占据演化的正反两面：前者有助于解释快速的遗传变化，同时显示环境在遗传中扮演的角色；后者则让我们想起自身血缘的发端，以及绝大多数演化的脚步是极其缓慢的。

这个全新的出色观点开始影响许多科研领域，包括生物学、医学和心理学。当舒宾在2008年出版《我们的身体里有一条鱼》（*Your Inner Fish*）时，众人无不惊叹于比较生物学赋予现代医学新观念的能力。舒宾带领我们通过观察人类与远古生物共享的解剖学结构，展开了一场眼界大开的旅程。舒宾是任教于芝加哥大学的古生物学家、生物学家，他与伦道夫·内斯（Randolph Nesse）、乔治·威廉斯（George Williams）、彼得·格卢克曼（Peter Gluckman）、斯蒂芬·斯特恩斯（Stephen Stearns），在著作《为什么我们会生病》（*Why We Get Sick*）、《演化医学原理》（*The Principles of Evolutionary Medicine*）及《健康与疾病的演化》（*Evolution in Health and Disease*）中一同提倡演化医学（evolutionary medicine）这个新概念。至于其他为人类与动物生物学开辟共享领域、极具影响力的学者，还有《蝴蝶、斑马与胚胎》（*Endless Forms Most Beautiful*）的作者卡罗尔，著有《第三种猩猩》（*The Third Chimpanzee*）的贾雷德·戴蒙德（Jared Diamond），著有《人性白板说》（*The Blank Slate*）的史蒂文·平克（Steven Pinker），著有《猿形毕露》（*Our Inner Ape*）的弗朗斯·德瓦尔（Frans de Waal），著有《灵长类回忆录》（*A Primate's Memoir*）的罗伯特·萨伯尔斯基（Robert Sapolsky），以及著有《为什么演化是真的》（*Why Evolution Is True*）的杰瑞·科因（Jerry Coyne）等人。

多年来，对动物精神生活的关注，一直被批评为推测成分太过浓厚以及拟人化而被轻易打发，如今终于广为世人所接受。坦普·葛兰汀［Temple Grandin，著有《动物使我们为人》（*Animals Make Us Human*）和《倾听动物心语》（*Animals in Translation*）］、杰弗里·马森［Jeffrey Masson，著有《哭泣的大象》（*When*

Elephants Weep)]、马克·贝考夫［Marc Bekoff，著有《动物的情感生活》（*The Emotional Lives of Animals*)]，以及亚历山德拉·霍洛维茨［Alexandra Horowitz，著有《狗眼看世界》（*Inside of a Dog*)]等人写的书，在在显示出动物的认知与行为跟我们所谓的期望、懊悔、羞愧、内疚、复仇和爱极为相似。

由于他们的作品是如此发人深省又让人眼界大开，因而我想要找出一种具体方法，以便利用他们的深刻见解来改善我的医生工作。我想打破耸立在医生、兽医和演化生物学家之间的壁垒，因为我们很难得有机会可以探索动物与人重叠之处最需要解决的事——治愈我们的患者。

让身为医生的我深深着迷，进而让我踏上这趟改造我个人医学信念之旅的，其实是个很简单的念头：我想要从数十年来的演化研究与动物照顾者的集体智慧中提炼出精华，整理出一份表格，让我和我的患者能在治疗过程中使用。

凯瑟琳和我发现，从“侏罗纪癌症”到“文明病”，动物与每一种我们能想到的人类疾病都有关联，鲜有例外。我们缺的，是能用来描述这种兽医、医生和演化医学的整合名词。

由于文献中找不到适用的名词，最后我们决定自己创造一个：Zoobiquity（人兽同源学）。在希腊文中，“zo”指的是动物，而拉丁文里的“ubique”则是“四面八方、无所不在”的意思。“zoobiquity”结合了两种文化（希腊和拉丁），恰如我们结合人类医学与动物医学两种“文化”的想法。

人兽同源学希望能从动物与兽医身上找到人类最关切的答案。它想看穿我们的历史，虽然在人猿分离和灵长类动物出现这两个演化时间点略作停留，但它会持续探索更古老的历史。它打开了我们的眼界，看见和人类一同演化并共存于地球的哺乳动物、爬虫类、鸟类、鱼类，甚至是细菌之间共有的疾病与弱点。

工程师早已从自然界撷取灵感。在被称为“仿生学”（biomimetics）的领域中，翅膀和鳍启发设计师创造出飞行与漂浮效率更高的运输工具。蟑螂帮忙解决了机器人爬上坑洼地面时难以保持稳定状态的迫切难题。[26] 研究人员仿照昆虫的六足，制造出一台不太容易倾倒，且快要倾倒时能自我扶正的机器。白蚁、蚊子、巨嘴鸟、萤火虫和蛾子具有超强的适应力，而它们不过是科学家尝试引入人类市场的极少数动物罢了。

此刻，该轮到医学登场了。我有幸在对的时间地点将章鱼壶心肌症和捕捉性肌病整合在一起（你会在第 6 章读到更多细节）。人兽同源学鼓励医生努力发掘类似的跨学科经验。这种融合不同领域的做法，有可能带来意外之喜。假如接受美国国家卫生研究院（National Institutes of Health，NIH）经费补助的各项研究愿意扩大它们的讨论范畴，只需加上“动物会不会得某某病？”这个简单的问题，就能使科研成果大幅增加。

这种比较方法的应用不仅限于人类医院或动物医院中。通过发现一群鲑鱼或一群大角羊如何面对类似挑战，或许就能帮助胸怀大志的商人或女中学生找到在错综复杂的社会关系中合宜的适应方式。这种比较方法也指出，动物保护、捍卫领土的方式跟我们人类如何并为何创造出边境、社会阶级、王国、监狱的道理是一样的。假如能知道我们的动物亲戚是如何解决抚养后代、手足竞争和不孕的，或许能为人类生儿育女带来一丝启发。

人类无疑是独一无二的生物。包含在我们与黑猩猩身体中仅有的 1.4% 的遗传差异中的生理、认知和情绪特征，是莫扎特、火星探测车和分子生物学研究存在的理由。可惜，这重要却极微小的差异所散发的宏伟炫目光芒，往往使我们看不见另外那 98.6% 的共性。人兽同源学鼓励我们将目光从明显但狭隘的差异上移开一会儿，转而拥抱许许多多、无数的共性。

可惜，小淘气后来还是死了——我必须赶紧声明，并不是因为我对它进行友善凝视的缘故。在尸体解剖后，我为它做了心肌切片，交给迈克尔·菲什拜尔（Michael Fishbein），他是全美最受尊敬的心脏病理学家，也是我在加州大学洛杉矶分校的同事。

当我们用菲什拜尔的显微镜观察这些细胞的时候，我注意到受损的心肌细胞似乎陷入、卡在周围的组织中。我从显微镜耀眼的白圈中认出眼熟的、微微发光的淡紫红色形状，突然感到一阵恶寒。虽然这些不正常的心脏细胞来自一只毛茸茸、有尾巴的树居动物，但它们和患有这种疾病的人类心脏细胞如出一辙。

可是，这不仅仅是人类与动物系出同源的细胞表现而已。这些模式说明了兽医熟知但现代医生却毫无所悉或置之不理的简单事实。动物和人类在面对同样的传染病和创伤时，容易受到相同的伤害。

就像过去处理人类心脏样本时所做的那样，菲什拜尔仔仔细细研究眼前的切片，接着说出他的看法。我还记得他是这样评论的："心肌症，有可能是病毒引起的——看起来就像人类的心肌症。"

他的这番话包含了人兽同源学的精髓。在显微镜下，皮毛和尾巴无法让我们分心，我们看见的不是"一只皇狨猴的心脏病"，而是"一只灵长类动物的心脏病"——患者也许是大猩猩、长臂猿、黑猩猩……也许就是人类。

听到菲什拜尔的判断后，过去我只关注单一生物的日子就此正式告终。取而代之的，是运用人兽同源学这种能起联结作用、跨越物种的态度来面对临床医疗上的诊断挑战与难题。从此以后，无论我注视的是人类还是动物的心脏，我的眼光再也不同于以往。

第 2 章

心脏的假动作：我们为什么会晕倒

大城市医院的急诊室偶尔会出现像电视剧《实习医师格蕾》（*Grey's Anatomy*）或《怪医豪斯》（*House, M. D.*）里的场景。确实，我们会遇到有人受了枪伤、心脏病突发或药物使用过量的忙乱情景。在这些刺激的忙碌之外，是风平浪静的寻常日子，没有那么多可怕的插曲。进出急诊室的常见类型有疑心自己生了病的人、过度紧张的父母，还有虚弱无力的人。

动物会晕倒吗？

尽管看起来没什么大不了，但虚弱得快要晕倒，也就是医生口中的“昏厥”（syncope），是普遍的事情。[1] 在美国，去急诊室的人有 3% 是因为昏厥，住院患者中也有 6% 是因为昏厥。在加州大学洛杉矶分校医学中心的急诊部，我们会处理许多值得搬上电视的病例，包括地震、多车追尾和帮派火并的受害者，不过几乎每天晚上都会有晕倒的人被送进来。事实上，急诊室处理晕倒病例的数量远多于枪伤、自杀未遂和三度烧伤病例数的总和。[2]

大约有三分之一的成年人在一生中至少有过一次完全晕倒、失去知觉的经历。[3] 几乎每个人都曾体会过那种头昏眼花、快要晕倒的感觉。在那个时刻，你能做的就是坐下来，低头垂悬于两膝间。这不是开玩笑，昏厥有可能是重大心脏疾病的症状，也可能会导致严重的创伤，比如你在摔倒时撞破了头。

心脏科医生经常治疗有眩晕症状的患者。虽然昏厥看似是一种大脑的疾病，其实是大脑与心脏复杂的、相互影响的产物。我在加州大学洛杉矶分校医学院主讲“晕倒”这个课题时，向学生解释知觉的丧失往往发生在大脑突然得不到血液与氧气供给的时刻。造成昏厥的真正原因千变万化，但多数时候，心脏是“罪魁”。

我们都知道，如果我们起身速度太快，就会感到头晕。这种眩晕来自基本的物理学原理，血液必须对抗地心引力，流遍全身各处。至于严重的心脏疾病所引发的眩晕（此时心脏无法将稳定流量的血液泵至大脑）则相对容易确定病因。

最著名的昏厥是那种由情绪触发的晕倒，它往往被作家拿来当作事情的转折点。从莎士比亚、简·奥斯汀、J. K. 罗琳到斯蒂芬·金，他们全都用过这一招。[4] 只可惜它的成因如今还是个谜。

由于这种叫作“血管迷走神经性昏厥”（vasovagal syncope，或译为“血管张力失调性昏厥”）的眩晕状况极为常见，在美国，负责向阵亡将士家属通报死信的军官都会接受相关的应对训练。[5] 护士在抽血时也常遇到患者晕倒的状况，因此，他们总会在手边预备氨吸入剂（ammonia inhalant，现代版嗅盐），以备不时之需。此外，每个产科医生都知道，最容易在产科病房晕倒的是正在分娩中产妇的丈夫。[6] 在情绪最高涨的时刻，比如在顺产时胎儿的头钻出阴道，或剖腹产时宝宝的头从子宫中露出来的那一刻，有时候还来不及听见新生儿哇哇啼哭，就听到新生儿父亲晕倒、头撞到地板时砰的一声。

尽管如此，就算汇集了一切关于晕倒的专业知识和实用经验，我还是无法面对带我 12 岁的女儿去穿耳洞时发生的事。从我为人母的眼光看来，与其让购物商场首饰店里的高中生在她纯洁无瑕的耳垂上穿洞，还不如为她选择我能想得到的最干净、最安全的场所。我有个朋友是整形医生，他那谨慎又无菌的诊所是最佳选择。当那个开心的日子到来，我女儿兴奋地一屁股坐进一张又厚又软的椅子里——那是为注射肉毒杆菌的患者设计的，她给我一个勇敢的微笑。医生一只手拿着一面小镜子，让我女儿确认穿耳洞的位置，同时用一支绿色的笔在耳垂上做记号，然后他取出了银色的耳洞枪……我看见我女儿脸上的笑容逐渐消失……耳洞枪离她的头越来越近，就在马上要碰到她的耳朵时——咕咚！我还来不及说“亲爱的，你真棒”为她加油打气，她就晕过去了。

相信我，我的女儿并不是受到逼迫才会去诊所的。为了穿耳洞，她不知道向我恳求了多少年，她是真心想要去那儿的。而且我们再也找不到比那里更安全的地方了。可惜她体内或脑中的某种本能坚持认为她最好是失去知觉，而不是“清醒地”面对那个时刻。显然她的大脑和心脏完全遵从指示，启动了晕倒的程序。

等我仔细回想这整件事的时候，我发现自己把焦点放在晕倒这个错综复杂的逻辑上。假如那把耳洞枪是货真价实的武器，那么选择逃走或抵抗，对她来说难道还不如无助地倒在攻击者的脚边更好吗？这种奇怪的反应为什么还会留在人类的基因库中呢？为什么演化没有淘汰这些晕倒的家伙，只留下斗士和飞毛腿呢？①

---

① 对此有几种不同的理论。其中，“凝块制造”（clot-production）假说主张，缓慢的心跳或彻底晕倒都能使动物在受到攻击后不致流血而死，因为在低血压下，流速缓慢的血液比较容易凝结。[7] 另一种比较不可信的“人类暴力冲突”（human violent conflict）假说则认为，这起源于旧石器时代，在部族交战时，妇女与儿童会以晕倒作为脱险的手段，不过这一招并不适用于男人。

为了解开人类身体与行为之谜，我们可以在那些日常现实与自己的演化根源不像现代西方城市中与生活脱钩得那么厉害的生物身上找线索。血管迷走神经性昏厥是一场人兽同源学远征的完美起始点。我领悟到，虽然我治疗人类眩晕患者多年，却从未想到问一个基本的问题：动物会晕倒吗？

只要看到任何一位兽医的患者，你很快就能得到肯定的答案：是的，动物有时也会晕倒。[8] 在狗的种族中，从罗威纳到吉娃娃，昏厥随时可能出现在它们狂吠、跳跃、嬉闹、梳毛甚至洗澡等日常活动之后。在安静时突然受到惊吓也可能会晕倒。违反它们的意愿，限制它们的身体活动，会让某些猫、狗出现血管张力失调性昏厥；对许多宠物而言，这是一种非常可怕、极度惊骇的体验。很显然，某些宠物患者对于打针采取的反应和许多人类患者相同：一只约克夏在抽血时晕倒，一只小猫在兽医用注射器从它的膀胱抽出尿液时晕倒，一头查理士王小猎犬在注射疫苗时失去了知觉。

那么野生动物呢？这是个比较难以掌握实情的问题，不过动物园的兽医曾看见黑猩猩晕倒，这种情形比较容易在动物处在压力下或身体脱水时发生。野生动物兽医曾见识过握住鸣角鸮（screech owl）和金翅雀（junco）抽血时，它们的身体突然进入类似冬眠的僵直状态。[9] 就连达尔文也曾记录，一只知更鸟被他捉住之后，“完完全全失去了知觉，我一度以为它死了”。[10] 他也看到一只吓破胆的金丝雀“不只全身发抖，连喙的根部都发白了，最后还晕了过去”。[11]

昏厥的戏码通常会在我们认知的战或逃反应（fight-or-flight response）后，以相同方式上演。当动物（包括人类）感到某种可能致命的威胁，大量的肾上腺素和名为儿茶酚胺（catecholamine）的荷尔蒙会涌入血流中，使心跳加速、血压升高。最关键的是，我们体内会涌现出一股活力，让我们逃离威胁或击退敌人。

不过你很快就会看到，传统的“战或逃”二元论需要更新，以合乎时代发展。许多动物进化出一套额外的招式来增强自己遭遇危险时存活的可能性。如今不再只是战、逃，而是战、逃或晕倒。

本能的求生策略

显然，晕倒的起源和另外两种恐惧反应是相同的——始于强烈情绪的压力源和高涨的肾上腺素，只是晕倒后来走向另一条不同的发展路径：心跳非但没有加快（心动过速，tachycardia），反而直线下降（心动过缓，bradycardia）；血压不但没有激增，反而骤降。全身各处的传感器在察觉血压变低、血流放缓后，会发出信号通知大脑：事情非常不对劲，若不是心脏衰弱，就是身体正大量失血。为了自我保护，大脑决定通过晕倒来关闭整个身体系统的运作。

对于那些受到惊吓后脉搏变得飞快的人而言，心脏这种放慢速度的状况似乎与直觉背道而驰，但是你一定有过这样的体验。想象一下，假如你在外地弄丢了身份证，或者发现某个生意伙伴欺骗了你，你可能会感到一阵强烈的恶心；如果你犯了一个有损自己前途的大错，或驾驶载着孩子的车差点撞上一辆 16 轮的长途大货车，你肯定会有“我想我快要吐了”的感觉。它也是你上台演讲、面对观众前会有的那种头昏眼花的感觉，因为你预期会有上百双眼睛盯着你（第 6 章会进一步探讨心脏对眼神注视偶尔做出的致命反应）。

这种极度恶心的感觉是迷走神经的反应，它是由神经系统中主管消化与休息的副交感神经系统所引起的。在短短几秒的关键时刻，控制“战或逃”的交感神经系统撤退，由副交感神经系统接管一切。如果有机会在迷走神经兴奋带来的恶心感发生的当下测量脉搏，便会发现此时的心率变慢了。在某些案例中，心率会慢到足以引发意识丧失，也就是大家所说的“晕倒”。不过，并非所有案例都会如此。

尽管弄丢身份证并不会让花栗鼠心生忧虑，但其他充满压力的状况却有这种威力。心跳慢到该拉警报的情况在动物王国中随处可见，不足为奇。土拨鼠、兔子、小鹿和猴子在面对恐惧时，心跳都会明显地放慢（血压同时下降）。[12] 柳雷鸟（willow grouse）、凯门鳄（caiman）、猫、松鼠、鼠、短吻鳄和许多种类的鱼，当然还有花栗鼠，都会使出心跳变慢的把戏。[13] 这种状况未必会发展成晕倒（在人类身上也未必如此），但为什么它们在面对压力时会转换成迷走神经性昏厥的状态，进而使心跳减缓呢？这种司空见惯的情形着实令人好奇，也正是我女儿在穿耳洞时发生的状况。我多年前就知道人类医学界用“由恐惧诱发、迷走神经调节的心跳过缓”来描述这种情形，但等我深入研究后，才知道兽医用的是另一个术语——“惊慌引发的心跳过缓”（alarm bradycardia），它听起来和医生使用的术语类似，只不过更为简洁。[14] 毫无疑问，这两个词描述的是相同的状况。

动物和人类晕倒的情形有个值得注意的差异，那就是尽管动物经常因惊慌而引发心跳过缓，但它们似乎不常像人类那样彻底失去知觉。[15] 话说回来，我们虽然在急诊室看见了昏厥案例，但是有更多案例是人们感觉身体虚弱、想吐、因心跳过缓而头昏眼花，却没有完完全全失去意识。因此，这种发生在人类与动物身上的症候群被称为“几近昏厥却还有意识”（near-fainting while conscious）是很合理的。既然有这么多物种有同样的反应，我们必须回头思索一个最根本的问题：动物的心脏在高压下进入超慢动作模式，这是不是一种生存优势？

答案有好几种，而你或许已经猜到第一种。惊慌引发的心跳减缓可以让动物处于假死状态，从而欺骗掠食者放过自己，另觅其他目标。

有个研究指出，神经反应变慢、看起来死了的鸭子，可能会成功骗过经验不足的狐狸。然而，年纪较大的狐狸也许吃过一两次闷亏之后就长了智慧，这些老练的猎手知道立刻杀了到手的鸭子或是咬下它的腿，以确保它不会奇迹似的“死而复生”。[16]

心脑联手耍花招也能使人免于遭受迫在眉睫的伤害。1941 年，21 岁的妮娜·莫雷茨基（Nina Morecki）从集中营逃走，在波兰的树林里被纳粹军追捕时晕倒了。[17] 等她恢复知觉后，发现自己躺在死尸堆中，这些死者是没她那么幸运的集中营伙伴。其他类似残忍故事还包括装死以求脱逃的大屠杀生还者。从第二次世界大战期间的巴比亚尔（Babi Yar）大屠杀①、1994 年的卢旺达种族灭绝事件（Rwandan genocide）②，到 2007 年弗吉尼亚理工大学（Virginia Tech）持枪滥杀事件，这些杀戮暴行的幸存者都说自己曾经装死求生。[18]

“几近昏厥却还有意识”的另一个常见反应虽然令人作呕，却也让人佩服其策略高明。迷走神经性昏厥会让动物失去对自己身体的控制力，某些动物在精神极度紧绷或恐惧的状态下会撒尿或排便。[19] 掠食者发觉恶臭难闻就会离开。大家都知道狗闻到臭鼬的气味就会打退堂鼓；受到惊吓的鼩鼱会从肛门囊释放出强烈恶臭的气味，就连饥肠辘辘、性情凶恶的獾都要退避三舍。已经捕捉到的猎物若发生呕吐，对掠食者而言也有同样好的击退效果。

这种因恐惧而生、让人很难堪的生理失控状态，可能是我们人

① 1941 年德军于基辅城外的峡谷屠杀犹太人的暴行。——译者注

② 卢旺达的胡图族（Hutu）政府军有组织地屠杀图西族（Tutsi）人及温和派的胡图族人，估计有 80 万人在为期三个月的种族清洗中丧生。——译者注

类希望自己靠进化失去的行为残留。不过，实际上它偶尔也能保护我们。强奸犯罪防治教育者有时会告诉妇女，假如性侵就要发生，排尿或呕吐或许能扭转局面。[20] 在某些案例中，性侵犯者会心生厌恶而打消念头。此外，受害妇女因昏厥或进入“几近昏厥却还有意识”的状态而成功避免被性侵，也很常见。心理学家研究了这类案例，并与动物一动也不动的反应对照。他们表示，无法反击时，选择不挣扎或许能化解危急局面，并且降低被强奸的可能性。① [21] 尽管算不上绝对安全可靠，但昏厥的成功率已高得足够认定它是演化根源的依据。

偏偏最了解昏厥在提供身体必需的暂时喘息上扮演何等重要角色的那一群人，正是致力于施加痛苦的拷问者，这多么讽刺。许多酷刑受害者的叙述中包含了令人作呕的相似反应：在惊恐与身体遭侵犯的折磨下，许多受害者会晕过去。[23] 但非常恐怖的是，拷问者会设法让他们恢复知觉，等他们一苏醒，拷问者便像是得到暗号，立刻继续施暴。你可以说，拷问者通过无视受害者昏厥的身体保护反应，施加另一层折磨，剥夺其睡眠的能力，让受害者的身体无法得到恢复元气的机会。②

心动变缓还提供了另一个重要的生存优势，也就是帮助易受

---

① 雌性食虫虻（robberfly，又称“盗虻”）有时会采取类似的战术，阻挠不受欢迎的性挑逗。[22] 昆虫学家戈兰·阿恩奎斯特（Goran Arnqvist）写道：“假如被雄虻抱住，雌虻会呈现假死状态（thanatosis）。一旦雌虻动也不动，雄虻便不再认定这个无生命的雌虻是可以交配的对象，从而对它失去兴趣。”我们无从得知这套昆虫版的性暴力防治策略有无值得人类借鉴之处，不过阿恩奎斯特推断，装死在昆虫界极为普遍，雌性昆虫有可能改编这个策略，用来保护自己免于从事不想要的交配。

② 有些专家相信，钉死于十字架（crucifixion）其实是死于一再发生血管迷走神经性昏厥。[24] 在执行这种令人毛骨悚然的酷刑期间［“剧痛难忍的”(excruciating) 这个单词即源于此］，你的身体被五花大绑，不让你有机会倒下来形成有助于恢复元气的横躺姿势。你失去意识，接着醒来，丝毫得不到片刻缓解，最后死于低血压与缺氧。

伤的动物保持静止。加拿大科学家通过跟踪白尾鹿（white-tailed deer）幼崽，想知道它们听见事先录好的狼嚎声会有什么反应。[25] 小鹿的反应是“完全可以预期的”惊慌引发的心跳减缓，它们的心率放缓，身体纹丝不动。想想这种生理学上的把戏能带给小鹿何等的生存优势。这些小鹿在母亲出门觅食时往往得长时间独处，缓慢的心率让它们在危险迫近时不至于四处走动发出声响。换句话说，它帮助小鹿躲藏起来。这种生理机能是否也会出现在小孩身上呢？

只是我们永远不能在婴儿身上进行实验，若蓄意惊吓婴儿以测试他们的心率变化，研究人员就算没被逮捕，肯定也会受到众人痛斥。可是没想到，一场地缘政治灾难为我们开启了一扇小窗，让我们窥视人类最年幼的成员对原始的恐惧做何反应。

在海湾战争期间，1991 年 1 月 18 日这天晚上，伊拉克军队发射“飞毛腿”导弹，开始轰炸以色列。[26] 空袭警报通过室外扩音器、电视和广播大肆播送，闹得人心惶惶。由于传言这些炸弹弹头载有化学武器，惊恐万分的群众被指示一旦听见警报声响起，就得戴上防毒面具，立刻躲入避难所。

那一夜，在特拉维夫（Tel Aviv）地区的一家医院产科病房中，有三名产妇正在分娩。[27] 按照标准程序，她们的腹部会绑上胎儿心跳监测器，以便记录腹中胎儿的心跳状况。凌晨 3 点，一记突如其来、让人胆寒的“飞毛腿”来袭警报穿透了产科病房的重重墙壁，显然也穿透了待产妈妈的子宫。当医院人员手忙脚乱地为自己和患者戴防毒面具时，产科护士注意到胎心监测器的屏幕出现了极不寻常的变化。这三个即将出世的宝宝的心率竟冷不防、出人意料地直线下降：从原本健康又轻快的每分钟 100～120 次突然变成令人惊恐不安的 40～60 次。这些丁点儿大的心脏就这样“保持低调”大约两分钟后，才恢复正常。

这三个还没有离开子宫的婴儿，面对带有威胁的声音产生了心跳减缓的生理反应。这种心率变慢的现象部分有可能是由警报声所引起的，还有部分是因为母亲听见警报后，身体产生的压力激素进入了胎儿体内所致。不管哪一种情形，这些产科监测资料都强烈指出，早在诞生前，我们的身体便已具备能在不知不觉中对抗掠食者的防御措施，其中包括强有力的惊慌引发的心跳减缓反应。这三个婴儿后来都顺利降生，显然也配有装备齐全的各种生存本能——这些本能我们都有，只是很少去考虑它们。

猎物为了不让自己被掠食者吞下肚，最常见也最有效的一种避敌策略，就是在面对危险时把自己隐藏起来——科学家称之为“隐匿性”（crypsis）。[28] 有些动物依靠体型和伪装来藏匿；有些动物靠表现出本能行为，比如定住不动、躲藏或蜷伏来掩护自己；还有许多动物会把这些全都用上。因心跳缓慢而带来的静谧只不过是猎物帮助自己“销声匿迹”（至少就掠食者而言是如此）的诸多手段之一。

在心跳缓慢的协助下，定住不动、躲藏或蜷伏，将人类神经系统和那些与人类同源的各式各样物种联结起来。通过兽医学的眼光检视晕倒，让我从它也许是一种避敌策略的角度去设想这种常见却令人费解的心脏不良反应。同时，这个假设还反过来帮助我了解导致某些人失去意识或晕过去的那种存在于心脏和大脑之间强大的反馈回路。为了探究为什么会有这样的回路，我踏进人类远古祖先的水域栖息地。

听不见的心跳

图丽鱼（又名猪鱼、地图鱼，oscar，学名为 *Astronotus ocellatus*）是一种淡水鱼，和吴郭鱼（Tilapia）是亲戚。图丽鱼精力旺盛又与人亲近，素有“水族箱里的小狗”的美名，因为它们会热情地迎接喂食的人，不但会摇尾、要特技般的快速翻转，还会轻啃人的手指头。但是当图丽鱼承受极大压力时（比如清洗鱼缸时），它们会变得无精打采，还会侧着身子平躺在缸底，静止不动，身上的颜色变白，呼吸变缓，[29] 鱼鳍也会停止摆动，有时就算你轻轻推它们一把，它们还是会保持这个模样。

假如我有机会用水中听诊器聆听躺在水族缸底一动不动、但还活着的图丽鱼的心跳声，我想我会发现一条线索，从而知道昏厥为什么能历经这么多个回合的艰难自然选择而留存下来。更确切地说，线索会藏在我听不见的部分——一颗健康跳动的心脏里。反而，我要注意的是在两次心跳之间长时间停顿的心跳过缓症状。①

要了解这种较不明显、减速的心律的重要性，不妨先看看鲨鱼这种主要掠食者的生理机能。鲨鱼和魟鱼、鲇鱼等几种水下掠食者一样，天生具有心跳侦测器。这种名为“罗伦氏壶腹”（Ampullae of Lorenzini）的器官里有特化的感受细胞，能察觉由其他鱼类跳动的心脏发射出来的微弱脉冲电场。[31] 这些猎手的内耳也会扫描鱼类的心跳，就像医生用听诊器那样，仔细聆听“噜卜—嗒卜”（lub-dub）的心音。掠食者可以锁定这些有效信号，借此瞄准目标，就算猎物与它们之间还有相当的距离甚至躲在沙底下，一样无所遁逃。这意味着在水底下，一颗跳动的心脏就能泄露天机。②

每一种生物身上都有这个“告密者”。不管是人类、蝾螈还是

---

① 鱼类的心脏有一心房、一心室，由一个退化的瓣膜隔开；哺乳动物的心脏则有二心房、二心室和四个瓣膜。[30] 心脏的瓣膜闭合，会制造出我们称为“心音”（heart sound）的声响。以人类为例，心脏瓣膜闭合会产生听来像“噜卜—嗒卜”的声音。

② 沃尔沃（Volvo）汽车公司一度曾提供一种心跳侦测器作为某款汽车的选配项目。他们宣称，它能在你坐进驾驶座前，预先警告你后座有侵入者。[32]

金丝雀，那颗泄露内情的心脏从受孕后没多久就开始跳动，直到死亡的那一刻为止。

但是，假如水底下的鱼能让自己的识别信号消音，就能做到在听觉上隐形，甚至能躲避敌人。看过潜艇电影的人都知道这种原理。只要被敌军的声呐发现，潜艇的舰长就会下令全员“静音潜航”——包括了从切断无线电到关闭引擎以藏匿潜艇心跳声的一切手段。等到危机解除，他们会重新发动引擎，该潜艇才能加速驶向安全之地。

知道这一点，我们就能理解为什么自然选择会暗中帮助某些有福气的鱼，让它们在变成天敌的晚餐前晕过去。拥有一颗能在受到真实威胁或意识到威胁出现时减缓心率的心脏是一个重大优势，它甚至能在攻击发动前就发挥保护作用。昏厥与“几近昏厥却还有意识”的形成或许是救命用的“第三种选择”，是传统的“战或逃”之外的另一种替代方案。

如我们所知，由恐惧、痛苦或烦恼等强烈情绪引发的心跳减缓反射，是人类血管迷走神经性昏厥的最重要特征。惊慌引发的心跳减缓一直保护着各纲目的脊椎动物，而且依然明确地存在于今日你我身上，这是因为它的保护力量深植于自主神经系统中，从生活在水中的远古祖先传下来给我们。这个假设，将水中某条被猎捕的鱼心跳骤然减缓和急诊室里某个晕倒的人联系起来。

在某种程度上，我们很难想象自己是猎物。当今人类支配了整个地球，我们有能力（也确实会）彻底消灭其他物种，对此，我们甚至浑然不觉。发达国家的大多数人一生中可能不会面对来自任何非人动物掠食者的实际威胁。于是，像昏厥这样的演化残留对于我们这个摩登时代而言，似乎就像双轮马车维修店一样不合时宜。但是人兽同源学的态度让我们领悟到，我们身上的反射反应与行为，其实反映出其他动物的御敌策略。

大自然赋予许多成年动物各式各样的防卫手段，如刺、角、利爪、难闻的气味和致命的毒液。尽管这些在受到攻击时全都非常有用，但它们也具有在攻击发生前警告对方“别惹我”的作用。常见于鹿群与瞪羚的“反复弹跳”（stotting）这种奇特的跳跃就是如此。[33] 使出弹跳招数的这只动物会向上跃起，四只脚直挺挺地落地，接着再度弹起、落下、弹起、落下，仿佛踩着弹簧高跷一路弹跳、远离掠食者。科学家争论着这种行为如何能帮助动物逃跑，它看起来像是一种很浪费体力的做法——明明可以直接逃跑，不是吗？不过，整件事的重点似乎是要卖弄自己的精力无穷，这个行为明确告知掠食者：你眼前的这只动物精力旺盛，想要追捕它，只是白费工夫罢了。

野生动物学家称这类身体特质与行为是“无利可图的信号”（signals of unprofitability）。[34] 它们向掠食者发出明确的信息：走开，去找别的容易得手的目标。

我们人类也会运用无利可图的信号保护自己。想想一名保镖展现他双臂鼓起的二头肌；还有当你在暗夜独自走过一条静得吓人的街道，你会本能地昂首挺胸，故意用一种夸张、大摇大摆的姿态武装自己；想想你家草坪上立着的“内有窃贼警报器”告示牌；或是大企业聘任律师团打官司。每个案例透露的信息都是一样的：请另寻其他受害者，眼前的这个太棘手，很难对付。

确实，公开宣布自身的严密防护，是一种广泛见于各个物种的基本行为。我曾有幸向哈佛演化生物学家卡雷尔·林（Karel Liem）请教，他告诉我，几乎所有动物行为的核心都具有自我保护与防范被捕食的成分在内。

昏厥的生理机能也不例外。单纯保持静止不动就能赋予生物生存优势。当然并非每次都奏效，但是成功的次数已足以让它成为穷途末路时还不错的一个选择。

然而，晕倒者的反应很少受到敬重。惊慌引发的心跳过缓、迷走神经引发的恶心、吓呆了、装死和彻底失去知觉，几乎总是和软弱胆小画上等号，在文学书籍和电影中常是胆怯的简称。举例来说，富兰克林·皮尔斯（Franklin Pierce）曾在战场上晕倒的事，让他一生都摆脱不了“晕倒将军”这个绰号，即便他在1853年成为美国总统后，这个绰号依旧缠着他不放。很少有人会认为老布什（George H. W. Bush）、撒切尔夫人（Margaret Thatcher）、前美国中情局局长戴维·彼得雷乌斯（David Petraeus）、卡斯特罗（Fidel Castro）或前美国司法部长珍妮特·雷诺（Janet Reno）是意志软弱的人，但是他们全都在办公室里晕倒过。就旁人看来，晕倒也许看似无助，是屈服甚至战败的生理行为，可是考虑到昏厥带来的防护力，也许现在该是扭转这种贬损且无知观点的时刻了。

战、逃，或晕倒。晕倒是身体快速开启断路器的方法。它暂停身体动作，有时甚至能阻挡掠食者的追捕。它可以免去冲突的危险性，让逃脱变成可能。昏厥和相关的“减速”行为之所以继续留在人类身上，是因为过去几亿年来它们一直成功地帮助动物避开死亡。深植在昏厥的远古生理机能中的一个重要教训是，人类如何应对那些让我们惊恐的事物。战或逃有时也许行得通，可是当奋战无用，逃脱无力的时候，动弹不得或许反而能带给我们更有效的保护。

等着穿耳洞的少女、躲在树叶堆中的小鹿、献血者，还有逃离掠食者魔爪的鱼，全都继承了昏厥这个避开死亡的神经系统回路。心与脑的沟通赋予他们一个暂时喘息的机会——瞬间的、欺骗式的反应，它长久以来都是生存的一种方法。

第 3 章

犹太人、美洲豹与侏罗纪癌症：古老病症的新希望

“二战”结束后，当退役军人纷纷从亚洲和欧洲返乡时，全美各地的医生正在大后方与一种致命疾病交战。每年死于心脏疾病的美国人是葬身硫黄岛（Iwo Jima）和奥马哈海滩（Omaha Beach）士兵的五倍之多。[1] 为此，美国国家心脏研究中心（National Heart Institute）着手投入弗雷明汉心脏病研究（Framingham Heart Study），这项研究后来成为长期医疗调查研究的标杆。从 1948 年开始至今，麻州弗雷明汉市的数千名男女每两年要向特定医生报到一次。[2] 他们要提供血液及其他实验室化验样本，做各种身体检查，并回答一个又一个关于自己的饮食、运动、工作与闲暇爱好的问题。

经过几十年后，研究人员由累积的数据，看出其中的规律。抽烟和高血压会导致心脏疾病，年龄与性别则会影响风险的高低。实在难以想象，现在被我们当成再平常不过的信息，竟然曾经是未知的事物。时至今日，弗雷明汉心脏病研究汇集了半个多世纪的统计数据，在研究人员利用资料检测，找出中风、失智、骨质疏松和关节炎的长期趋势时，仍能持续产出成果。这项指标性的研究如今已

是第三代，名单中包括了许多初始参与者的孩子和孙子。

长期的医学研究不容易成功，尤其调查样本众多、时间又长的研究更是如此。这类研究如此珍贵的原因，正是它们让人泄气之处。报名者众多的同时，也有很多人退出。参与者没有意愿继续下去，他们要么忘了去做身体检查，要么搬家后没有留下新的地址，要么忘了填第 3 次、第 13 次或第 30 次的问卷。

然而，这样的挑战并没有吓倒迈克尔·盖伊医生（Dr. Michael Guy）。他在 2012 年开始招募参与者（目标 3000 名），投入一项也许可以说是最有野心的全新长期研究，预计时间长达十几年。[3] 这项研究关切的是某个群体罹患癌症的状况，因为其成员死于癌症的风险竟然高达 60%。

而且他的研究团队确切知道他们的受测对象不可能作弊、睁眼说瞎话或消失无踪，也不会在调查中捏造答案，或是只对研究人员说他想听的话。它们很忠诚、热情又顺从。研究人员之所以这么有把握，是因为他们费了心思郑重其事地挑选受测者——金毛犬。

在你开始想象一只耷拉着耳朵的小狗坐在消过毒的实验室铁笼中之前，请容我做个说明。“犬类终身健康计划”（Canine Lifetime Health Project）是一项长期的癌症研究计划，盖伊医生有时称它“狗界的弗雷明汉研究”。而登记参与“犬类终身健康计划”的狗全都是备受钟爱的家犬。它们来自全美各地的普通家庭，住在院子或卧室中，和孩子、其他狗嬉戏玩耍，吃的是自己主人精心选择、准备的食物。它们会在住处附近的人行道上散步，也会在公园里玩“你丢我捡”的游戏。

“犬类终身健康计划”里的狗就像弗雷明汉研究中的人类参与者，终其一生被持续追踪。随着数据大量涌进，流行病学家、肿瘤学家和统计学家会仔细查看这些狗的饮食状况，了解食物的营养成分或分量有无可能促成癌症的产生。他们会细心研究狗暴露在环境污染物（从二手烟到家用清洁剂）中的情况，会测量这些狗居住的地点离高压线和高速公路有多远，以判断是否有任何癌症明显聚集的迹象。研究人员会分析每只狗的遗传密码，并与其他狗的遗传密码和完整的犬基因图谱对比。完整的犬基因图谱来自于一只名叫“塔夏”（Tasha）的母拳师犬的DNA，于2005年完成分析。[4]

由非营利机构莫里斯动物基金会（Morris Animal Foundation）所推动的这项史无前例的研究，有可能彻底改变我们治疗犬类癌症的方法。此外，这些努力带来的知识也许不仅有益于家犬的子子孙孙，同时也能惠及牵狗绳另一端的动物——人类。犬癌有许多故事值得人类癌症借鉴：癌症打哪儿来？为什么会转移？如果可能的话，如何让癌症就地终止？从多物种的角度来研究癌症，代表了我们与人类最忠实伙伴之间那份特殊关系将会变得更加紧密。

遗传密码

除了吻部有些许变灰，泰莎（Tessa）的毛乌黑发亮，与它身上那件街灯黄的背心形成强烈对比。这件颜色鲜明的服装非常合身，紧得像是电影《欢乐满人间》（*The Partridge Family*）里的戏服，上头缀满绣了图案的布片。有几则狗粮公司的广告，其中一个标榜泰莎是“跳水高手”（Dock Dog），是一个表现优异的动物运动员，它高超的跳跃与取回猎物的能力，使得寻常家犬看起来像是美国职业棒球小联盟打者对阵洋基队队长德瑞克·基特（Derek Jeter）。不过，泰莎的背心最引人注目的是横跨整个上腹部，用黑线绣的五个大字：癌症康复者。

泰莎是一只黑色的拉布拉多犬，我们相识于2010年春天，一场战胜病魔的宠物聚会上。尽管它的左下犬齿后方牙龈上的棕色病灶仍旧十分明显，但它的口腔癌症状在过去两年来已逐渐减轻。当我拍抚着泰莎那毛茸茸、尖尖的头，它的主人琳达·赫蒂奇（Linda Hettich）向我说明当初她是怎么发现泰莎生病的。[5] 当时他们正在玩“你丢我捡”的游戏，没想到泰莎捡回来的网球上面血淋淋的。经兽医检查后确认它患有癌症，于是开始接受治疗。虽然赫蒂奇用她独特的女低音（她是洛杉矶某家新闻广播电台的午间时段主播）诉说着她有多感激泰莎的癌症没有复发，但是她的表情透露出相当程度的焦虑。泰莎不是她养过的狗中第一只罹患癌症的。就在几年之前，她心爱的杂种狗卡丁（Kadin）死于癌症。赫蒂奇承认自己有时候不禁怀疑，为什么她养的两只狗都得和癌症搏斗。

“对于卡丁，我心里满是歉疚。”她告诉我。现在泰莎也得了癌症，她说她时不时会想：“我养的两只狗都得了癌症——我究竟做错了什么？”

这种反应一点也不让我惊讶。过去我常听到“我究竟做错了什么？”这句话，同样的疑问也经常折磨着许多罹患癌症的人。

我在加州大学洛杉矶分校医学中心的一个角色是，照顾在癌症疗程中产生心脏疾病不良反应的病人。对于自己为何会抽到癌症这张牌，每个病人都有一套自己的理论。有时候，他们会和我分享看法。通常，罹患癌症是因为他们做了某件事：我用手机，我用除臭剂，我吃了烤得焦黑的鲑鱼，我用微波炉，我涂口红，我喝塑料瓶装矿泉水，我曾经当了多年的空中小姐。有时问题出在他们没做的事情上：不去教堂，缺乏运动，没做乳房X光摄影；有时则是外力：都怪我父亲的烟瘾，都怪我家饮用水中加了氟化物，都怪我办公室里那张新地毯；或是笼统的压力：一件纠缠多时的官司，庞大的信用卡还款金额，照顾年迈的父亲（或母亲）。

我知道这些理由能让病人在面对吓人的诊断结果时，感觉自己仍保有些许的控制权。由于这个做法本身具有治愈效果，因此为他们测量血压、检查脉搏、用听诊器聆听心音时，我大多只是默默听他们述说自己的理论。可是有些病人是想寻求医学上的赦免，此时我会温和地提醒他们，说一些他们过去必定听过的论调：癌症的成因林林总总，不一而足。在我们从父母、曾祖父的祖父，以及远古动物祖先继承而得的DNA中存在蓝图和机制，能命令细胞创造我们的身体器官并使它们维持运作。可是，如果这套机制里带有错误，造成机制失灵，细胞失控增长，就可能发展成所谓的癌症。

以下就是我想表达的：充满生机、不断成长的生物，必须时常用崭新、精力充沛的细胞取代衰老、凋萎的细胞。制造一个新细胞需要将细胞DNA中近30亿个零件（即核苷酸）逐一拷贝。这个动作能让子细胞载有和母细胞完全一致的信息。当一切进行顺利时（惊人的是，通常都很顺利），便能精确地复制DNA。但偶尔大约每一万个核苷酸会出现一次错误，这些化学密码可能会被遗漏、重复或错置。

大多数时候，这些称为“突变”（mutation）的差错会被细胞的化学“校对者”揪出来，在它们进入新细胞前修正完毕。至于“误植”之类的小毛病往往会偷渡成功，但也无伤大雅，就算印刷错误，细胞仍能继续正常运作。有时候，这些错误发生在DNA的重要区段，结果竟然提升了细胞的功能。假以时日，这些微小的变化就会产生新的性状和行为，甚至是新的物种。举例来说，突变是不同种类的狗在体型差异上的原因。负责指示骨骼成长的基因只要有些许变化，就能创造出吉娃娃和大丹犬之间这种显著的差异。

尽管如此，某些突变会损害细胞的功能。比如，正常细胞的DNA中带有“自杀密码”。当某个细胞变老或受到无法修复的伤害，这些密码就会突然开始运转，导致细胞进入一个名为“细胞凋亡”（apoptosis）的自我毁灭过程。可是，在细胞上指挥这场破坏行动的特定基因有可能会产生突变。当破坏指令出了差错或发生故障，这些受损细胞将会继续存活下去。接着，它们有可能把包含错误的所有部分一起复制。之后，那个有缺陷的新细胞就像它的母细胞一样，缺乏正常的细胞死亡指令。如今有两个细胞，每一个都带有 DNA 错误，而且少了适当的调控机制。等到这些有瑕疵的细胞增殖时，它们会变成 4 个，然后是 8 个，然后是 16 个。用不了多久，一整群不死的细胞会毫无节制地扩增。这就是癌症：原本正常的细胞在成长过程中失控，带着不同的 DNA 指令。

当这些失控、突变的细胞聚集成群，就会形成肿瘤（tumor）。有时候，这些突变的细胞会想方设法进入血液或淋巴系统，这两者本来就是大规模连接全身各处的超级高速公路。这些细胞从它们的原发部位走过很远的距离，接着在新的据点开始复制，这就是“转移”（metastasis）。有些癌症（如黑色素瘤）很容易转移；有些［如长在头颅底部的脊索瘤（chordoma）］则没那么有野心，主要长在某个区域中（顺带一提，这是良性与恶性肿瘤的最基本差异。任何大量的不正常细胞都叫肿瘤，但是良性肿瘤通常会在同一地点不断增生，不会侵犯邻近的组织）。

但不论某种癌症是迟缓或敏捷，是恋家阿宅、大冒险家还是实心或液体肿瘤[①]，带来无尽痛苦与死亡的不是别的，正是遗传密码中的错误。许多行为与环境因子会促进这些错误的产生，导致癌症。抽烟、日晒、饮酒过量和肥胖全都与 DNA 受到伤害有关，也都和

① 实心肿瘤（solid tumor），指癌细胞组织为固定位置的肿瘤；液体肿瘤（liquid tumor），指发生在血液和淋巴系统中的癌症。——译者注

各种不同的癌症有关。[6]

此外还有一大堆已知的有毒物质，只要接触到一定量以上，几乎肯定就能引发癌症：大气中自然存在的氡（及其他放射性物质）、石棉、六价铬、甲醛、苯等。美国国家卫生研究院标示出54种有确实证据显示它们与人类癌症有关的致癌物质。可以肯定的是，随着更多研究成果发表，这个名单只会更长。

既然环境中有这么多毒素，社会上又有这么多人罹患癌症，将世人患癌的痛苦归咎于污染的环境是最简便的做法。[7] 许多人深信癌症是不自然的，这种疾病是人类自作孽的恶果，甚至预防癌症成了一种营销工具。选择牛奶、除臭剂或鲔鱼这种平常的事，感觉成了罹患癌症的一种高额赌注行为。从各种广告的包装中挑出在医学上确有其事的信息，成为病人的一大挑战，同时也成了医生的一大责任。

只不过癌症也会发生在那些不抽烟、不喝酒、不做日光浴、不用塑料容器微波加热食物，也不用特氟龙（Teflon）不粘锅烹煮食物的人身上。癌症会侵袭练瑜伽的人、喂母乳的妈妈和采用有机方式栽培花草树木的园丁；癌症会攻击婴儿、5岁、15岁、50岁和85岁的人，对众人一视同仁。更辛辣的是，看见某些年长的人做尽各种“不恰当”的举动却没有半点患癌症的迹象，也是很常见的事。

想要把得病的责任归咎到自己或我们的文化身上，这种冲动并不是现代社会所独有的，也不是只有罹患癌症的人才会这样想。正如医学史学者查尔斯·罗森伯格（Charles Rosenberg）曾指出的：“想要从决断力（选择做什么或不做什么）的角度解释患病与死亡，是亘古以来即有的有效想法。”[8]

那么，抱持跨物种的态度能为此带来什么样的见解呢？就算仅仅粗略地调查其他动物的患癌状况，都能让我们看清一件被人忽略却很要紧的事实：只要细胞分裂、只要DNA复制、只要有成长发生，就会有癌症的存在。癌症和生命诞生、繁殖生育、死亡一样，都是动物王国中很自然的一部分。此外，我们马上就会看到，癌症其实和恐龙一样古老。

侏罗纪癌症

泰莎不过是每年被诊断出癌症的上百万只狗中的一员。奇妙的是，许多犬类癌症的表现跟人类癌症十分类似：致命的前列腺癌（prostate cancer）在男人与公狗身上展现的临床状况相似；乳腺癌会攻击母狗的骨骼组织，就像它会优先转移到患癌女子的骨骼上；骨肉瘤（osteosarcoma）多发于加速成长期间的青少年身上，它对许多大型犬、巨型犬的侵害同样猛烈。[9]

遗憾的是，许多结果也很类似。跟人类一样，狗身上的许多癌症具有抗疗性。而且即使开刀完全切除肿瘤，无论人与狗，癌症都有可能复发。

狗不是我们周围唯一会患癌的动物。当猫咪出现发烧与黄疸症状时，兽医就应该思考它是否患有白血病或淋巴瘤（lymphoma），这是美国猫咪的两大杀手。[10] 当猫咪主人发现自己的宠物胸部有肿块时，它很有可能是具有高度侵略性的乳腺癌，一如许多女子被诊断出的结果。[11] 对于患乳腺癌的某些猫咪来说，乳房肿瘤切除术（lumpectomy）就已足够；但有的猫咪可没那么幸运，它们得进行彻底的乳房切除术（mastectomy），摘除全部四对乳腺。

由于家兔年纪大了很容易罹患子宫癌（uterine cancer），所以兽医通常会建议主人让家兔接受子宫切除术（hysterectomies）；[12] 长尾鹦鹉容易在肾脏、卵巢、睾丸长肿瘤；[13] 爬虫类动物也可能患癌。动物园兽医曾叙述蟒蛇和红尾蚺罹患白血病、南棘蛇（death adder）和猪鼻蛇（hognose snake）罹患淋巴瘤、响尾蛇染上间皮瘤（mesothelioma）等案例。[14]

为皮肤白皙的儿童看病的儿科医生，并不是唯一担心其患者可能会罹患皮肤癌的医生。晒伤是浅色马罹患皮肤癌的原因，[15] 尽管这种“灰马的黑色素瘤”（gray horse melanoma）与特定品种的基因有关，更甚于曝晒时间；[16] 然而有高达八成的灰马、脚上穿着白“袜”或鼻子上有白斑的马儿会罹患某种皮肤癌，因此，忧心的主人有时会在它们身上涂抹含有氧化锌遮光剂的防晒用品，甚至坚持在自家马儿离开马厩时披上遮阳罩。

假如皮肤科医生提醒你在做年度黑痣检查前要先卸除指甲油，那是因为医生不只希望检查黑色素瘤，同时也想确认有无鳞状细胞癌（squamous cell carcinoma）这种常见的皮肤癌。拉布拉多犬泰莎得的就是鳞状细胞癌，它的患部在口腔，但这种癌症也可能从趾甲下面开始发展。这跟有一次我在动物园为一头犀牛诊察时的状况很像。这头犀牛身上的癌细胞在它的犀角下滋长。[17] 犀角的成分是角质蛋白，恰好和构成人类指甲的蛋白质相同。牛的双眼周围那圈颜色较淡的皮肤也会发生鳞状细胞癌。[18] 某些白面牛（Hereford cattle）曾被刻意育种成眼周颜色较深的样子，这本想多给予它们一点防晒的保护，结果似乎降低了患癌的发生率。

用加热到华氏300～600度的烙铁在牲畜身上烙印，有可能导致这些永久印记的周围长出肿瘤。[19] 同样，凡是用烙印装饰自己身体的人，也会增加这些伤口附近患癌的风险。就连刺青也可能与某种罕见的皮肤癌有关。

癌症的侵袭贯穿整个生态系统，遍及动物王国的每个角落。20世纪70年代早期令美国参议员泰德·肯尼迪的儿子小泰德（Ted

Junior）被迫截肢的骨肉瘤，也会攻击狼、北美灰熊、骆驼和北极熊的骨骼；[20] 微软联合创始人保罗·艾伦（Paul Allen）成功战胜霍奇金氏淋巴瘤（Hodgkin's lymphoma），然而一头来自冰岛的虎鲸在历经数个月的高烧、呕吐与体重减轻后，最终还是败下阵来；[21] 夺走"苹果之父"斯蒂夫·乔布斯（Steve Jobs）性命的神经内分泌肿瘤（neuroendocrine tumor）尽管在人类身上较为罕见，却常见于家貂（domestic ferret）身上，而且在德国牧羊犬（German shepherd）、可卡犬（Cocker spaniel）、爱尔兰蹲猎犬（Irish setter）及其他狗种身上也曾诊断出这种癌症。[22]

世界各地的野生海龟因罹患可能由某种疱疹病毒（herpes virus）触发、形成像癌的肿瘤而大量死亡。[23] 生殖器癌在海洋哺乳动物中极为猖獗，从北美洲的海狮到南美洲的海豚，甚至是远洋的抹香鲸都无一幸免。[24] 这些癌症中有许多是由乳头状瘤病毒（papilloma virus）所引起的，这种病毒在人类身上能演变为子宫颈癌（cervical cancer）和生殖器疣（genital wart）。

由于癌症对某些动物的攻击极为猛烈，有三种野生动物甚至因为癌症面临灭绝的危险。俗称"塔斯马尼亚恶魔"的袋獾（Tasmanian devil）仅见于澳大利亚的塔斯马尼亚岛上，它们正身处于一场名为"袋獾面部肿瘤疾病"（devil facial tumor disease）的传染病风暴中。这种癌症会在袋獾打斗时传播。此外，癌症致死也阻碍了濒临绝种的阿特沃特草原松鸡（Attwater's prairie chicken，过去曾活跃于美国得州）与西条纹袋狸（Western barred bandicoot，一种澳大利亚有袋类动物）的保护工作。[25]

昆虫也可能会染上癌症，果蝇和蟑螂都有相关记录。植物的赘瘤［有时被称为"瘿"（gall）］不会转移，所以对植物来说，癌症是一种慢性疾病，而非头号杀手，但也极具破坏力。[26] 虽然癌症很少会真正杀死染病的植物，但是会减弱它的活力。

有件事再清楚不过：癌症不是人类特有的疾病，癌症也不是现代的产物。在距今 3500 年前，在汤罐头内部涂抹一层含有双酚 A（bisphenol A，BPA）的塑料内膜、为肉品施打荷尔蒙、在洗发精里添加防腐剂对羟基苯甲酸甲酯（methylparaben）前，埃及医生就曾描述人类乳房出现“鼓起的肿块”。[27] 包括“医学之父”希波克拉底（Hippocrates）在内的古希腊医者，都曾在他们的医学著作中详细记录了癌症（并创造了“karcinos”这个词来形容恶性肿瘤，意思是“螃蟹”）。这种疾病出现在印度传统医学阿育吠陀（Ayurvedic）和波斯的医典中，也见于中国民间传说。著名的希腊医师盖伦（Galen）于公元 2 世纪在罗马行医，他说在他看过的许多癌症病例中，乳腺癌是最常见的一种。事实上，如同詹姆斯·奥尔森（James S. Olson）在其大作《拔示巴的乳房》（*Bathsheba's Breast*）中写道：“对古代人而言，乳腺癌是货真价实的癌症。”[28] 因为那是他们能轻易用肉眼看见的癌症。

近几十年来，古生物病理学家运用 X 光等方法检查古埃及的木乃伊。他们详细诊察了来自英国青铜时代的骸骨，以及来自巴布亚新几内亚与安第斯山脉、经防腐处理的尸体。[29] 虽然数据极其有限——缺乏软组织、只剩裂解的 DNA——但这些研究人员普遍认同癌症确实存在于古人身上。不过癌症的历史远比这古老。

1997 年，业余化石猎人碰巧发现了一具恐龙化石，它是只肉食母恐龙，名为蛇发女怪龙，是霸王龙（*T. rex*）身材瘦长的亲戚。[30] 来自黑山地质研究所（Black Hills Institute of Geological Research）的古生物学家在仔细检查它之后，对其中一个发现极感兴趣。撇开它 13 厘米长的可怕锯形牙和 7.6 米的身高不谈，这只蛇发女怪龙身上充满谜样的伤痕：一侧的小腿骨折、尾巴的脊椎骨融合、塌垮的肩膀、破碎的肋骨、整个下颌感染化脓。运用电子显微镜和平面 X 光（radiograph）诊察后，终于为这些多重伤害找到了合理的解释。多次扫描显示，这只恐龙的头颅里有一团物质。虽然古生物学家对这团物质是什么还没有定论，但某些专家认为，它是脑部肿瘤的化石遗迹。

位于这只远古动物头骨里的肿块，想必会压迫它的小脑和脑干。这些区域是活动能力、平衡、记忆、自律神经功能（如心率）的重要调节者。看看这只恐龙伤痕累累的骸骨，就知道这团肿块带给它什么样的影响。研究人员指出，这团迅速增长的肿块很可能侵扰它的日常生活。

其中一位研究人员表示："随着肿块逐渐长大，这只大约三岁的母恐龙有可能会忘记自己把最近一次猎杀的猎物留在哪儿，接着它会忘了该去上厕所。"[31] 长在这个位置的肿瘤代表它可能无法迅速移动或做出敏捷的捕食决定。如同许多患有脑瘤的人一样，这只远古生物可能饱受疼痛侵袭——无论是从睡梦中醒来时，排便身体向下用力时，或是每当它低下头喝水、进食或交配时，只要头低于心脏，就会发生难以忍受的剧烈头痛。

其他古生物肿瘤学家已经在鸭嘴龙（hadrosaur）身上发现了肿瘤，这种植食性恐龙是霸王龙偏爱的猎物。[32] 在匹兹堡大学（University of Pittsburgh），医学系学生通过仔细观察生病的恐龙骨头来认识癌症。这根骨头是从卡内基自然历史博物馆（Carnegie Museum of Natural History）借来的，已有 1.5 亿年的历史。[33] 至于可信的癌症转移证据，则是在大约 2 亿年前的一只侏罗纪恐龙的骨头里发现的。[34]

由于恐龙和人类的 DNA 都会发生转录的错误，因此史前生物会长肿瘤这件事并不让人意外。另外，环境因素或许也产生了一定的作用。对我们大多数人来说，“致癌物质”等同于“人造毒物”。但事实上，许多引发突变的刺激物是花朵之类的植物或阳光等自然的物质。

有时，就连地球上最原始、最“自然”的角落，也有可能像超级基金①污染场所那样受到污染。举例来说，在数百万年前，你恐怕不会想要住在今天黄石国家公园那未丧失自然美的海登谷地（Hayden Valley）。当时该地区的超级火山正在爆发，喷出的火山灰可覆盖相当于今天16州之广的地域。大约6500万年前，在印度半岛中西部德干高原（Deccan Traps），有座巨大的火山喷出超过25万立方英里的熔岩，覆盖了整片地区，空气中也充满了二氧化硫等有毒气体。[35] 离子化的辐射、有毒的火山喷发物，甚至是中生代的食物来源，全都有可能对当时生物的DNA造成伤害。[36] 其实，苏铁和针叶树这些最古老的种子植物，以及恐龙的主食，全都含有浓烈的致癌物质。[37] 这代表人类并非地球上第一种（或唯一一种）饮食或环境受到致癌物质渗透的生物。

“侏罗纪癌症”说明尽管人类创造出“癌症”这个词，但这种疾病并不是我们创造的。实际上，癌症的无所不在使它成为生命固有的一个部分。没错，暴露、接触那些人类创造的有毒物质会增强患癌的风险，在某些情况下尤其严重。前面我曾点名的那些动物患癌的例子都跟环境污染有关（我马上会举更多实例），但是患癌的可能性只不过是活在地球上的、细胞中带有复制DNA的生物无法

① 超级基金（Superfund）是“全面性环境反应、补偿及责任法案”（Comprehensive Environmental Response, Compensation, and Liability Act）的俗名。这项于1980年颁布施行的美国联邦法案，旨在清理整治受到有害物质污染的场所，以避免危害环境或公众健康。这项法律授权环保署认定责任归属。倘若无法认定该由谁负责，环保署可动用一笔特别的信托基金来执行整治工作。——译者注

回避的命运。

DNA 会突变的这种弱点，意味着癌症“变成大自然中一种统计的必然性——取决于概率且无可避免的事”，[38] 梅尔·格里夫斯（Mel Greaves）在《癌症：进化的遗产》（*Cancer: The Evolutionary Legacy*）一书中这样描述。

虽然任何事物都无法减轻病人听见医生宣告“你得了癌症”时那种天崩地裂的感受，但是知道“癌症和恐龙一样古老，而且在动物界非常普遍”这个事实，或许能为癌症患者带来一点点安慰。况且，通过人兽同源学的方法研究癌症，有机会带来比心理安慰更好的效果。它有可能为治疗方法带来突破性的进展，让我们对患癌风险的认识更深入。事实上，它已经开始展现力量了。

佩托悖论

请想象这两只动物：一只迷你大黄蜂蝠（bumblebee bat，体重约为一元硬币的一半）和一头庞大的蓝鲸（体重相当于 25 头大象）。比起迷你蝙蝠，这头巨鲸的身体由更多的细胞构成，而在它的漫长生命中，细胞分裂的次数比蝙蝠多出数兆次。猜猜看，它们两个谁比较容易得癌症？由于癌症是由单一细胞有缺陷的复制所造成的，你也许会认为拥有较多细胞、经过较多次复制的生物发生突变的次数较多，因此较容易罹患癌症。

宾夕法尼亚大学（University of Pennsylvania）的基因组学研究人员通过计算人类大肠的细胞数目，并拿它与一头巨大蓝鲸的大肠细胞数目相比较，来检验这个假设。[39] 他们得出的结论是，假如细胞分裂与“校对改正”的机制在不同生物中是完全相同的，所有的蓝鲸应该会在它们 80 岁生日前罹患大肠癌（colorectal cancer）。

可是据我们所知，事实并非如此。总的来看，大型生物似乎不像小型生物那样容易罹患癌症。[40] 这项有趣的观察称为“佩托悖论”（Peto’s paradox），以英国癌症、流行病学家理查德·佩托爵士（Sir Richard Peto）的姓氏命名。他是发现这项惊人事实并第一个详加描述的人。

讲得更明白点儿，佩托所谓的体型大小差异指的并不是同一物种的体型差别，即并不是身长两米二六的篮球明星姚明和身高一米四五的体操选手凯里·斯特鲁格（Kerri Strug）的不同，而是描述不同物种（比如蝙蝠与鲸）的患癌率。事实上，在同一种生物中，体型大的个体比较容易罹患某些癌症。以骨肉癌这种多发于青少年的恶性骨癌为例，它比较容易出现在个子高的青少年身上。同样，犬的骨肉癌病例多半发生在大型、长腿的品种身上，比如大丹犬、杜宾犬和圣伯纳犬。

佩托悖论的含义是，大型动物的DNA复制有其特殊之处，能让它们免受癌症之苦。大型动物的DNA或许能更有效地自我修复；大型动物群（megafauna，编按：指体重超过45公斤的物种）的细胞分裂能维持和原始细胞较高的忠实度，因此较少产生导致癌症的突变；或者可能是它们细胞的DNA校对改正功能较强，突变率较低。大型动物可能具有功能较强的抑癌基因（tumor-suppression gene）、效率更高的免疫系统，也有可能单纯因为它们的细胞善于按照预定步骤自杀——细胞凋亡。

别的不说，佩托悖论说明采用比较研究的方法有可能会得到出人意料的假设。可是人类癌症专家不会阅读《鲸豚研究与管理期刊》（*Journal of Cetacean Research and Management*），而海洋生物学家不会定期参加美国临床肿瘤医学会（American Society of Clinical Oncology）的年会。有关大自然和跨物种癌症性质的重要信息仍是分离的，并未互通有无。

更棘手的是，就算再顺利，想要取得真正准确的野生动物患癌统计数据也难如登天。在野外，要对每只死亡的动物逐一进行尸体解剖是不可能的，也不大可能将人类那套癌症筛检的方法用在野生动物身上。如果能在野生鲸鱼身上进行定期的结肠镜检查，也许就能找出它们的抗癌机制。

综合野生动物学、人类肿瘤学与兽医学等领域的知识，可以拓展我们对癌症的理解。学界已逐渐认识到科际整合（Interdisciplinarity，即跨学科研究）所带来的好处。美国国家癌症研究院的比较肿瘤学计划（National Cancer Institute's Comparative Oncology Program）和加州大学旧金山分校（University of California，San Francisco）演化与癌症中心（Center for Evolution and Cancer）这种任务艰巨的组织都致力于扩充癌症研究。癌症研究的下一个重大突破性进展，很可能不是来自某个无菌实验室的某个接受过基本训练，用基因改造老鼠来做实验的科学家，而是来自将大黄蜂蝠、蓝鲸与圣伯纳犬放在一起思考的某个兽医肿瘤学家。

或许，想从人类身上寻找治疗癌症的线索，最有希望的途径是研究女人的头号杀手——乳腺癌。乳腺癌广泛见于各种哺乳动物中，从美洲狮、袋鼠、骆马，到海狮、白鲸、黑脚貂，都难逃其魔爪。发生在女性（偶尔也有男性）身上的某些乳腺癌与 BRCA1 这种突变的基因有关。所有人类全都拥有 BRCA1 基因，它位于我们的第 17 条染色体上。不过，我们当中某些人（大约是每八百人中有一人）生来便具有突变的 BRCA1 基因。对德系犹太裔妇女而言，这个比率甚至高达五十分之一。

BRCA1 基因似乎是个特别老练的微型编辑。当它正常运作时，只要细胞一分裂，它就能纠出 DNA 中的任何错误。它会更正误植之处，并且复原被删除的地方。BRCA1 基因让 DNA 不仅优美、灵活、简洁，还忠于原意。可是，一旦 BRCA1 基因突变，DNA 密码可能会被断章取义，变得杂乱无章。经过多次分裂后，这种情形可能会导致癌细胞复制。

许多生物都具有这种脆弱的 BRCA1 基因。在某些动物身上，BRCA1 基因的功能失常会导致乳腺癌的发生，正如它作用在人身上那样。一项瑞典的研究指出，BRCA1 突变的出现会使英国猎鹬犬（English springer spaniel）得乳腺癌的概率提高四倍。[41] 在美国的动物园中，出于节育目的而被注射黄体素的美洲豹罹患乳腺癌的模式，跟那些 BRCA1 基因突变的妇女非常类似。① 动物园兽医指出，包括老虎、狮子与花豹在内的大型猫科动物，也有很高的发病率。[42]

然而，拥有突变的 BRCA1 基因并不会自动发展成乳腺癌，只有当遗传体质遇上能激发 BRCA1 产生作用的因素，像是荷尔蒙暴露（hormonal exposure）与环境暴露（environmental exposure），才会导致乳腺癌的发生。研究人员称这些诱发物为“第二击”（second hit）。研究各种动物，有助于准确找出哪些基因与诱发物的组合会产生癌症。

这么做可能会导致以下错觉——谈到乳腺癌，来自南美洲的美洲豹和生活在瑞典的英国猎鹬犬，与某个德系犹太裔妇女的医学相关性，远比她与她隔壁邻居密切得多。在医学术语中，我们称这些自然发生的癌症为“自发性动物模式”（natural animal model），科学家非常重视此类动物模式揭露疾病真实作用机制的力量。

有趣的是，有些动物不像美洲豹与英国猎鹬犬那样带有较高

---

① 主持这项研究的琳达·芒森（Linda Munson）在她早期的研究中已指出两者的关联性，可惜身为加州大学戴维斯分校（University of California, Davis）兽医病理学家的她没等到美洲豹基因组完成定序，仔细审视其中与 BRCA1 基因相关的线索，就过世了。

的乳腺癌罹患风险，反而能免于乳腺癌的伤害。① 今天早晨你喝的拿铁咖啡里面加入的乳品，就来自一个很少罹患乳腺癌的“雌性动物俱乐部”。专门生产乳汁的奶牛和山羊罹患乳腺癌的概率非常低，低到不具有统计学的意义。[44] 这些动物从年纪很轻就开始长时间泌乳，似乎因此产生了对抗乳腺癌的某些能力。这个现象不仅让人着迷，而且和人类流行病学数据显示的喂母乳可以降低罹患乳腺癌风险很相似。

喂母乳（或说是与喂母乳相关的荷尔蒙状态）的跨物种保护力，也许意味着一种新的抗癌形式。举例来说，假如每年诱导泌乳一两次就能大幅降低妇女终生罹患乳腺癌的风险，就可能为预防医学带来重大变革。这也许听来荒唐，但其实它只比许多被我们视为理所当然的其他医疗方法奇怪了一点儿而已。妇女得进行子宫颈抹片检查，还有乳房X光摄影。对许多妇女来说，每天服用避孕药丸调节荷尔蒙已成为常态，这能够减轻子宫内膜异位带来的疼痛、抑制面疱青春痘，或者确保度蜜月时不会刚好月经来潮。我们会运用内视镜检查大肠内肿瘤，请皮肤专科医生检查身上的痣。如果你知道自己罹患乳腺癌的风险可以大幅降低到跟专业的动物泌乳者相当的程度时，你可能就不会对将预防性诱导泌乳排入日程表的想法嗤之以鼻了。

分泌乳汁之所以具有抗癌的功能，可能是因为它降低了雌激素在每次月经周期中对乳房的影响。达拉斯世界水族馆（Dallas World Aquarium）的兽医室主任克里斯·博纳（Chris Bonar）告诉我，有个方法能搞清楚究竟哺乳的哪一点有助于抗癌。他注意到不同的雌性

① 在此我得先明确一个经常有人提起的迷思——鲨鱼“不会得癌症”。许多种类的肿瘤（有些是转移性的）都曾出现在不同种类的鲨鱼身上。这些与事实相反的谣言，很可能是由那些兜售另类疗法的人制造的，目的是销售鲨鱼制品。[43]

哺乳动物生殖周期也不同：某些野生蝙蝠每 33 天就有阴道出血的现象，这种每月一次的循环跟某些灵长类动物（包括人类）很像。[45] 形成对比的是，绵羊和猪一年只有几次发情期和排卵期；母环尾狐猴、母熊、母狐狸与母狼通常每年只有一次生殖周期。可是，哺乳会打断母亲的生殖周期。因此，只要比较不同生殖周期频率（代表不同程度的荷尔蒙影响）的雌性动物罹患乳腺癌的比率，比较肿瘤学家就能准确导出一个重要的特性：哺乳的抗癌力量有多少来自分泌乳汁本身，又有多少来自干扰伴随生殖周期而来的荷尔蒙。

我们能从动物癌症中学习的另一件事是，由外来侵入者（病毒）引发的癌症范围有多广。兽医肿瘤学家不断发现，发生在牛和猫身上的淋巴瘤和白血病经常由病毒引起。从海龟到海豚，许多能在海洋生物间迅速蔓延的癌症，都是源自乳头状瘤病毒和疱疹病毒。

我们已知癌症始于一个带有突变 DNA 的细胞。在大自然中，只有极少数事物能与病毒修补 DNA 的技能相抗衡。但是人类医生努力抵挡并治疗所谓的生活型癌病（比如由抽烟、饮酒或暴饮暴食所引起的癌症）时，往往只有在涉及少数恶性肿瘤之际才会思考“传染性触发”的可能。举例来说，每个肿瘤学家与许多病人都知道，卡波西肉瘤（Kaposi’s sarcoma）、某些白血病、淋巴瘤，以及某些肝癌是由病毒引起的。配偶癌（cancer a deux，指性伴侣共享的子宫颈癌与阴茎癌）则是通过人类乳头状瘤病毒传播的。

事实上，全球大约 20% 的人类癌症是由病毒引起的。[46] 盛行于亚洲的乙肝与丙肝的致病原因都是病毒。已证实 EB 病毒（Epstein-Barr virus）与盛行于非洲“淋巴瘤地带”① 的伯基特氏淋

① 根据世界卫生组织的定义，“淋巴瘤地带”（lymphoma belt）指的是“在南北纬 10 度间的非洲大陆，并往南延伸至非洲的东部海岸”。[47]

巴瘤（Burkitt's lymphoma）的发生关系密切。[48] 人类乳头状瘤病毒与乙肝、丙肝病毒同样名列美国国家卫生研究院已知致癌物质名单上。某些癌症通过病毒散布的观点，使得医学界要求流行病学家加入治疗癌症的研究行列，而这是兽医界早就在做的事。

佩托悖论、犹太人与美洲豹、产乳动物、病毒引发癌症——在这些案例中，人兽同源学的方法可以帮助我们建立全新的癌症成因假设。此外，动物或许还能通过更紧急、更及时的方法帮助人类。它们也许能在这些疾病没有对人类下手之前，警示我们注意提前预防。

动物的癌症

1982 年，白鲸的尸体陆续被冲上加拿大圣劳伦斯河入海口（St. Lawrence Estuary）的陆地上。[49] 主要死因是一长串可怕的癌症：肠癌、皮肤癌、胃癌、乳腺癌、子宫癌、卵巢癌、神经内分泌肿瘤和膀胱癌。

后来发现，圣劳伦斯的白鲸体内充满了重金属，以及包括二氯二苯三氯乙烷（dichlorodiphenyltrichloroethane，DDT）、多氯联苯（polychlorinated biphenyls，PCBs）、多环芳香烃（polycyclic aromatic hydrocarbons，PAHs）在内的其他工业、农业污染物。来自蒙特利尔大学（University of Montreal）的研究人员无须远赴他乡就找到了元凶——沿岸的一整排铝精炼厂。几十年来，这些工厂每年都将大量的多环芳香烃排入邻近水域，并将其他污染物排放到空气中。日复一日，这些化合物在海中漂流，堆积在海底，并累积在蚌类和其他生物的体内。白鲸挖起这些沉积物吃下肚时，等于吞进了两份毒素：一份来自沙和淤泥，另一份来自食物。

这些污染物与白鲸患癌、死亡有关。值得注意的是，同一时间，在圣劳伦斯河入海口附近生活的另一种动物也出现了跟鲸群一样不寻常的患癌模式，这种动物就是人。

当动物成群死亡时，多加关注才是明智之举。新型传染病［如重症急性呼吸综合征（SARS）和禽流感］通常都会先出现在动物身上。环境荷尔蒙（endocrine-disrupting chemical）往往会在影响人类生育力之前，先在动物身上起作用。动物甚至能事先向我们预警生物恐怖攻击或化学物质泄漏。例如，当炭疽病（anthrax）在1979年从苏联的某个军事设施泄漏时，最先遭殃的便是附近的家畜。[50]

有时候，动物的警告会指向癌症。尽管早在30多年前，美国便已禁止生产多氯联苯制品并禁用DDT，[51]而现在研究人员怀疑，这些毒素或许是加州外海海狮患癌数目剧增的原因。从20世纪40年代开始，许多工业公司将数百万磅重的该类化学物质倾倒在这一段的太平洋中，时间长达30年。虽然环保署曾在2000年彻底整治了一次，却仍有一处贮藏库很难触及——那就是受到污染的动物本身。通过怀孕和泌乳，母体中多达九成的污染物质会被"倾倒"在它的头胎幼崽身上。兽医肿瘤学家相信，若非毒素施予的"第二击"引发动物细胞产生突变，就是毒素大幅抑制了动物的免疫系统，使得致癌的疱疹病毒有充分的机会进行复制。若真如此，对于生活在受到类似化学物质污染地区的人类而言，这些动物癌症无疑是不容忽视的警报，提醒众人这些毒素的危险性可能不只发生在直接接触的状况下，它们还可以传给子孙后代（某处有毒场所经过清理整治，多年后还能感受到这些毒素的存在），也可以对免疫系统产生间接影响。

工业污染物使动物受苦，甚至丧命。让这些动物生病的正是人类。说实话，要是动物能提起诉讼，我们人类可能会发现自己成了许多集体诉讼案的被告。要不是因为我们允许企业污染白鲸觅食与繁衍的那片水域，它们根本不会凄惨地死于癌症。

因此，以“在理想世界中，我们不会为了特定产业（无论是石油、塑料或杀虫剂，所有人都无法置身事外）的方便与贪婪，就让动物患癌”为附带条件，假如我们把动物视为侦察兵，那么动物患癌这个悲伤的事实对人类是有益的。而不让它们平白牺牲的一个方法就是正视这件事，别假装这件事不会波及你我。无论政府、社会，还是身为一种生物的你我，当看见疾病在成群的动物身上出现时，我们必须采取行动——拯救它们，也拯救我们自己。

身为人类的我们，既不住在圣劳伦斯河入海口的水域中，也不住在加州外海的太平洋巨藻床上，我们住在大楼、别墅、公寓、农舍和露营车中。无论我们住在哪里，谁会与我们同在呢？答案是狗。

全世界有上亿只狗以宠物的身份与我们相伴。就最简单、最有利的层面来说，这代表了它们可以作为家庭的哨兵，警告或证实致癌风险的存在。例如一项犬类鼻窦癌的研究发现，室内燃煤或使用煤油暖炉，与家犬罹患鼻窦癌有很大关系。[52] 狗的鼻子越长，患癌的概率越高，这可能是因为长鼻狗的鼻表面积比较大，接触致癌因子的概率较高。在家犬身上也能看见膀胱癌与恶性淋巴瘤，这两者都和杀虫剂有关；[53] 过度肥胖的母狗罹患膀胱癌的风险较高。曾在越南服役的军犬罹患睾丸癌的比率出奇的高，也许是因为它们在例行巡逻时会接触各式各样的化学制品、传染病和药物。① [55]

那些人犬病症没有重叠的地方也透露出一些信息。[56] 狗很少罹患大肠癌。虽然与吸烟者同住的短鼻与中等长度鼻子的狗容易罹患肺癌，但肺癌并非常见的犬类癌症。在推行摘除卵巢的国家，犬类乳腺癌非常罕见；但是在大多数母狗并未节育的地方，犬类乳腺

① 猫也能扮演哨兵的角色，有一项研究发现猫的口腔癌和环境中的烟草烟尘有关。[54]

癌却是相当普遍的现象。对应到人类身上也是如此，卵巢切除术与卵巢早衰能大幅降低罹患乳腺癌的风险。

除了把它们当成我们居家煤矿坑的犬科动物外，狗也许是我们研究癌症如何在人体内运作的理想代表。[57] 目前绝大多数的癌症研究都以小鼠为实验对象。[58]“拟人化小鼠”（humanized mice）是仿照人类基因特别培育的小鼠。它们的免疫系统往往会被改造成容许癌症在身上发生、成长的状态。大多数实验小鼠的癌症是“被施加的”，因为这些癌症通常不会自发性地在它们身上产生。几十年来，这种“人造的”癌症让我们对肿瘤生物学增添了许多有用的见解；肿瘤生物学研究的是细胞如何分裂，肿瘤如何形成、转移并扩散到人体其他部位。可是癌症的起源和复杂性、各种抗癌治疗如何变得无效，以及癌症如何复发，都不是实验小鼠能够解答的。只要一起放在显微镜下观察，就能看出小鼠肿瘤跟人类肿瘤仍有很大差别。

人类肿瘤竟然跟与我们同住的家犬极为相似，两者的癌症细胞几乎难以分辨。[59] 狗的寿命比小鼠长，所以研究人员可以观察癌症和疗法在一段漫长时间里的变化。此外，家犬跟大多数实验小鼠不一样，它们的免疫系统完整无损，能让肿瘤学家研究某种癌症遭遇天然防御机制时会做何反应，而且狗的体型也比小鼠大得多。这有实务方面（表示能轻易看见肿瘤）与哲学方面的（想想佩托悖论）两层含义。

在此，我必须严正声明我说的不是在实验室用狗做实验，而是在照顾自然发生癌症的伴侣动物（宠物），并且让它接受兽医治疗的过程中，从旁观察癌症的变化。

这种崭新的方法称为“比较肿瘤学”（comparative oncology）。[60] 认识到研究自然发生在家犬身上的癌症或许能解开某些癌症之谜，美国国家癌症研究院在2004年启动了“比较肿瘤学计划”

(Comparative Oncology Program，COP)。比较肿瘤学计划的早期改革之一是集合美国与加拿大最顶尖的20所兽医教学医院的人才，组成智囊团。这个名为“比较肿瘤学试验联盟”（Comparative Oncology Trials Consortium）的组织通过为家犬做临床试验，为人类患者寻找新的抗癌药物和治疗方法（试验由希望能将新疗法上市的大药厂资助）。虽然宠物的健康并不是这项计划的预期目标，但有益于人类，肯定会回馈到增进动物健康这件事上面。

比较肿瘤学已经改善了许多动物（包括人类）的健康。新的治疗方法来自跨物种的癌症比较研究，并非言过其实（尽管医生与兽医一样，喜欢用类似“新颖的治疗策略”和“乐观的存活率”等客观词汇来管理期望值）。举例来说，今天医生用来拯救罹患骨肉瘤的青少年免于截肢的肢体保留手术（limb-sparing technique)，最早是由兽医肿瘤学家斯蒂芬·威思罗（Stephen Withrow）和他在科罗拉多州立大学（Colorado State University）的团队与医生共同合作研发而成的，率先运用在家犬身上。[61] 至于运用移植干细胞作为恶性淋巴瘤的潜在疗法，首例医治成功的患者是在西雅图弗雷德·哈金森癌症研究中心（Fred Hutchinson Cancer Research Center）接受治疗的12只家犬，它们为这项技术运用在人体上铺平了道路。

兽医的“基因猎人”（gene chaser）目前正在检视DNA，希望找到治疗犬类淋巴瘤、膀胱癌和脑癌的线索。以下是基因为什么关系重大的说明：请想象一只大丹犬逐渐逼近一只吉娃娃，或是一只圣伯纳犬嗅闻一只哈巴狗。虽然各式各样的家犬（学名 *Canis lupus familiaris*）成员属于同一物种，但是它们的外观和行为却有天壤之别。可惜，那些令人满意的差别——历经几世纪育种培养出来，载于美国育犬协会（American Kennel Club）蓝皮书中的那些性状——夹带了某种令人啼笑皆非，甚至称得上悲惨的特洛伊木马病毒。正如主导犬类基因组定序计划（canine genome-mapping project）的麻省理工学院分子生物学家克斯廷·林得布拉德-托（Kerstin Lindblad-Toh）向我解释的，为了获得满意性状而进行的育种会同时造成其他突变的散播，其中的某些突变可能致癌。[62]

就像来自黑森林地区的德国家庭容易罹患肾脏癌与视网膜癌，或是德系犹太人容易罹患乳腺癌、卵巢癌与大肠癌，特定犬种也容易罹患特定癌症。比如德国牧羊犬可能罹患一种会遗传的肾脏肿瘤。[63] 兽医肿瘤学家梅利莎·保罗尼（Melissa Paoloni）和钱德·康纳（Chand Khanna）发表于《自然评论：癌症》（*Nature Reviews Cancer*）的一篇文章阐明，引发这种犬类癌症的基因突变，与导致人类罹患 BHD 症候群（Birt-Hogg-Dube syndrome）这种遗传性肾脏癌的基因突变很相似——这个基因突变使德国牧羊犬很容易罹患肾脏癌。萨卢基犬（Salukis）是古埃及王室犬的后裔，是最古老的狗种之一，它们的染色体遗传造就了它们修长的身材、王室般的优雅气质，却也让它们有 33% 的概率罹患血管肉瘤（hemangiosarcoma）这种具有高度侵袭性，多发于心脏、肝脏与脾脏的恶性肿瘤。人类心脏科医生、肝脏科医生与肿瘤学家偶尔会看见这种病例。①

① 当某地居民全都展现相同的突变，那通常是创始者效应（founder effect，或译“奠基者效应”）作用的结果。当一长串的后裔源自非常少数的几个祖先，再加上地理或文化因素使整个族群保持隔离状态，便容易产生创始者效应。无论在微生物、动植物，乃至于人类群体中，都能看见这个效应。例如，引发囊状纤维化（cystic fibrosis）的突变可以追溯到某一个人身上。又如在德系犹太家庭中，第一个带有 BRCA1 突变的始祖可能出现在两千多年前。遗传学家经常在出现族群瓶颈的物种身上看见创始者效应。这类群体多半源自极少数的祖先。猎豹就是自然发生的实例。它们的个体数目渐渐减少，维持其族群存活的基因库也日渐减少。对许多濒临绝种的生物来说，这是件重要大事。相对的，人类却为驯化的犬蓄意创造族群瓶颈。我们透过选定一群种犬来繁育所有的后代子孙，将某个犬种的基因（包括突变的那些）限定于该基因库中。

保罗尼和康纳提到，松狮犬罹患胃癌与黑色素瘤的比率高于平均值，拳师犬在发生肥大细胞瘤（mast-cell tumor）与脑瘤的犬种名单上名列前茅，苏格兰梗罹患膀胱癌的比率特别高，组织细胞肉瘤（histiocytic sarcoma，一种极复杂的癌症，往往藏匿在脾脏等部位）则偏好选择平毛巡回犬（flat-coated retriever）和伯恩山犬（Bernese mountain dog）。

不过，不会出现癌症之处就跟癌症出现的地方一样具有启发性。[64] 正如保罗尼和康纳所指出的，虽然原因至今未明，但值得注意的是，与其他犬种相比，小猎犬和腊肠犬似乎较少罹患癌症。就像产乳动物极少罹患乳腺癌，这些格外健康的狗种也许指出了抗癌的行为或生理学结构。

尽管在比较肿瘤学中存在着各式各样的可能性，但只有极少数人类医生曾想过将小鼠以外的动物当作实验对象。如同某位加州大学洛杉矶分校的同事向我坦言，就连最聪明的人类癌症研究者也从未谈论过自然发生的动物癌症。

虽然类似比较肿瘤学计划的具体方案正慢慢改变这个情况，但目前医生与兽医的合作还是屈指可数。假如我们能改变这个现状，癌症治疗与研究的世界也许就会变得完全不同。这种领悟来自下面的故事。故事的主角是两个肿瘤学家，一个是人类肿瘤学家，另一个是动物肿瘤学家。他们两人偶然的一场聚会，竟然催生了黑色素瘤的全新治疗法。

狗也会得黑色素瘤吗？

从很多方面来看，1999 年秋天的那个晚上，在纽约普林斯顿俱乐部出席晚宴的人们并没有什么特别之处：蓝色西装外套和英式斜纹领带，镀银的眼镜框，时髦的裙装，配上珍珠与浅口鞋。[65] 话题大概都是围绕千年虫、精彩的网络剧《黑道家族》(*The Sopranos*)，还有整个夏季一直低迷不振的油价竟然一路攀升到不合理的每加仑1.4 美元等。默默俯视这一切的，一如既往，是墙上那头青铜虎淡定的眼神。

不过，其中一桌的说笑内容并不寻常。大约有十来个科学家环坐在桌边，热切讨论着治疗淋巴瘤的对策。除了其中一人外，他们全都是人类癌症专家。

唯一的外人，菲利普·贝格曼（Philip Bergman）起先只是静静聆听众人高谈阔论。他是个兽医，身材高大，拥有一头浓密的波浪黑发，留着范戴克（Van Dyke）风格的八字胡与山羊胡。他的声音沉着而谨慎，没有我遇到过的几乎每个兽医都会有的特征——不对题的摇摆动作。那一晚，他觉得自己格格不入。他在几年后向我回忆那一晚的情景，当时他不断想："这是普林斯顿俱乐部。我是个兽医。我并不属于这个地方。"[66] [尽管他花了几年时间在得州大学安德森癌症中心（M. D. Anderson Cancer Center）进修，拥有多项学位，其中包括人类癌症生物学的博士学位。]

坐在贝格曼旁边的是杰德·沃尔裘克（Jedd Wolchok），他是医学博士、人类内科与肿瘤科的专科医生，也是斯隆-凯特林癌症中心（Memorial Sloan-Kettering Cancer Center）的明日之星，该中心是全球顶尖的癌症研究医院。突然，沃尔裘克转向贝格曼，脱口说出一个最具人兽同源学精髓的问题。

他问："狗也会得黑色素瘤吗？"[67]

他在恰当的时机，提出了正确的问题，并且问对了人。贝格曼恰好是全世界极少数懂得这种极富侵略性的棘手癌症是如何攻击犬类的人，他正在寻找下一个大课题。

贝格曼和沃尔裘克开始比较人类与犬类的黑色素瘤。贝格曼说，他们很快就认识到“这两种疾病根本是完全相同的一种病”。[68] 无论在人类或在犬类身上，恶性黑色素瘤经常出现在口腔、脚底、手指甲与脚趾甲下面，它会转移到相同的“怪异地点”，尤其偏爱肾上腺、心、肝、脑膜和肺。化学疗法对人类黑色素瘤治疗效果有限，手术和放射疗法往往无法阻止黑色素瘤扩散；就算治愈还是很容易复发。患病的狗也得面对同样的窘境。最令人遗憾的是，罹患黑色素瘤的人与狗，存活率都非常低。一旦诊断出晚期的犬类恶性黑色素瘤，狗大约只能活四个半月；诊断出转移性黑色素瘤的人，通常无法活过一年的时间。沃尔裘克与贝格曼两人都明白，为了人狗患者的健康，开发出治疗恶性黑色素瘤的新方法是“当务之急”。

沃尔裘克向贝格曼透露，自己正在研究一种新奇的疗法，这种方法会“哄骗”病人的免疫系统，让它攻击自身的癌症。① 他在斯隆-凯特林的团队已经在小鼠身上取得初期的成功。可是，他们需要知道这种疗法在罹患自发性肿瘤、免疫系统健全、寿命较长的动物身上会如何发挥作用。贝格曼立刻意识到，狗会是最适合的动物。

在准备了短短三个月后，贝格曼开始试验。他招募了九只家犬：一只哈士奇、一只拉萨犬（Lhasa apso）、一只比熊犬（bichon frise）、一只德国牧羊犬，还有两只可卡犬和三只混种犬。它们全都被诊断出患有不同阶段的黑色素瘤。对它们当中的大多数而言，这项实验性疗法是最后的一线生机，因此它们的主人无不充满感激

---

① 这种疗法被称为“异种质体 DNA 疫苗”（xenogeneic plasmid DNA vaccination）。简单来讲，它将外来生物的蛋白质藏在癌症病人的细胞中。当这些外来蛋白质通过血液与淋巴液四处巡行时，免疫系统会侦察到这些外来蛋白质，并认定入侵者正在活动，于是对自己的细胞发动攻击。让免疫系统攻击自身细胞的行为称作“打破免疫耐受性”（breaking tolerance）。贝格曼说，这是很难的挑战，可说是“癌症免疫疗法的圣杯”。[69]

地热切拥抱它们。

这种疗法将人类DNA注入那些狗的大腿肌肉中①，没想到效果远比贝格曼和沃尔裘克预期的更好。[71] 总的来说，这些狗的肿瘤全都萎缩了，存活率大幅提升。当试验成功的新闻传播出去之后，贝格曼开始接到来自世界各地心急如焚的主人们的电话和邮件。其中一个人每两周从加州纳帕谷（Napa Valley）飞到纽约一次，好让他的爱犬接受注射；另一位则与她的宠物从香港移居到贝格曼纽约的办公室附近。没多久，自愿参与新疗法试验的人数已远超他能消化的数目。有了大型药厂梅里亚集团（Merial）的资助，以及斯隆-凯特林协助制造药剂，贝格曼发动了另一波试验。就算缺额已满，患癌家犬的主人还是不断打电话给他。

最后，这个疗法一共在350多只家犬身上进行了试验，结果让受试犬的寿命大为延长——在接受注射的狗当中，有半数以上活得比兽医推测的剩余生命更长久。梅里亚集团在2009年向兽医肿瘤学家发布了这支名为“Oncept”的疫苗，让数千只罹患黑色素瘤的家犬享受到这种疗法带来的好处。[72]

“狗也会得黑色素瘤吗？”沃尔裘克提出的这个人兽同源学的问题启动了一场用心的合作，它的成果也许能永远改善兽医界治疗这种疾病的方法，而且这个成果的变形应用潜力无穷。贝格曼与沃

---

① 将无名氏患者所捐赠的人类黑色素瘤细胞的基因在斯隆-凯特林癌症中心复制后，萃取出人类酪氨酸酶互补DNA（tyrosinase cDNA）。他们将每一股弄成一个环，并将它复制数百万次。接着贝格曼用一种高压、无针头的递送系统（类似某种高科技空气枪）将这些极微小的“DNA甜甜圈”（称为“质体”）注射到那些狗的大腿肌肉中。在这些狗的肌肉与白血球深处，这些质体开始制造人类酪氨酸酶。接着细胞会释放这些人类蛋白质到受试狗的血液与淋巴液中。在那里，它们会遇见名叫“T细胞”（T cell）的免疫系统战士细胞。由于这些狗的T细胞不认识人类酪氨酸酶，于是会攻击对方。这种免疫反应会鼓励T细胞去追捕肿瘤细胞中的犬酪氨酸酶。[70]

尔裘克的成功鼓舞了其他人研发类似疫苗，治疗人类的黑色素瘤。①

然而贝格曼知道，就算有了 Oncept 的成功先例，人类医学也许还需要多一点时间，才能意识到跨物种合作的潜在价值。

“每次我将这个故事讲给医生听的时候，几乎屡试不爽。”[74]他告诉我……接着态度客气却措辞犀利地补上一句：“我没有要冒犯你同事的意思，总会有人在事后走过来问我：‘你是怎么说服那些主人让你为他们的宠物注入癌症的？’”贝格曼轻声笑着说：“我总得解释老半天。它们不是实验用犬，我们也没有在它们身上‘注入’癌症。”

他为它们注入的，是一个活命的机会。

① 目前是由小鼠（并不是由狗）提供外来的酪氨酸酶。[73]

第 4 章

性高潮：人类性行为的动物指南

兰斯洛①度过了一个很难熬的早晨。[1] 它又是打喷嚏，又是跺脚，灰尘不时从马房地板上扬起。几个学生小心翼翼地围着它，观察它的一举一动。有时它一动不动，四条深棕色的长腿站得笔直，接着交替移动着那对肌肉发达的后腿。

“拿尿来！”马房管理员乔尔·比洛里亚（Joel Viloria）高声喝令道。话音刚落，有个学生立刻带着一小袋“液态金”（liquid gold）出现，那是趁热收集、立即冷冻保存的母马的尿液。乔尔拿着这袋尿液冰块在兰斯洛天鹅绒般光滑的鼻子下来回移动。气味显然很刺激，使得这匹种马的鼻孔不停歙张，头还不断向后仰。

“让它看一眼母马。”乔尔声色严厉地指挥着。这匹上千磅重的种马被人领着走到马房尽头的围栏。围栏里站着一匹浅色的年轻母马，沐浴在二月的春光下。它的尾巴高高扬起，散发着迷人的风采，展现出马表达“到这儿来”的典型姿态。兰斯洛径直朝它走去。

“好，开始吧！”乔尔催促道，他的声音坚定而沉着。很快，

① 这不是它的真名。

兰斯洛被带离那匹母马，但目光还在它身上流连，不忍离去。当兰斯洛骑上育马者称为“幻影母马”（phantom mare）① 的外覆软垫的金属采精装置时，乔尔鼓励它说：“没错，就是这样。”

这匹种马使劲挣扎，毛色油亮的前脚夹住那头金属制母马，仿佛正与一匹真正的母马交合，可惜它滑下来了。一个学生上前温柔地引导它再次骑上去，它心烦意乱地尝试，结果又滑了下来。当学生再让它的注意力集中在“幻影”身上时，兰斯洛拼命抗拒，不肯再试。

“算了，已经三次了——它今天心情不好，带它回去休息吧！”乔尔说。这匹种马被带回畜栏，它深棕色的尾巴拂扫着自己的侧腹。

随后乔尔向我解释，他负责管理的加州大学戴维斯分校马房恪守“三次骑乘守则”。也就是说，在制造育种用的精液时，每匹种马会有三次机会，完成在自然状态下看似非常简单的任务。偏偏人工采精并不自然。首先，这匹马必须产生性兴奋并勃起。接着，它得骑乘那匹由金属与塑胶制成的“幻影”。然后，它必须将阴茎插入“幻影”下方一截涂抹了润滑液的温暖金属管，冲刺几回，射精。射出的精液会由金属管内衬的塑料保险套收集起来，保险套的容量足有一加仑之多。假如种马在第三次尝试时还不能制造出样本，就会被宣告当天工作已结束，然后被带回自己的畜栏，度过充分休息（尽管可能沮丧又泄气）的一天。

像乔尔这种经验老到的专业马匹繁殖者知道，即便是经验丰富的种马，有时也会无法进行性行为。正如某个网站所指出的：“大多数人认为种马又壮又强，其实它们非常敏感。它们需要在符合自己喜好的环境下，才会认为繁殖是舒服自在的事。”[2]

就算是和真正的母马交配，而不是为了制造人工受精所需的

---

① 这种装置常被称为“假母台”或“拟母台”。——译者注

精液样本，种马也可能因为怯场、分心或经验不足而吃尽苦头。[3] 如果公马年轻时曾因性行为挨过粗暴的训练师或恶劣的母马的虐待，便有可能在成年后对驾乘（mounting，或译“骑乘”）与交媾产生抑制情绪。① 有些种马会对母马产生性趣，却无法驾乘；有些种马会驾乘，但无法插入；有些种马能通过头两个阶段，却无法射精；还有些种马只有在有第三匹马在场或旁观时才会驾乘母马。在某些社会性动物群体中，包括马，地位最高的雄性会主宰群体内的交配行为；其余的雄性会被剥夺大多数的性交机会。较低的地位与非自愿性的独身状态，使它们处于被兽医称为“心理去势”（psychological castration）的危机中，最终完全丧失性交能力。[5]

作家杰茜卡·雅希尔（Jessica Jahiel）是马和马术领域的专家。她写道：“痛苦、恐惧和困惑都会大幅降低性欲，有时还能导致性无能。”

跟兽医一样，人类医生也会遇见由于恐惧、痛苦和困惑（还有许多其他因素）而妨碍其勃起能力的病人。[6] 当年在医学院念书的时候，老师教我们询问每个病人的性功能状况与性生活满意度。我们知道我们该这么做，因为“性菜单”是很有用的判断心血管健康的参考基准。但实情是，许多医生发现询问一位先生能否毫无意外地走上两段阶梯，比问他性交时会不会胸痛容易多了。除非病人在就诊时自行提出特定的性问题，否则医生不太可能主动询问病人勃起、射精与高潮的品质与次数。

文化障碍、时间限制、过分拘谨都会妨碍医生与病人对性的深入讨论。因此，尽管病人的性生活包含有关其整体健康的关键信

---

① 然而种马专家知道“太早拥有太多性经验”对正常性欲是有害的。年轻时“纵欲过度”，往往会让种马在成年后性趣短缺，甚至阳痿。[4]

息，大多数医生却只会提那些病人自认为需要解决的性问题。

另一边，兽医看待、处理性的方式多是将它视为患者正常生活的一部分。我还记得第一次参加洛杉矶动物园的早间巡视时，我很惊讶兽医和动物管理员会那么仔细地关注他们负责照料的动物的性活动状况。有多少？多频繁？跟谁？这些都是很有价值的信息，有助于他们掌握患者的生理和心理健康。而且在进行相关讨论时，也不会出现那些在人类诊室经常上演的尴尬沉默与难为情的面红耳赤。

只要花点时间观察动物，就会发现性的形式有很多种。[7] 有些动物奉行一夫一妻制，终生只有一个伴侣；有些动物则毫无节制地杂交，四处散播性病；有些动物会在生命中的某个阶段改变性倾向；有些动物会强奸同伴，哄骗伴侣、强迫年幼者与自己发生性关系；有些动物会进行看似冗长的前戏；有些动物会为伴侣口交；有些动物会在性交前先取得对方的同意。

针对动物性交共有的生物本能和行为进行彻底的科学观察，就能架构出人类性欲的演化背景。对于动物的勃起、交合、射精和高潮进行人兽同源学的调查，不仅能促进人类性功能障碍的治疗，甚至能找到提升人类性生活质量的方法。

在本章中，我们将会造访由昆虫的前戏、比较阴蒂学（comparative clitorology），以及高潮带来的愉悦所构筑的世界。还有什么能比雄性阴茎勃起（penile erection）这一生物机械工程的杰作更适合作为这趟（包括人类与非人类的）动物性生活之旅的起点呢！

巧妙的繁衍策略

当医生研究阴茎时，往往会将焦点放在人类身上，这一点也不奇怪。这个世界充斥着阳具的时间至少有 5 亿年之久。起码从古生代早期开始，每一天，无论在陆地、海洋、溪流还是在空气中，在无数次射精之前有无数次交配，而无数次交配之前则有无数次勃起。有些勃起很容易达到，并且轻易地成功插入；有些则是瞬间闪现，接着又忽地终止。有些长达数米，有些只能从显微镜里才看得见。有些因充血而变硬，有些是由“血淋巴液”（hemolymph）来支撑，有些则是由软骨或硬骨构成的骨骼来支撑。有些勃起只能持续几秒钟，有的却长达数小时。

但繁殖这回事并非一直都是如此。地球上最早的单细胞生物通过复制自己来繁衍，它们的部分后裔仍然这么做。[8] 可是等到复杂的多细胞生物逐渐演化，最终“找到”结合其配子（gamete）的能力时，它们便取得了一项重大的遗传优势（详见第10章）。由于这些远古生物住在大海中，最早的性事是直截了当的过程——把精子和卵子都喷洒在水中。少数的幸运儿会结合在一起。

在这场可自由参加的大竞赛中，最适宜的精子能游到卵子旁，并且得到奖励——让自己的DNA晋级到自然选择的下一回合。最适宜的精子有时是最厉害的游泳健将，有时是被排到距离卵子最近的精子。某些精子能设法循着信息素（pheromone，音译作费洛蒙）指引的路径找到卵子。或者，精子们会绑在一起，形成小组，以提高它们瞄准卵子的准确性和对时机的掌握。当精子不断修炼它巧妙的方向盘、尾巴、化学标记和游泳策略时，喷射出精子的生殖器官也在持续进化。

体内受精是一个创举，雄性不是将精子排放在接近雌性的地方，而是直接将精子送进雌性体内，贮存在卵子旁。这让雄性与雌性得以控制自己后代的DNA。雌性能在与雄性交尾前，先筛选与自己配对的雄性；精子也比较不会散落在不毛之地上。这种结合了选择与精准两大效益的繁殖策略之所以能顺利推动，要归功于阴茎的出现。①

史上最古老的阴茎可以回溯到4.25亿年前。[10]它埋藏在海底的远古火山灰下，后来在英国赫里福德郡（Herefordshire）重见天日，属于某个甲壳类动物。古生物学家将这种像虾一样的生物命名为*Colymbosathon ecplecticos*，希腊文的意思是“拥有大阳具的游泳高手”。在它被发现之前，最古老的阳具存在于4亿年前，来自苏格兰的一只盲蛛化石。[11]

大约2亿年后，当恐龙在大陆上游历漫步时，它们的阳具也随之四处漫游。古生物学家运用他们对鸟类与鳄类动物（它们是那些史前生物的当代亲戚）的研究，推测恐龙的交配器官和行为。[12]例如，泰坦巨龙（titanosaur）雄性勃起的阴茎可能有3.7米长。专家推测，蜥脚类恐龙（sauropod）雄性的身体长度相当于一辆公交车，它们会从背后接近魁梧的、适合受孕的母恐龙。就像它的鸟类与鳄类动物后代，它有可能会从母恐龙背后插入阴茎，等到高潮时，从阴茎外的某个“容器”射出精子。

现在地球上存在着各式各样的阳具。[13]针鼹（spiny anteater）进化出四个头的阴茎，每次交尾旋转。虽然大多数鸟类没有阴茎②，但阿根廷湖鸭（Argentine lake duck）的阳具却有20厘米长（几乎和鸵鸟的阴茎一样长），螺旋般的形状，阴茎基部饰有浓密、毛茸

---

① 并不是所有的体内受精都非得有阳具不可。行为生态学家蒂姆·伯克黑德（Tim Birkhead）曾写道，公蟑螂、公蝎与公蝾螈会制造名为“精荚、精子包囊”（spermatophore）的精子小包，并将它粘在靠近雌性生殖器开口的地方。大多数鱿鱼、章鱼和乌贼会运用特化的鳍将精子包囊送进雌性体内。许多鸟类在交尾时，只是让雌雄的泄殖腔短暂接触而已。[9]

② 伯克黑德写道：“大多数鸟类在演化长河中失去了它们的阴茎，这一向被认为是为了飞行而做出的减轻重量调适，因为它们的爬虫动物祖先拥有一根（在某些案例中甚至有两根）阴茎。”[14]

茸的刺。[15] 尽管拥有 84 厘米长的家伙，且阴茎长度与体长的比率为七比一，但学名为 *Limax redii* 的瑞士蛞蝓并不是大自然中最不成比例的一员。[16] 这项殊荣由学名为 *Balanus glandula* 的藤壶摘下，它巨大的阴茎使整个潮池为之惊叹。① [18] 永久固着在某块潮礁上的藤壶，其阴茎尺寸是自己体长的 40 倍，它的周长会随生存环境而变化。生活在波涛汹涌水域的藤壶拥有比较粗、比较大、比较强壮的家伙；而那些生活在平静水域的藤壶则会伸展它们较长的丝状阴茎，寻找远处的藤壶"阴道"。

跳蚤与某些虫的阴茎长度与身体也很不成比例。某些动物的阴茎不止一根，好几种海洋扁虫有成打的阴茎。[19] 有些种类的蛇与蜥蜴具有一对交配器，称为半阴茎（hemipenis）；在多次交配时，轮流使用其中一侧的半阴茎，能使精子总数增加五分之一。[20] 至于昆虫的雄性生殖器更是变化多端，昆虫学家会仔细观察，并据此将昆虫分门别类。[21]

假如你很少看到其他动物的生殖插入，尤其是那些你看不见的动物，也并不稀奇。许多夜行性动物，还有体形很小、个性很害羞，或者单纯是交配时特别谨慎的动物，都不容易被其他动物（包括好奇的生物学家）看见。这些隐秘的性行为难以一窥堂奥，向来是性事比较研究的一大障碍。② 可是，要得到这些动物在性交当时

---

① 尽管藤壶通常是雌雄同体的（同时拥有雄性与雌性生殖器），但它们偏好与其他藤壶发生性关系胜过自体受精。[17]

② 话虽如此，人类比较雄性生殖器的兴趣由来已久，最早始于旧石器时代的洞穴壁画，一路延续到今天的冰岛阳具博物馆（Icelandic Phallological Museum）。这座博物馆专心致力于阳具学（phallology），研究并收藏了各式各样的阳具。它搜罗冰岛大多数哺乳动物经防腐处理或干燥的阴茎。博物馆中展示了独角鲸（narwhal）、北极熊、北极狐、驯鹿和多种鲸鱼经防腐处理的阳具。大部分标本贮存在装有甲醛的罐子里，只有一具令人大开眼界（尽管不太挺直）的大象阴茎悬挂在博物馆的一面墙上。

的第一手翔实分析无比困难，也就代表了事实与错误认知间有很大的差距。

例如，磷虾（krill）的性冒险（sexcapade）就被严重低估了。[22]这种虾米般的生物是重要水生巨型动物（如鲸鱼）的主食。长久以来，磷虾被认定是在接近海面的地方混合其卵子与精子来完成繁殖的。然而，《浮游生物研究》（*Plankton Research*）在2011年报道了有关大西洋磷虾的惊人发现：共计5亿吨重的大西洋磷虾全都在海洋深处交配。在这些幽深黑暗的水下狂欢中，磷虾用的是体内受精技巧，也就是插入式性交。

自从2亿年前出现在地球上，所有的雄性哺乳动物都具有阴茎，并通过以下三种方式达到勃起。[23]许多雄性的蝙蝠、啮齿动物、食肉动物，以及大部分非人的灵长类动物，都是靠着一根名为阴茎骨（baculum）的真实杆状骨提供硬挺的支撑。[24]一串粗厚的组织沿着棒状阴茎中央贯穿而下，它让猪、牛和鲸鱼由弹性纤维组织构成的阴茎即使未勃起也相当坚硬（宠物店里贩卖的牛皮骨是极受欢迎的耐咬玩具，它就是用牛的阴茎结构风干制成的）。[25]

而人类则是和犰狳（armadillo）、马（更不用说乌龟、蛇、蜥蜴和某些鸟类等非哺乳动物）一样，拥有“会膨胀的阴茎”[26]。只需运用流体力学，将血液或其他体液灌注到阴茎海绵组织的小隔间内，生殖器就能变粗、变硬。

从生物机械的观点来看，这些会膨胀的阴茎实在非常出色。正如麻省理工学院安姆斯特分校的生物学家、阴茎研究专家戴安娜·凯利（Diane A. Kelly）向我说明的，要创造足够硬挺、适于插入阴道，同时强度足够、禁得起在阴道内戳刺的结构，是一项微妙的力学挑战。[27]打造一根坚实阴茎的步骤是优雅而流畅的，肯定能博得任何工程学教授的欢心。

一切要从那毫无生气、软趴趴的骗人阴茎说起。[28] 休息中的阴茎虽然看似松软下垂，其实正处于一种持续适度收缩的状态。贯穿阴茎中央的管状平滑肌微微紧绷着，交错遍布整个阴茎上的数千条毛细血管的内壁也维持着适度紧绷。这条肌肉与阴部动脉若进一步收缩，就会产生在寒冷天里或泡冷水时，阴茎皱缩的现象。因此，尽管阴茎勃起的过程看似突然开始运转，但其实它屈从于一个决定性的历程——首先，它必须放松。

放松的指令来自阴部神经。[29] 当那条平滑肌松弛后，阴茎深处的动脉会扩张，整个管道突然完全开放。于是血液大量涌入，使阴茎变得直挺，造成两条管状海绵组织［称为“海绵体”（corpus cavernosum）］中百万个微小区块充血。

接下来是一项关键的化学反应。[30] 当你身体中的任何动脉扩张，无论是脸红时颊动脉扩张、进食后肠动脉扩张，还是性兴奋时生殖器动脉扩张，都会释放出一氧化氮。① 在阴茎中，这个非常特殊的化学分子（注意别与一氧化二氮，也就是牙医使用的笑气，或与空气污染物二氧化氮混为一谈）会通知平滑肌进一步放松，使更多血液涌入。此时阴茎里挤满了液体，涨大的体积会压迫邻近的静脉，阻止血液倒流出海绵体。整个腔窦被受困的液体弄得越来越鼓胀，有压缩束紧作用的其他结构也从旁推波助澜，肉管中的压力急剧升高。大多数勃起的内压可达到100毫米水银柱——相当于大蟒蛇用来绞杀猎物的压力。

为了保护阴茎在这样强大的力道下不致破裂，一张由胶原纤

---

① 在20世纪90年代，科学家想到也许能将一氧化氮装在药丸里，于是诞生了威而钢（Viagra）等壮阳药。这项发明使数百万名男性恢复性功能，并且使我在加州大学洛杉矶分校的同事路易斯·伊格那罗（Louis Ignarro）、罗伯特·弗奇戈特（Robert Furchgott）与弗里德·穆拉德（Ferid Murad）一同荣获1998年的诺贝尔生理或医学奖。

维构成的复杂网状膜在皮肤下包裹着阴茎海绵体。[31] 正如凯利描述的，这些胶原纤维巧妙交叠，沿着整个阴茎一层又一层地垂直交错。这使得它们在阴茎逐渐勃起时能有效地展开打褶的地方。这副胶原“骨骼”不只能强化勃起，还提供整个结构弯曲的阻力，也就是工程师所谓的抗挠刚度（flexural stiffness）。凯利说，这跟河豚的戏法一样。[32] 它可展开的皮肤也包含了高度皱褶、交错排列的胶原纤维束。交配或求偶展示之外的时间，阴茎可以折叠，便于收纳保管——这个特点的好处不只是方便而已。根据一项研究，某些鱼无法缩回自己的生殖器官，因为它们是由永远硬挺的臀鳍改良而成。[33] 相较于生殖器官看起来没那么雄伟的同伴，那些生殖器官雄伟的鱼更容易被猎杀。

等到勃起完成后，性刺激也来到医生所说的“从此回不去的临界点”[34]。一个脊髓反射引发了一阵快速爆发的肌肉收缩，从膀胱颈开始，范围遍及整个外阴部。在涟漪般的连锁收缩中，来自交感神经系统的大量流出物不断推波助澜，使睾丸和阴囊周围的肌肉紧绷。接着，副睾丸、输精管、精囊、前列腺、尿道、阴茎与肛门括约肌周围的肌肉也变得紧绷。这些肌肉迅速地夹紧又放松、夹紧又放松，间隔不到一秒钟，最后从尿道喷出精液。在肌肉活动的最初爆发后，可能还会有零星的缓慢抽搐。这一串过程能在各式各样的哺乳动物身上看见。

射精的比较研究大多集中在灵长动物和啮齿动物身上，但是所有的雄性哺乳动物源于共同的古代射精者。[35] 从独角鲸到绒猴科动物（marmoset），乃至于袋鼠，哺乳动物的阴茎几乎都以相同的方式喷出精液。而且今天人类男性的射精行为甚至与爬虫动物、两栖动物、鲨鱼和魟的生理原理相同。[36] 射精不是新鲜事，事实上，人类的精液推进系统由来已久，这使得“人类男性的射精经验也许和其他动物没两样”的想法不只令人好奇，而且还貌似有理。既然射精的机制如此相似，问题只在于，其他动物能否感受到驱使许多男人追求性行为的那股强烈快感呢？

高潮的体验不只能成为传奇，同时也能被测量。脑电波图（electroencephalogram，EEG）能显示脑波的变化，包括低频 θ 波的增多，而 θ 波与深度放松有关。[37] 许多男人描述自己在性交中感受到一股欣快感，竟离奇地近似海洛因吸食者描述自己将针头戳入血管并推入海洛因时体验到的感觉。[38] 射精中的公鼠大脑会释放强有力的化学物质，包括与海洛因有关的类鸦片（opioid）、催产素（oxytocin）和血管升压素（vasopressin）。肌肉收缩、脑波变化、化学奖励，还有飘飘然的感觉，联手创造出男性高潮。

在射精与高潮过后，接着是消肿或疲软的过程。从神经激素的角度来看，这一系列过程只不过是勃起的倒转。阴茎的平滑肌收缩，阴茎动脉也收缩。流入阴茎的血液减少。由于迫使它们关闭的压力减少了，阴茎静脉完全开放，恢复正常的引流。与交感神经系统有关的化学物质开始接管。在你察觉之前，阴茎已经回到它微微收缩的静止状态。

显然，由于这套惊人的结构建立在信号上，其中必定发生了很多事。但许多步骤是一环扣一环的，很多地方都可能出错。更复杂的是，人类的勃起基本上有两种途径：想象或接触。

大多数男人都能证实，纯粹的直接刺激绝对能使阴茎勃起，这叫作“反射性勃起”（reflexogenicerection），由下脊椎的神经管控。反射性勃起常见于青春期前的男孩、处于快速动眼期（REM）睡眠中的男人，以及脊髓损伤的男人（这种病人身上连接大脑与阴茎的神经被切断了）。反射性勃起和消化、呼吸一样，是无意识控制的产物，可能会在某个男人完全没料想到或根本不想性交时突然出现。①

发生在诸如藤壶和软体动物身上的反射性勃起是原始勃起的早期模式，它早在爬虫动物或哺乳动物具有硬挺阴茎前就已演化形成。虽然能插入与散播精子，但是这些“1.0 版”的勃起缺少了高级版勃起的两大功能：投机取巧的充血和策略性的疲软。

在勃起的演化中，一项重大进展是大脑的加入，这使大脑能通过脊髓将信号传送给阴茎。从演化的角度来看，这些“大脑诱发的”心理性勃起（psychogenic erection）是以反射性勃起为本进行的一项很高明的改良。让大脑参与勃起这种复杂、精细又重要的事情，既能扩大动物的繁衍机会，也能保证交配中动物的生命安全。它让雄性动物在发动或停止勃起前，根据所处环境做出判断与回应。它让感官输入信息，比如观看、嗅闻、触碰，甚至幻想某个很性感的人或某件撩人的事，触发勃起的一连串反应。同时它有助于雄性动物在掠食者（或者更有可能的是竞争者）出现的瞬间，适时地停止勃起。

不管这个雄性动物是麋鹿、鼹鼠还是男人，全都适用。

大自然的春宫图

我造访加州大学戴维斯分校的马房时，顺便参观了一间白色的小房间，面积和纽约市公寓里那种一字形的小厨房一样。房间里没有炉灶，而是一台高科技精液旋转分离器。旁边有一台冰箱，负责

---

① 如果你是巴西圣保罗（Sao Paulo）的急诊室医生，你很可能知道勃起还有另一种惊人的来由：巴西栉状蛛（*Phoneutria nigriventer*）的毒吻。尽管巴西栉状蛛的毒液毒性剧烈，可能使人致命，但它也能让男性勃起持续数小时之久。因此，这种毒液被销售给试过传统壮阳药却不见成效的男性，也就不足为奇了。[39]

贮存精液和冷冻尿液。尿液就像我在育种棚见过的，在诱发心理性勃起的感官刺激上扮演着不可或缺的角色。

当“好色”的种马走过一头正在发情的母马时，后者通常会立刻反射性地排出一道热气蒸腾的尿液。[40] 这个举动是有策略目的的行为。尿液包含了信号分子，表明雌性的排卵状态。女人需要花钱购买科技产品——排卵检验试纸来检测排卵状态，种马只要用它的鼻子就可以了。

公马（和许多其他动物，如骆驼、鹿、啮齿动物、猫，甚至是大象）能通过嗅闻和口尝尿液来侦测这些化合物。[41] 如果这时它们做出一种名为“裂唇嗅行为”（flehmen）的独特鬼脸，就更能够增强它们的嗅觉。这种抬高一侧上唇的表情活像动物版的“猫王”著名的性感冷笑。这只动物会翻起上唇，吸气，让气味分子在鼻腔飘荡，与犁鼻器（vomeronasal organ，一种灵敏的气味侦测器，位于接近上颚的部位）接触。人类也会表现出类似的化学感受，比如品尝葡萄酒时会吸啜少量酒液，让它在口腔上颚附近打转，使芳香分子近距离接触位于牙龈和鼻孔内的敏锐受体。人类是否曾经拥有犁鼻器，答案尚有争议。某些生物学家相信，人类的犁鼻器只是退化了；其他生物学家则怀疑人类可能从未有过犁鼻器。

我们与那些拥有犁鼻器且会做出裂唇嗅行为的动物持续共享的，是第七对脑神经，即颜面神经。这条大脑与身体沟通的线路串联起脸部与大脑情感中枢。[42] 颜面神经源自许多动物与所有人类的脑干中大致相同的地方。它将愤怒转化为狗的咆哮，将惊讶转化为猕猴睁大的双眼，并将喜悦转化为孩子的笑容。①

① 与其他动物相较，人类的脸部肌肉数量众多且功能错综复杂。猫狗的脸部表情不及人类丰富，并不是因为它们的内心缺乏感受或者颜面神经少了情感输入，而是因为它们脸部的肌肉数量较少，且控制脸部肌肉的颜面神经分支也较少。

想象一个人做出裂唇嗅行为，你肯定会注意到某件再明显不过的事。你瞬间就能辨识那翻起的一侧上唇是憎恶讨厌的表情。如果你愿意亲自试试看，说不定还会感觉到一点点嫌恶的涟漪。不过，从昂首阔步的米克·贾格尔（Mick Jagger）到轻蔑讪笑的比利·爱多尔（Billy Idol），这些性感的摇滚巨星全都懂得利用这个古老的多任务神经回路，向女性观众迅速亮出裂唇嗅行为，制造令人神魂颠倒的效果。猫王翻卷上唇的表情也许比他摇动骨盆的动作更能让少女兴奋狂喜。自从见过种马裂唇嗅行为对适合受孕母马的影响力，我就理解了为什么猫王露骨的性暗示动作在20世纪50年代会让那时的父亲们感到饱受威胁。

裂唇嗅行为能同时表示性欲和憎恶，得感谢它与脑干纠缠的解剖学联结。此外，它也有助于解释为什么有这么多的生殖与泌尿功能既深深吸引我们，又让我们觉得反感。雄性的尿液可以通过化学方式与雌性沟通，反之亦然。公豪猪会在交尾前的求偶仪式中用尿液来炫耀自己；[43] 公山羊会在自己脸上和招牌山羊胡上喷洒尿液，作为标示自己已准备好性交的嗅觉指标；[44] 公麋鹿也会在发情季节于尿液中打滚。[45]

非哺乳动物也会运用尿液来进行沟通。求爱的雌螯虾会撒一泡尿，吸引情投意合的公螯虾。[46] 公剑尾鱼的尿液充满各种信息素，它们会逆流上游，连续撒尿，如此一来，带有性沟通信息的液体会向下流，让适合受孕的母鱼都能“阅读”。① [47]

兰斯洛被人领着走过能受孕的母马前，它只能看，不能摸。因此

① 精神科医生向来将人对尿液产生性冲动视为病态。他们将恋尿癖者（urophiliac）喜爱享受的“尿尿竞赛”（water sport）、“淋尿”（golden shower）、泡尿澡或喝尿等行为，视为心理失常的变态行为。有趣的是，对许多生物而言，尿在吸引与唤起性行为上扮演着相当重要的角色。

我们很确定，这匹母马的魅力部分是通过嗅觉展现的。此外，扬起尾巴则是一种视觉邀请。视觉信号是另一种由心理引发勃起的超强大刺激，它（可想象成大自然的春宫图）能使许多动物产生性兴奋。

例如，许多母猴与母猿会露出又红又肿的阴部（叫作会阴的"精心力作"），表示自己已经准备好进行交配。[48] 这些动物的雄性成员会随肿胀的尺寸大小产生不同的反应。当然，肿胀得最厉害的，能带给这些雄性最强烈的视觉刺激。

在测试情境中，比起未蒙眼的公牛，被蒙住眼睛的公牛更不会与不熟悉的母牛交配。受限的视力会削弱公牛的表现。[49]

视觉刺激也会对雌性动物产生有趣的效果。从孔武有力的公羊抵角互斗，到温和的园丁鸟（bowerbird）将饰满花朵、贝壳、石头与浆果的爱巢献给情人，雄性的求偶展示是大自然纪录片的经典影像。这一切视觉刺激都是为了怂恿雌性与自己交合——其中传达的信息不只是揭露自己的性成熟度，还有优越的遗传适存度（genetic fitness）。这些展示或许还有一个看不见的效应是跟交配本身无关，却能增进后代的存活机会。

摩洛哥的研究人员急着想要提高一种名为"波斑鸨"（houbara bustard）的濒临绝种鸟类的繁殖率。[50] 据说这种北非原生鸟的肉有催情作用，所以几乎被猎捕殆尽。人工繁殖计划的孵化率不佳，经检讨后，研究人员领悟到，通过人工受精而受孕的母鸟当中，有部分从未真正见过一只成熟的公鸟。于是他们决定着手进行一项实验，不再只是把精子注入母鸟体内，而是先让母鸟观看性感的公鸟"表演"。这只迷人的公鸟会按照波斑鸨特有的交配前仪式，趾高气扬地来回踱步，它的白色头羽和颈羽怒张，活像摇滚巨星身披一条羽毛围巾。凡是有幸事先观赏到这一幕的母鸟，不管它们最后怀的是谁的种，产下能孵化的蛋的概率大为提高。有趣的是，不仅孵化率增加了，连幼雏也变得更健康、更强壮。原因是，事先提供性感景象，让观看的母鸟为自己所产的蛋添加了额外的睾固酮，使得这些蛋长得更快、更强壮。它刺激幼雏自己产生更多睾固酮，让它们在荷尔蒙上拥有领先优势。当然，这并非母鸟的有意选择，而是对视觉信号产生的生理响应。同样，专业的猪繁殖者发现，如果母猪在人工受精前遇上公猪“大献殷勤”，甚至只是接触到公猪的体味，便能大幅提高受孕率。[51]

在动物世界里，雌性并非只是接受精子的“被动容器”，而是能通过精子筛选与卵子增强，左右繁殖成果的主动参与者。这是一个新的研究领域，或许能为改善世界各地的动物育种计划带来重要的启示。同时，它或许也能帮助不孕的妇女。辅助生殖（assisted reproduction）在过去十年来已有长足的进步，可是，尽管不孕诊所的男性采精室堆满了火辣辣的成人杂志，却没有人定期建议女性应该在每月一次的卵子发育过程中让自己获得“视觉鼓励”。无论妇女是正要经历体外人工受精（in vitro fertilization，IVF），还是打算尝试自然怀孕，也许上 YouTube 搜寻浑身湿透、陷入沉思、手握马鞭的科林·费尔斯（Colin Firth）的影片，对卵泡成熟和排卵都能有所帮助。

另外，还有一种以大脑为基础的勃起增强因素会通过耳朵传入雄性大脑内。调情中的马会发出嘶鸣，春心荡漾的公猪会引吭高歌。生物学家布鲁斯·巴格米尔（Bruce Bagemihl）写道：“母赤羚（Kob antelope）鸣啸，公猩猩大声喷气，母赤褐袋鼠（Roufous Rat Kangaroo）嗥叫，公印度黑羚（Blackbuck antelope）咆哮，母考拉吼叫，公眼斑蚁雀（Ocellated Antbird）欢唱，母松鼠猴（Squirrel Monkey）发出呼噜声，还有公狮呻吟、发出哼哈声。”[52] 这些声音全都是为了求偶而发，能触动一连串的神经反应，产生勃起或促进勃起。一项迷人的研究揭露，母北非猕猴（Barbary macaque）会在它们的伴侣快要射精时，发出“又响又独特”的交配叫声，借此帮助公猴达到高潮。[53] 公牛听见预先录制的母牛发情的声音也会勃起。[54]

不过，大脑这种将感官输入信号转化为勃起的能力也有令人泄气的一面。有时候，大脑不仅不帮助勃起，反而让阴茎变得软弱无力。

交配中的动物十分脆弱，它必然无法专心留意周围环境。它会短暂脱离其他重要的生存活动，比如采集食物和捍卫地盘。勃起的心理要素指的是，假如雄性动物的大脑侦测到危险、威胁、竞争或报酬递减，它可能会终止勃起。

这种生理机能成了男人求诊时最苦恼的病——勃起功能障碍（erectile dysfunction，ED）。① [56] 这是指勃起始终无法达到顺利进出女性阴道的必要硬度，或是无法像过去那么持久。尽管不是攸关性命的疾病，但勃起功能障碍会严重影响患者与其伴侣的生活质量和社交状况。全球每十个男人就有一人为勃起功能障碍所苦，光是在美国，就有三千万名患者。[57] 阴茎是否硬挺这件事支撑起产值数十亿美元的产业，这个产业兜售药物、设备、补品……还有为数不少的蛇油。

约翰斯·霍普金斯大学（Johns Hopkins University）神经泌尿学专家阿瑟·伯内特（Arthur L. Burnett）表示，过去40年来，我们对勃起功能障碍的理解有了一百八十度的转变。[58] 过去，医生认为勃起功能障碍的成因是老化与荷尔蒙失调等不可避免但无法确定的因素，或是完全心理上的因素。在心理分析的全盛时期，男人无

① 大约五百年前，达·芬奇曾经评论道：“阴茎的主人想要随心所欲地勃起或萎软，无奈阴茎根本不听号令……于是众人说阴茎自有其意志。”数百年后，托尔斯泰毫不留情地写道：“人类熬过地震的惊骇，经历过疾病的摧残，挺过折腾灵魂的各种酷刑。没想到最惨绝人寰的，是发生在卧室里的悲剧。”[55]

法达到坚挺的勃起，被认定是他内心有未解决的冲突所致。

现在伯内特则告诉我，勃起功能障碍被视为“百分之百的生理问题”。因为人类勃起完全依靠血流，因此，无论糖尿病、高血压、动脉阻塞、静脉疾患还是微弱脉搏，凡是妨碍血液在全身奔腾运行的任何因素，都会导致勃起功能障碍或使勃起功能障碍更加恶化。因此，前列腺手术时不小心伤害到神经，自然也会造成勃起功能障碍。

男人的勃起功能障碍不再被认定为大脑搞的鬼或情绪问题；另外，尽管大多数勃起功能障碍的原因是生理上的，但确实也有部分是心因性的——当男人感觉有意愿，但他生理功能健全的阴茎却不配合时。可能会造成病人与其伴侣深感狼狈和苦恼。

前面已经介绍过，动物的阴茎也会随着环境与其他诱因而变硬或变软。或许我们所谓的心因性勃起功能障碍，乃是源自情致勃发的许多雄性生物共享的一种保护性生理机能。

环尾狐猴通常一年只会交配一次。[59] 这种大眼灵长动物受惠于喜剧演员萨莎·拜伦·科恩（Sacha Baron Cohen）在《马达加斯加》（*Madagascar*）中的配音，使人印象深刻。每年秋天，雌猴会有仅此一段、转瞬即逝的连续 8～24 小时的时间适合生育，此时公猴的睾固酮浓度增高。杜克狐猴中心（Duke Lemur Center）的管理人安德烈亚·卡茨（Andrea Katz）说，这场“疯狂的万圣节派对”在公猴中创造出狂热的高额赌注竞争，以及来自母猴气人的戏弄。加拿大维多利亚大学（University of Victoria）的人类学家莉萨·古尔德（Lisa Gould）是研究环尾狐猴行为的专家。她告诉我，在繁殖季节，雄性之间的竞争非常激烈。她曾看到公猴跳到其他交配中的公猴身上，把对方从母猴身上推开。有时候，为了争取驾乘母猴的机会，公猴在互殴中可能会严重受伤。她曾亲眼见证一场格外有趣的冲突，一只地位较低的公猴不顾一切，拼命想在一群交配中的狐猴里完成交合。

"它非常紧张不安，频频四处张望。它不断跳上跃下，一再回头检查身体后方。我不认为它最后真的完成了交配。"古尔德解释道，至少在狐猴的世界里，这些所谓交配失败，多半是社交压力和竞争的产物。警戒或恐惧的神经输入信息，会影响交配的成功率。古尔德也指出，每只公猴的状况都不太一样。以她观察的那只公猴为例，在尝试交配时仍不断四下张望，代表它非常警惕周围状况和其他挑战者，别的公猴或许能在那样的竞争中胜出。没有两只动物的行为是完全一样的，每只动物对不同类型的压力源会有不同的容忍度。

生物学家所说的"交配失败"，医生可能会称之为"无法勃起"或"勃起功能障碍"。从生理学的角度来看，两者很相似。恐惧和焦虑会干扰勃起的关键第一步：放松。记住，阴茎要勃起，必须先放松。假如大脑感觉到危险，激增的肾上腺素与其他荷尔蒙会终止放松的程序，粉碎刚开始发生的勃起。① 凡是有能力勃起的动物，偶尔也可能会失去勃起能力。

但这是好事，因为性交中断（coitus interruptus）可以是救命的手段。若动物任凭危险逐渐迫近，照样继续交配，它会有什么下场？有时候，最大的威胁并非来自外面的掠食者，而是来自同种群、同伴，甚至手足。在雄性动物身上，我们看见社交恫吓能抑制勃起。例如占支配地位公羊的出现，就能让受支配的公羊停止性行为。[60] 在鹿群和其他阶级地位森严的有蹄类动物群体中，通常只

---

① 在某些状况下，恐惧能唤起更多性欲。"云霄高潮俱乐部"（Mile-High Club，在飞机上进行性行为）的成员和其他喜欢在不安全的公共场合性交以求刺激的人，都可以证明这一点。性欲与恐惧的神经回路会在大脑的杏仁体会合。

有地位最高的雄性可以交配。在鸟类、爬虫类和哺乳动物中，也能看见高居主宰地位的雄性控制所有交配活动的现象。[61] 独身的、受支配的雄性被剥夺了交配机会，可能会因此丧失勃起的能力。这种动物的勃起功能障碍（或“心理去势”）可以是暂时且可逆的，但也有可能会持续终生。

可是，现代人类的性经验多半不再被树丛中跃出的掠食者打断，或是因竞争者抢走性交对象而中断。于是我请教加州大学洛杉矶分校泌尿科医生、阳痿问题权威雅各布·芮吉佛（Jacob Rajfer），心理压力是否真能干扰男性勃起。“没错，”他简洁明快地回答道，“某些男人在压力下会产生勃起困难。”[62] 当我请他具体说明是哪些压力时，他不禁笑了。年纪大了、工作上的问题或人际关系摩擦，都能给现代男性带来沉重压力。紧张担忧可能源自各种形式的压力，比如步步紧逼的截止期限、烦人的诉讼，或是压得人喘不过气来的信用卡卡债。无论是人或动物，压力能通过活化交感神经系统使勃起消失。不同生物身上的交配失败，都跟保护交配中的雄性动物这种古老神经反馈回路有关。这清楚描绘出大脑对阴茎的非凡影响力。尽管因此无法勃起可能会让病人觉得泄气或丢脸，但这个联结本身并不特殊，况且这并非人类男性独有的状况。为了防止动物在性交中被吃掉或遭到痛殴，威胁必须启动性活动的断路器。

历经数百万年在危险世界中交配后，某些雄性动物演化出快速射精的能力。凡是能在嫉妒的竞争者或饥饿的掠食者发动突袭前迅速移交精液的雄性动物，就有更好的机会繁衍后代。此外，迅速射精还能为想在短时间内让许多雌性受精的雄性动物提供另一项繁殖优势。

不过，就像勃起功能障碍中的性交中断，性交加速（coitus accelerando）也被认为是一种病。我们人类医生称它为“早泄”

（premature ejaculation，PE）。约翰斯·霍普金斯大学的伯内特教授指出，射精问题其实比勃起问题更常见，只不过较少有病人会为此就医。[63] 然而对其他动物来说，这未必是问题。事实上，它甚至可能是个优势。

在一篇发表于1984年的论文中，加州大学洛杉矶分校社会学家劳伦斯·洪（Lawrence Hong）指出："一个能快速骑乘，立刻射精，旋即下马的动作迅速的性伴侣，对雌性动物来说可能是最棒的。"[64]

的确，许多动物转移精子的动作非常迅速。①人类男性平均要花三到六分钟才能从阴道插入达到射精。[65] 人类的近亲黑猩猩与倭黑猩猩只需大约30秒。种马通常会在六到八次抽插后射精。有些缺乏阴茎的雄鸟，通过让自己的生殖孔与雌鸟的生殖孔互相接触，在不过几分之一秒的时间就完成了精子传送，这个过程被称为"泄殖腔之吻"（cloacal kiss）。加拉帕戈斯群岛（Galapagos Islands）原生的小个头海鬣蜥（marine iguana）进化出极致的早泄——它们能在交配前就先射精。[66] 通常海鬣蜥需要将近三分钟才能在母鬣蜥体内射精。这有利于体形较大、地位较高的公鬣蜥，因为它们不仅有权力，也有足够的体力将体形较小的公鬣蜥从母鬣蜥身上推落。于是较小的公鬣蜥会先自慰，并将精液聪明地贮存在一个特殊囊袋里。在插入阴道后的头几秒钟内，小型公鬣蜥会偷偷摸摸地将预先藏好的精液送进伴侣的生殖孔，也就是泄殖腔。等到较大的公

---

① 没错，但某些动物花的时间较长。老鼠可以很快射精，但前提是得先经历一长串的追逐与骑乘过程，其中，首先包含了8～10次的阴茎插入母鼠的阴道。包括猫和某些昆虫在内的若干动物，会运用阴部倒钩和刺针、膨胀的身体部位，以及身体的力量，让交媾的双方"牢牢地固定"在一起。有时候，延迟的时间是用来塞入以黏液或凝胶制成的交配栓（copulatory plug）。但是对许多交尾来说，迅速完事好处多多。

鬣蜥把它推落，它的游泳好手们早就踏上让卵子受精的道路了。

迅速交配还有其他好处。有时间限制的接触（尤其是潮湿的黏膜与黏膜接触）能降低传播致病微生物的风险。对许多动物来说，寄生虫感染会带来致命威胁。在这类族群中，快速交配可能十分有利（有关动物性传染病的进一步讨论，请参阅第 10 章）。

芮吉佛指出，不管哪个年纪（从 20 岁出头到 80 多岁），约有 30%～33% 的男人有早泄的情形。[67] 另外，勃起功能障碍的发生率会随年龄渐长而升高。对芮吉佛而言，这代表了早泄是医生口中常说的“正常变异”，而且可能具有高度遗传性。对于早泄，他的结论是：“我不认为它是一种病。”

无论射精之前的抽插持续了三小时还是三秒钟，只要将精液确实递送到雌性动物体内，就算是完成了繁殖功能。将早泄当成一种病，是早泄这则漫长的成功演化故事中的一个新插曲，而且它其实应该能抚慰过早达到性高潮的人。因为尽管从今天的眼光看来，早泄不但有点糗，也无法令人满足，但立即射精及其背后的神经回路，却使上亿个古代射精者在生物学家所说的“精子竞赛”中站上了领先的起跑点。

多姿多彩的动物性生活

我念医学院的第一年，下学期最重要的活动就是“电影之夜”。我们带着好几桶爆米花、饮料，还有几大袋糖果，挤进学校大礼堂坐定。灯光转暗，接下来四个小时，我们会一部接着一部，观赏教授努力为我们准备的真枪实弹硬派色情片。

这么安排的想法是，身为未来的医生，我们需要熟悉人类身体、心灵与性欲各式各样的反应与变化。我们必须能在病人坦诚某些怪异癖好时，隐藏自己的震惊（也许是兴奋？）。我们需要具备足够的背景知识，才能在担忧的病人一切正常时让他放心。我们需要知道什么行为正常，什么行为连性产业都会觉得另类。而且坦白说，对许多科学书呆子而言，我们只是需要开开眼界。

兽医不需要这类研讨会。[68] 在作家玛莉·罗奇（Mary Roach）、马琳·朱克（Marlene Zuk）、蒂姆·伯克黑德（Tim Birkhead）、奥利维娅·贾德森（Olivia Judson）和萨拉·布莱弗·赫尔迪（Sarah Blaffer Hrdy）的笔下，动物性生活几乎是充满诙谐的色情文学。

这些作家详细记录了动物种种性生活，这些是生物学家知道，可能会乐意承认自己曾观察过的现象。如果你曾经尴尬地看到你家狗骑乘客人的腿，你也许会认为那是动物的自慰。可是，许多证据指向相反的方向，直到最近，有教养的生物学家仍旧坚持动物不会自慰。他们的不充分论述是，自慰与繁殖无关，因此从演化的观点来看，动物没有动力这么做。但事实上在野外，不论雌雄，许多动物在取悦自我这件事情上极富创造力。红毛猩猩会用树木与树皮做成假阴茎让自己产生性兴奋；[69] 鹿发现摩擦鹿角可以带来快感；鸟类会骑乘并摩擦土块与草地来自慰；盲蛛会吐出两条丝线，然后用自己的阴部去摩擦丝线，以得到刺激；[70] 公象与公马会用勃起的阴茎摩擦自己的肚皮；狮子、吸血蝙蝠、海象与狒狒会用掌、脚、鳍和尾巴去刺激自己的生殖器。饲养家畜的农夫和医治大型动物的兽医长久以来注意到公牛、公羊、公猪与公山羊都会自慰，甚至还统计出一天当中哪个时刻最有可能发生（许多公牛似乎特别偏好凌晨五点这个时间）。[71]

许多动物也有互相手淫的记录。在蝙蝠与豪猪的性经验中，口交是很常见的。[72] 海洋生物学家曾观察到海豚的喷气孔性交（blowhole sex）。大角羊和野牛经常会进行（同性间的）肛交。飞旋海豚（spinner dolphin）、鹭鸶和燕子会从事群交（group sex）。至于倭黑猩猩……唉，这些著名的好色之徒似乎玩尽了一切招数。

长久以来，雄性对雄性、雌性对雌性的驾乘，在家畜间屡见不鲜（事实上，等待雌性彼此骑乘是经验老到的牧场经营者用来判断牛何时进入发情期，准备好怀孕的指标）。[73] 可是直到十年前，学术界甚至是众望所归的博物学家还在设法为动物的同性性行为开脱，视之为病态，或完全忽视这个现象的存在。大约在 20 世纪 90 年代末期才有了改变。当时有好几本书陆续出版，包括布鲁斯·巴格米尔的《多彩多姿的生物界》（*Biological Exuberance*）、马琳·朱克的《物竞性择》（*Sexual Selections*），还有琼·拉夫加登（Joan Roughgarden）的《演化的彩虹》（*Evolution's Rainbow*）。这些书中有上百种生物的例子，展现出同性恋、双性恋与跨性别的倾向和行为。巴格米尔的书中包含了几百页"不可思议的动物寓言集"，记载了野生的灵长动物、海洋哺乳动物、有蹄哺乳动物、食肉动物、有袋动物、啮齿动物和蝙蝠，以及各式各样的鸟类与蝴蝶、甲虫和青蛙的目击记录与描述。[74] 在各式各样的性别组合、各种动物、各种性活动中，拉夫加登详述了大角羊舔舐自己的生殖器与肛交，[75] 倭黑猩猩的阴茎斗剑（penis fencing），日本母猕猴的同性骑乘，长颈鹿、虎鲸、海牛和灰鲸的全雄性杂交狂欢。马琳·朱克和内森·贝利（Nathan W. Bailey）研究了黑背信天翁（Laysan albatross）的母鸟同性养育雏鸟的行为，并且发表了果蝇同性性行为的遗传学研究。[76]

显然，现在该是扬弃"同性恋并不自然"这个想法的时候了，尤其如果你对"不自然"的定义是自然界里找不到的现象。确实，正如巴格米尔写道："行为可塑性（behavior plasticity）这种能力（包括同性恋）能强化物种在面对变化无常且'不可预料的'世界时，‘富创意地’回应的能力。”[77]

需要留心的是，同性性行为未必能与同性性偏好（sex preference）或同性性取向（sex orientation）画上等号，因为在野外，相较于个体的同性性活动，同性性偏好与同性性取向较难证明，也罕有详尽的记录。不过，许多人类与非人类动物同样经常从事同性性行为，包括口交、肛交、群交与互相手淫。

就连对异性恋动物交配模式的认知，在短短几年内也彻底更新了。破坏家庭的真相已被揭露。传统说法一直认定大多数动物的雄性是浪子，会四处散布精子，而雌性则会忠于单一雄性；就算不是一辈子，至少一整个交配季是这样。不过，运用DNA确认子代的父亲是谁这项研究，发现雌性的滥交不只普遍，甚至成为常态。行为生态学家伯克黑德在他迷人的《滥交》（*Promiscuity*）一书中提到，研究动物的亲子关系使得“一夫一妻单配制的想法几乎完全被推翻”[78]。在“蜗牛、蜜蜂、螨、蜘蛛、鱼、蛙、蜥蜴、蛇、鸟与哺乳动物等不同的生物当中，子代同母多父（multiple paternity）是极为普遍的”。伯克黑德是怎么解释其中缘由的呢？雌性的“不贞”可以改善子代的基因质量，同时偶尔还能使雌性为自己和孩子争取到提升适应度的资源。

我们从动物祖先那儿继承了一套复杂的性遗产，人类性趣与性实践的多元百态证实了这一点。可是我们人类也有能力预先设想自己的行动会带来什么后果。无论是好是坏，人类活在有规则和禁忌的文化里，我们的性行为无法与之脱离。而且在“大自然”中寻找道德准则是错的，马琳·朱克写道：“运用动物行为的知识来合理化社会或政治意识形态，是错的……人必须为自己的生命做出决定，而不必担忧自己赶不上倭黑猩猩。”[79]

人类对某些性交形式非常反感，如强奸、恋童癖、乱伦、恋尸癖和人兽交，因为我们认定这些是不道德的，也立法将这些归入违法行为。可是，每天都有上百万只动物进行上百万次“违法”性行为。对于昆虫、蝎子、鸭子和猿而言，正常的生殖需要采取强奸的方式，生物学家称之为“强制交合”（coercive copulation）。[80] 纽约市的臭虫大流行，使得臭虫（及其亲戚）会通过一种名为“创伤式受精”（traumatic insemination），又名“皮下受精”（hypodermic insemination）的方法交配——雄虫会爬上雌虫背部，用短弯刀般锐利的阴茎刺伤雌虫，并将精子直接射入雌虫的血液中。[81] 动物版的恋尸癖能在蛙和绿头鸭身上看见，这些动物会与自己死掉的同类交合。[82] 与近亲及未成熟的同类性交，在灵长动物以及许多其他脊椎动物与无脊椎动物身上都会发生。[83] 某些演化生物学家认为，青春期容易出现的亲子冲突，也许是为了保护刚刚发展出性征的动物免于其亲属的染指。

至于跨物种的性（如果人类参与其中，就叫“人兽交”）存在的时间非常久，也许从性开始出现时起，跨物种的性便已存在。可敬的科学研究提出的理论是，不同物种间的性，其实是为创造新变异的演化目的而服务的。伯克黑德写道：“交配中的雄性多半非常积极，而且来者不拒。射精的成本并不高，因此就算雄性与错误的物种进行交配，也不会遭遇太多自然选择的阻挠。说实话，自然选择可能比较偏好让雄性缺乏鉴别力，因为只要迟疑，它就输了。”[84]

虽然人类有能力做的与道德允许做的性事之间有条界线，但人类从海牛的口交、大角羊的肛交或蝙蝠的舔阴（cunnilingus）研究中，确实得到一个重要的想法。种马自慰、猴子吮阳（fellatio）、蛙类的恋尸癖不断提醒我们，性未必永远与生殖有关。实际上，可以说动物绝大部分的性活动都不是以生殖为目的的。

马琳·朱克同意这种看法，她写道：“即便对人类之外的动物而言，性不只是生殖而已……至少从眼前来看，甚至性也未必只是性。”[85] 行为神经学家安德斯·阿格墨（Anders Agmo）更进一步主张，制造下一代是“性行为意外的生理副产品”。[86]

对动物来说，除了繁衍下一代，性还提供其他好处，同样的道理也适用于我们。对群居的哺乳动物而言，性能增进个体之间的亲密关系。而重复碰触、抚摸或拥抱这些伴随性交而来的行为，则能像理毛行为一样提供慰藉。

除了加强社交关系、建立群内关系以及相互慰藉，性行为还有什么用处呢？也许是愉悦？追求愉悦是许多动物对性交感兴趣的原因。可是，假如愉悦是性活动的一种重要驱力，那么请同情全世界四分之一的女性，因为她们宣称自己从性爱当中得不到任何享受。寻找方法帮助她们，让我们来到医生与兽医的另一个重大抉择关头。

性感凹背姿

当加州大学戴维斯分校的种马兰斯洛在马房使劲想驾乘“幻影”时，大约有一打的母马待在马房外一处名为“母马旅馆”的畜栏里。这间马旅馆不像四季饭店那样高档，有点儿像内华达州声名狼藉的野马牧场①。母马在这儿受人挑逗。如果你跟我一样，是个在城里长大、只养过金鱼的女孩，观看母马被挑逗，肯定会让你瞠目结舌。

训练师领着一匹种马走向母马的畜栏，让这匹公马在每一匹母马的畜栏前暂停。那些母马的尾巴迅速扬起，展现自己闪闪发光、肿胀的阴唇。它们排出一股热烘烘的尿液，把自己的下半身用力迎

① Mustang Ranch，是内华达州第一家合法妓院。——译者注

向种马。有些母马会扭动背部，摆出微微蹲伏的姿势，仿佛邀请这匹公马骑乘自己。其他母马则是露出康奈尔大学教授、动物行为专家凯瑟琳·豪普特（Katherine Houpt）说的“那种渴望交配的表情”[87]，“这时，母马的双耳会朝后旋转，嘴巴张大”。

还有些母马瞥了种马一眼，就立刻低头继续津津有味地嚼着眼前的干草。有些则是看了一眼，然后耷拉着耳朵，露出成排牙齿，一边发出威胁性的嘶声，一边冲向这匹公马。

这些不同的行为取决于母马是否快要排卵。那些对种马展现出交尾前行为的母马不是正在排卵，就是即将排卵。训练师告诉我，这些母马是“适合受孕的”（receptive）。至于那些忽略种马或将它推开的母马，则是“不适合受孕的”（nonreceptive）。

感谢老天，女人不会在男人出现时或在月经周期的第 14 天左右，扬起尾巴还撒泡尿。人家说我们这是“隐藏无征的”排卵（“concealed” ovulation），意思是说我们的排卵状态缺乏明显的“宣传”。[88] 不过演化学者，如加州大学洛杉矶分校的马尔蒂耶·哈兹尔顿（Martie Haselton）开始仔细观察我们的生理线索——其中有些并没有我们想象的那么难以捉摸。女性排卵时，往往会穿得比较性感撩人，活动范围也会比平时离家更远。[89] 男性认为排卵中的女性较具吸引力，脱衣舞娘在月经周期中最容易受孕的那段时间会得到比平时更多的小费。[90] 女大学生在排卵期会比平时大幅减少打电话给父亲的次数——这种行为被假定为某种对抗家庭内部性吸引力（intrafamily attraction）的远古防卫机制。[91] 但是在排卵期之外，人类女性也会寻求性愉悦与性高潮。

就肉体而言，女性和男性的性高潮非常相似。[92] 副交感神经逐渐增强，突然转移到交感神经的爆发肌肉收缩，最后以大量的报偿性神经化学物质和脑波变化做结尾。两性间性高潮的感官与生理反应的相似性，由几乎完全相同的神经和荷尔蒙网络引起。在胚胎发育过程中，男性与女性的生殖器源自相同的生殖母细胞(primordial cells)。[93] 无论是人类、狗还是鳄鱼，生物的胚胎刚开始时没有特定的性别。之后，在荷尔蒙、温度与环境的影响下，男性会长出阴茎，女性却会压抑阴茎的成长。换句话说，妻子的阴唇与丈夫的阴囊在胚胎期是相同的组织，就像她的阴蒂与他的龟头及上半部的阴茎体源自同一组织。

快速观察动物性征后会发现，阴蒂并非人类独有的器官。[94] 这个“柔嫩敏感的按钮”存在于许许多多的雌性动物身上，比如马、小型啮齿动物、各种灵长动物、浣熊、海象、海豹、熊和猪。倭黑猩猩的阴蒂与阴唇能肿胀到足球大小。高含量的睾固酮，使得非洲斑点鬣狗（spotted hyena）引人注目的阴蒂大到有“拟阴茎”(pseudopenis）的称号。在这些凶残的母权社会中，舔舐阴蒂是一种臣服的信号。欧洲鼹鼠、某些狐猴、猴子和熊狸（binturong，一种东南亚的食肉动物）都具有特大号尺寸的阴蒂。

值得注意的是，这些动物的阴蒂就像一般动物的阴茎一样，上面神经密布。这表示性高潮的那一整套感觉可能是不分性别、不分物种的。

然而，就算具备了感受性高潮的生理能力，许多女性却感觉不到它的存在。据统计，全球所有女性当中约有四成存在性功能障碍，其他还有性交疼痛（dyspareunia，在性交时产生持续性或重复性疼痛）和阴道痉挛（vaginismus，一种罕见的苦恼，指性交时阴道肌肉会产生不可控制的强烈收缩，不但疼痛难当，还会紧闭阴道入口，使阴茎无法进入）。[95]

不过，显然最常见的女性性功能障碍是性欲低落、性唤起不足、性嫌恶（sexual aversion）、压抑性欲，以及高潮障碍（inorgasmia）。

这些病症有时被统称为“性欲减退障碍”(hypoactive sexual desire disorder，HSDD)，有可能持续发生且令人无比苦恼。全世界约有四分之一的女性为其所苦。[96] 在美国，尽管各方面的统计数字高低不一，但约有两成的女性被认为患有性欲减退障碍。这是指每年饱受性欲低落及无法达到性高潮所苦的女性，远多于被诊断出罹患乳腺癌、心脏病、骨质疏松与肾结石等疾病的女性人数总和。就像男性勃起与射精障碍，独立来看，女性性欲减退并不会致命，可是它会造成严峻的生活质量难题，进而带来严重的健康危机，比如抑郁症。

性欲低落和性欲减退障碍可能是有针对性的（针对某个伴侣），也可能是一般性的（对所有性事均索然无味）。[97] 病人诉说的可能是其他症状，比如抑郁症、焦虑、纠结、疲劳和感到压力。让她神游太虚的原因可以从乏味、不情愿却接受性事的顺从，到主动察觉性这档子事令人不快或厌恶。恐惧或恐慌的反应有可能在极端案例中出现。有些女性会感受到一股强烈的生理冲动想推开自己的伴侣，有些女性则会想踢、咬、打或回以猛烈的言辞攻击。

医生会用心理治疗法和开睾固酮补充药物来治疗性欲减退障碍。[98] 睾固酮能提振性欲，对男性和女性同样有效。尽管如此，这些干预通常只能带来有限的改善。运用睾固酮治疗性欲减退障碍，目前并未得到美国食品及药物管理局（FDA）的核准 [它肯定是采取了“适应症外使用”（off-label）的用药方式]，而且相关研究指出，女性患者躺在心理治疗长椅上，对于改善她和伴侣床上活动的质量效果极为有限。患者会被要求停止服用某些药物，尤其是选择性血清素再吸收抑制剂（selective serotonin reuptake inhibitor，SSRI）类的抗抑郁药物，如百忧解（Prozac）、百可舒（Paxil）与乐复得（Zoloft），因为它们可能会使性欲变得迟钝。除了这些基本方法，性欲减退障碍的治疗前景其实有点暗淡无光。有一部在线医学百科全书曾警告说："伴侣对彼此不满的案例，经这类治疗后通常难见成效，往往会以分居、另觅新的性伴侣和离婚收场。"[99]

我问珍妮特·罗泽博士（Dr. Janet Roser），如果她注意到某只雌性动物躲避雄性献殷勤，不理会其勾引诱惑，甚至对性侵犯予以回击，她会开什么样的处方呢？[100] 她回答道："除非该名患者处于盛怒之下，否则就什么也不做。"罗泽是神经内分泌学家，负责治疗加州大学戴维斯分校马房的马群。对她而言，听见性趣减弱会让她立刻想到，这只雌性动物不在发情期内，它目前不愿性交。对于一头雌性动物来说，当它并不处于接近排卵期时，不愿性交是非常正常的，而且是完全可以想到的。

先前我在马房观察训练师挑逗母马时，就看见不适合受孕的母马会嘶叫、啃咬、冲撞或踢靠近自己的种马。许多其他雌性动物会用同样清楚明白的方式向频频靠近的雄性表明，它们现在不想性交。母鼠会抓、咬、发出声音；[101] 母猫会发出嘶嘶声或用爪子攻击对方；母猕猴会联合起来对付靠近的公猕猴；母骆马会朝追求者吐口水，跑得离对方远远的；母吸血蝙蝠会露出它们骇人的犬齿刺向对方；不愿性交的雌蝶会将自己的腹部扭转朝上，远离正在靠近的雄蝶；雌果蝇也会展现相同的行为，有些甚至还会踢那些纠缠不休的雄果蝇；某些甲虫具有由壳多糖（chitin）构成的滑动薄板以挡住生殖孔，使不想要的插入被迫转向。

非人类的雌性动物在无法生育或不适合受孕时，面对性事有几套剧本。昆虫学家兰迪·桑希尔（Randy Thornhill）和约翰·阿尔科特（John Alcock）曾描述一种"权宜的一妻多夫"（convenience polyandry）现象。[102] 在这种情境下，雌性会接受（或忍受）某个特别不畏障碍或格外固执的雄性与自己性交，只求对方完事后别再打扰自己。此外，观察性接纳行为在自然环境和圈养状态下的差异很是有趣。加拿大康考迪亚大学（Concordia University）心理学家詹姆斯·普福斯（James Pfaus）专攻性行为的神经生理学。[103] 他告诉我，若将母猕猴与一头公猕猴圈养在一起，它们会每天交合；当母猕猴发情时，甚至会达到一天两到三回。不过，等它回到比较自然的猕猴社群后——能生育的母猴会联合起来，只有在能受孕的日子才向公猴央求性交——它只会在接近排卵期时交配。强制交合或强暴则是另一套剧本，在此状况下，雌性会在自己不适合受孕的时期配合性交；然而老实讲，许多生物的雄性确实会尊重雌性不愿接纳的信号，假如雌性叫它退后，有些雄性会去其他地方碰碰运气——通常是找另一只有意愿的雌性交合。可是，某些物种在每年的特定时候会找另一头雄性交配。

对性事兴趣索然、尽可能地逃避性事或偶尔会对“性致勃勃”的雄性伴侣产生敌意或暴力相向，如果我们把这些动物不愿接受性交和女性性欲减退障碍两相对照，就会发现其中若干有趣的交集。我很怀疑，性欲低落这种病之所以如此普遍，是因为无论女性目前处在月经周期的哪个时段，都期待自己可以随时随地接纳性事。虽然人类女性在排卵期外也会产生性反应，但事实上女性每个月只有三到五天是适合怀孕的，这也许会让女性在其他时间没有那么乐于接受性事。

雌性动物对性事的接纳程度会受到体内性荷尔蒙激增的操控。这些荷尔蒙通过脊髓与大脑的复杂神经线路运作，能引发可预期的特定交配行为，甚至是身体姿态。有个姿势尤其彻底暴露雌性动物是愿意接纳性事的。牧场主人、生物学家、专业繁殖者和兽医都能认出这个叫作“凹背姿”（lordosis）的姿势。这是一种非常特定，由荷尔蒙驱动的姿势。[104] 雌性动物会弯曲它的脊柱下半部，形成背部凹陷的姿势，此时它的臀部朝后翘起。它的骨盆变得柔软且能伸展。假如它有尾巴，摆出凹背姿时，它的尾巴会扬起或倒向一侧，暴露出它的生殖器官。马、猫、鼠都会做出夸张的凹背姿反应，在母猪、豚鼠和某些灵长动物身上也能见到。洛克菲勒大学（Rockefeller University）研究凹背姿的专家唐纳德·普法夫（Donald Pfaff）表示，这其实是所有雌性四足动物身上极为普遍的神经化学反应。[105] 他写道，基本上，一头骑乘的雄性动物的触碰会引发一个神经信号，"蹿上雌性动物的脊髓，首先抵达它的后脑，再传至中脑。在那儿，神经细胞会接收从腹内侧下视丘（ventromedial hypothalamus）传来的受到性荷尔蒙影响的一个信号。假如这只雌性动物接收到足够剂量的动情素（estrogen）与孕酮（progesterone），来自下视丘的信号就会说：'开始交配吧！做出凹背姿！'如果剂量不足，信号就会说：'反抗，踢，逃离那只雄性动物！'" [106]

与某些勃起现象一样，凹背姿被认为是反射性的——是一种受到接触刺激而引发的不由自主、由荷尔蒙驱使的反应。[107] 例如，当"后宫主人"在交配前将一侧前鳍肢放在接纳交配的母象鼻海豹背上，后者会伸展它们的鳍状肢，并举起它们的尾端。[108] 然而有趣的是，恐惧与焦虑会干扰凹背姿，也许就像心理性勃起那样，大脑能扮演增强或关闭这项反应的角色。

虽然有些性学研究者坚持人类女性并不会展现凹背姿的反射行为，但普法夫指出："在我们从动物大脑转向人类大脑组织的过程中，已知在中枢神经系统中有大量的荷尔蒙作用机制被保留了下来。"[109] 他认为将"基本、化约的原则……应用在所有的哺乳动物，包括人类在内"[110] 是合理的。确实，他在《男人与女人：内幕大追击》（*Man and Woman: An Inside Story*）一书中生动地写道：

“下视丘最基本的功能，诸如女性的排卵或男性的勃起与射精，运作方式非常相似……从‘鱼到哲学家’，从‘老鼠到麦当娜’，全都适用。”[111]

一头做出凹背姿的动物在晃动背脊、展现阴道时，它的体内有一连串的荷尔蒙、神经传导物质与肌肉收缩正连续发挥作用。人类女性也同样拥有这一连串作用的成分。我们也许不会像老鼠或猫那样露骨且反射性地展现凹背姿，可是凹背姿肯定是人类男性觉得很撩人，同时女性觉得这么做很性感的姿势。① 一旦你开始搜寻它们，就会发现人类凹背姿的媒体意象无所不在。贝蒂·格拉布尔（Betty Grable）在“二战”时期拍摄的经典泳装照是最有名的美女画报之一，这张照片展现了她的背部线条。当她回眸巧笑，对观赏者频送秋波时，她的背弯曲成有些凹背姿的味道。在电影《七年之痒》（*Seven Year Itch*）中，玛丽莲·梦露（Marilyn Monroe）站在地铁通风口上摆出令人难忘的招牌姿态，也是用类似的凹背姿来展现她凹凸有致的身材。当她用双臂压住翻腾飞扬的裙摆时，她的臀部朝后翘起。俄罗斯名模伊莉娜·莎伊克（Irina Shayk）为2011年美国《运动画刊》（*Sports Illustrated*）泳装特刊拍摄的封面照，则是没那么一本正经的凹背姿。照片中的她跪在沙滩上弓起背，使屁股微撅，背部朝双脚弯曲（即使她的双峰抢尽风头，但她的背显然是凹背姿，这点肯定错不了）。美国流行乐天后凯蒂·佩里（Katy Perry）将猫科动物的凹背姿推到了极致。她为了宣传自己的香水品牌“喵！”（Purrs），穿上一套紫色紧身连衣裤，戴上面具，四肢

---

① 倘若不借助荷尔蒙的反射作用而想要创造速成的凹背姿，你可以换上一双高跟鞋。不管是细跟还是坡跟鞋，都能放大下背部的正常凹背姿。如果我们不翘起臀部、弓起下背部以维持重心平衡，肯定会跌倒。也许这种矫揉造作、强迫的凹背姿正是高跟鞋恒久迷人的原因，也是穿上它们看起来性感且自觉性感的理由。

着地，摆出经典的凹背姿。

凹背姿的“性感魅力”一点也不神秘。数亿年来，从大型猫科动物到马、老鼠，为了表示自己接受性事，雌性动物都会展现出凹背姿。在年纪很小时，雄性就认识到接近不接纳性事的雌性可能意味着被咬、被抓伤、扭打或挨拳头。对人类男性而言，这可能也很棘手。最好是跳过那些不接纳性事的雌性，改为寻找用种种行为（包括凹背姿）诱惑或暗示自己愿意交配的雌性。

掌握凹背姿的知识，并不能让患有性欲减退障碍的女人突然开始拥有性高潮。可是，理解动物动情与非动情的周期，能为我们提供有用的信息。至少它能让某些女人放心，知道自己并未总想要性交是说得过去的，并且给出一个简明的理由，解释为什么没性致和性趣索然是正常的。

饱受性欲减退障碍之苦者的伴侣也许可以考虑尝试各种前戏。抚摸、轻咬脖颈、舔阴户与舔耳朵是许多动物的前戏。豪普特写道，对马而言，“足够时间的前戏是不可或缺的”[112]。种马会轻轻啃咬、用鼻子摩擦母马的身体，从对方的头、耳开始，向后移动，然后向下来到它的会阴部；犬也会在性交前用嘴梳理对方的毛发；[113]寄生蜂与果蝇会抚摸彼此的触角；有些鸟类会轻啄对方的泄殖腔。当然，人类的前戏对我们具有独特的吸引力，但是研究甲壳动物、海鸥、蝙蝠与壁虎的前戏，能产生终极的性爱行为对策。由于它们具有促进交配与怀孕的优异能力，方能在百万回合的自然选择下仍被保留至今。

也许通过在某些母牛与母马身上看见的真正“慕雄狂”（nymphomania），可以找到对性欲减退障碍有所帮助的线索。性欲极强的行为是卵巢功能发生障碍，导致睾固酮与其他雄性激素增多的结果。[114]在马和牛的病例中，卵巢囊肿（ovarian cyst）是病因。患有慕雄狂的母牛（大多是乳牛，而非肉牛）会充满干劲地不断抓扒，并尝试骑乘其他母牛。[115] 而且它们会“像头公牛般”大声吼叫，它们的声音带着特殊的雄性化。受到此病侵袭的母马则会展现出种马般的行为，它们会做出裂唇嗅行为、强迫性撒尿，还会骑乘其他母马。在这种非常混乱的情境下，专家建议摘除受到侵袭的卵巢。

在我得知牧场的慕雄狂之前，我以为这个观念比较像某些色情小说剧本的原型，而不是真正的医学病症。可是，兽医不只做出这样的病症判断，还担心它带来的影响，因为马房或牛舍中只要出现慕雄狂，就可能造成大破坏和伤害。了解到慕雄狂的病因往往来自卵巢囊肿的增长后，我不禁纳闷，患有多囊性卵巢症候群（polycystic ovary syndrome，PCOS）的数百万名美国女性，是否也感受到性驱力与性活动的增加呢？最有意思的是，患有这种男性化疾病的某些女人确实描述自己的性欲增强了。然而，体毛与头发的过度增长也是这种病症的特征，这些变化可能会对患者的自我形象带来不利影响，从而使她打消发生性关系的念头。

在兰斯洛因“三次骑乘守则”而被判出局的隔天，我观察另一只种马毕吉（Biggie）经历完全相同的交配前流程。毕吉被领入马房，嗅闻了一点儿冷冻母马尿的气味并对一只动情的母马瞧了一眼后，就被带到“幻影”身旁。接下来，靠着学来的技能，毕吉跨骑在幻影背上，抽送了四到五次后，达到高潮。我努力寻觅着性高潮的行为证据。我所看见的是明显的夹紧、剧烈颤动、牢牢抓住，接着是短暂的静止，然后毕吉就从幻影身上滑落。跟许多刚射完精的种马一样，毕吉看起来睡眼惺忪、“郁郁寡欢”。① 训练师取下巨大

① 凯瑟琳·豪普特描述配种的种马在射精后会出现一种沮丧的表情。

的采精管，将它送去处理。毕吉被带回它的畜栏。马房被整理好，准备供兰斯洛使用。兰斯洛在这个崭新的一天毫无困难地重新回归竞赛行列当中。

显然我们无从得知马儿从射精中得到怎样的快感。不过，一个日本研究团队的报告指出，其他动物也能体会感官刺激。他们写道，猴子“交尾以雄性射精的那一刻告终，在那一瞬，公猴的身体既紧绷又僵硬，也许还伴随着性高潮”。公鼠“在紧抱住母鼠身体，重复抽插后，达到射精，此时会表现出抽搐似的伸直”。研究人员指出，就连鲑鱼“也会在射出精子与卵子时露出嘴巴张开，痉挛般的伸展”。至于昆虫则会在性交中展现出一套标准化的连续动作。以蟋蟀为例，公蟋蟀会压住母蟋蟀，“做出伸长的姿势”，[116] 将自己的精荚送进母蟋蟀的交尾器内，接着突然“落入一种完全静止的状态”。他们的结论是：“也许在不同物种间，交配的最后行为都是依循类似的机制。”

在仔细审视许多动物勃起、射精与高潮的类似功能与生理机能后，要假设性交的感受没有共通之处实在不容易。性高潮带给海扁虫（marine flatworm）多头阴茎的快感，肯定和它为人类男性单一阳具创造的舒畅感受一样深刻。一位灵长类学者观察到，母合趾猿（siamang）的外阴被公猿舔食后，“一股震颤会传遍整个身体”[117]，那种感觉也许和诗人茉莉·皮考克（Molly Peacock）对性高潮的描述，“如紫色法兰绒般柔滑，接着陡然清晰”[118] 是一样的；狮子在性高潮时嘴巴张开的扭曲面容，可能表示它达到高潮时忍不住要大声吼叫；交配中的乌龟会发出长而尖的叫声，借此宣泄快感。

这有助于解释动物性交的时间长短。伴随人类性高潮时肌肉不规则颤动而来的，是脑下腺分泌的催产素激增；动物版的这个反应是一种重要诱因，它促使动物一而再、再而三地追求性行为。软体动物、果蝇、鳟鱼、蠕虫、大猩猩、老虎与人类的性欲会受到驱使，渴望再次体验伴随射精与高潮而来的一连串化学作用的冲击。[119]

以人类为中心的观点来看性事，性高潮似乎是人类独有的特殊现象。可是，一个更有力的论述指出，以“愉悦”作为性交奖赏的机制，是动物界共有的现象。倘若果真如此，性高潮就绝不是性交的副产品，而是色欲的源头，是允诺，也是诱饵。

第 5 章

快感：追求兴奋与戒除上瘾

在我做心脏造影手术的实验室里，有一个靠墙而立、大约办公室复印机大小的米黄色金属箱子。它的前端有屏幕，屏幕下方是键盘，右侧有一道小活门，可以像自动提款机那样吐出单据。在靠近键盘的地方有个一美元硬币大小、闪烁着红光的椭圆形指纹辨识器。当你按下大拇指确认身份之后，还得输入一串数字密码，才能打开箱子。即便如此，也只能打开箱子的一小部分，你绝不可能一次就取得箱子里的所有东西。

这台寂静无声的机器戍守着进入“快感国度”的大门。层层叠叠的抽屉被锁在机器里，每一个抽屉都装有大量的高度成瘾性药物。里面有形形色色的吗啡注射剂、一袋又一袋的维柯丁（Vicodin）药丸、小罐装的普考赛特（Percoset）与奥施康定（Oxycontin），以及透明小玻璃罐装的芬太尼（Fentanyl）注射剂。所有药物都被锁在这个平常人拿不到的神秘箱子中，就像是钻石被放在黑丝绒盒里，深藏在卡地亚的保险箱中。

这些存放在“药箱 3500 型”（Pyxis MedStation 3500）自动调剂系统中的麻醉药物，对于舒缓疗程中与结束后的疼痛非常重要。

然而，这个箱子存在的目的却是要吓阻一群极端聪明狡诈的“毒虫”——有毒瘾的医生与护士。医护人员因职务之便可轻易取得麻药而导致成瘾，医院早已得到血淋淋的教训。如果这些绝顶聪明、发明许多救命医疗工具的天之骄子胆敢破坏这台机器，非法取得维柯丁，就会让自己名誉扫地，一贫如洗，然后被送进挽救其职业生命的“转职计划”（diversion program）中去。我服务的这家医院里有几十个这种上锁的药箱，为的是防止监守自盗。

在白色巨塔里，这样的防范已经足够，毕竟那些维柯丁药丸并非长在树上，而芬太尼针剂也不会从藤蔓垂下，任人采摘。但那台机器里的止痛药和镇静剂却是由长在野外的天然麻醉剂罂粟提炼制成的。很难想象要用什么样的保安系统才能保护数千平方公里的罂粟田。

对于种植鸦片的地区而言，这可真是头痛的问题。在澳大利亚塔斯马尼亚这个药用鸦片的主要产区，常有瘾君子偷闯擅入的问题。[1] 这些家伙完全不管什么保安摄影机，大大咧咧地直接跳进围墙内，大嚼罂粟梗并吸食汁液。[2] 等到药效发作后，就摇头晃脑地绕圈乱跑，把作物踩得稀巴烂。有时还会晕倒在罂粟田里，直到早晨才被人送走。偏偏根本无从起诉这些目无法纪的擅闯者，也没有戒毒中心收容它们，因为这些揩油的鸦片吸食者是小袋鼠(wallaby)。

我承认，每次想到精神恍惚的小袋鼠就会觉得好笑。我读过的一篇文章所搭配的特写照片也很“不恰当”——长相可爱的灰棕色小袋鼠在一大片鲜绿色罂粟秆前眯眼微笑。[3] 如果不管那放空的眼神，也不追究这些连续发生的严重嗑药问题，这个充满戏剧性的场景倒像是彼得兔闯入麦奎格先生的花园时那样可爱又大胆。

在动物身上看起来可爱的事，一旦发生在人身上，不见得会令人喜欢。塔斯马尼亚小袋鼠嗑药后的反应也许会惹得我们哑然失笑；但如果对象换成有海洛因瘾的塔斯马尼亚小孩，肯定会让我们觉得无比震惊；更别提要是换成无法自制地日夜吸食鸦片，将自身健康与家人幸福全都抛在脑后的成年人，我们的恐惧感甚至会转变成厌恶。

没错，这种反应正指出药物成瘾最令人挫折、痛苦与困惑的那一面。遗传学、脆弱的大脑化学变化，以及环境触发因子在这种疾病中扮演着举足轻重的角色，但要不要施打针剂、抽大麻烟，或者大口吞下马天尼酒，终究还是人自行决定的，至少在成瘾初期是如此。

没有药瘾的人真的很难理解这种选择。用药者会散尽家产、自毁前程、失去家庭、破坏人际关系。他们付出一切代价，为的是追求一时的快感。令人不可思议的是，许多成瘾的父母有时候会抛弃自己的孩子。我还见过患者因持续吸毒而被医院从心脏移植等候名单上除名，这基本上是判了他们死刑。

即使日新月异的造影技术与遗传学的进步，已明确地将成瘾问题归类为一种大脑疾病，但它却依然令人困惑不已。为什么这些成瘾者无法对毒品"说不"？难道他们所说的"断不了"只不过是"不想断"的一种借口吗？不管我们喜不喜欢，不知该如何面对和区分各种药瘾问题的困惑，充斥在我们的司法系统、学校与政府中，而且坦白讲，甚至在医学界也是如此。①成瘾者是一群受到社会（包括医生）严厉批判的患者。[5] 成瘾者深知这种偏见的存在，所以当他

① 美国医学界对于药瘾者的负面态度可以追溯至1914年的"哈里森麻醉药品法案"(Harrison Narcotics Act)。这项法案宣告吸食鸦片和医生开鸦片给患者都是犯法的。这项早期的立法将药瘾视为犯罪行为，而非一种疾病，从此启动了将近一个世纪对成瘾者的嘲笑与惩罚。[4]

们前往诊所或急诊室就诊时，会隐藏自己的成瘾药物滥用史，唯恐医护人员照护与关怀自己的程度会因此减损甚至完全消失。有位接受我采访的医生便曾透露："没有人会喜欢有药瘾的人。"

可是几乎所有人都喜欢可爱的动物。所以当我们得知动物为了掠夺大自然的备用药品，甚至不惜冒着失去子女与性命的风险时，总会感到无比惊讶。由于药瘾是身体与心灵的激烈战争，因此感觉它似乎是人类独有的现象。然而，事实证明人类的躯体对麻醉物质的反应并没有什么独特之处。

了解到底是什么驱使动物吸食药物，可以帮助我们区分在这种令人困惑的疾病中，哪些是有选择余地的，哪些则是无可避免的。这些造成全球数百万人吸食、施打、狂嗑的化学物质与结构，不仅威力强劲，而且无所不在。接下来我们会看到这种渴望的需求留存在我们的基因库中已有数百万年之久，而其存在的理由却非常怪异。虽然成瘾具有毁灭性，但它的存在却能增进存活的可能性。

瘾君子

某年 2 月的一天，南加州有 80 只雪松太平鸟（cedar waxwing）撞上了大楼的玻璃幕墙，却没有人对它们发出酒后飞行的传票，因为它们全都死于脊椎骨折和内出血。[6] 它们都吃了发酵的巴西胡椒木（Brazilian pepper tree）果仁，其中几只鸟的喙里还叼着这种足以影响心智的果实。斯堪的纳维亚半岛的黄连雀（Bohemian waxwing）有时也会大吃具有天然酒精成分的花楸浆果（rowan berry），然后跌进雪堆中冻死。[7] 但它们倒是没有因此得到不敬的绰号，不像俄国人用"雪莲花"（podsnezhniki）谑称每年春天从雪堆中找到早已冻死的那些醉汉。英国某个小村庄里有匹名叫"胖男孩”的马，在吃了一些发酵苹果为生活增添风味后，差点儿在邻居的游泳池里淹死。[8] 结果它上了晚间新闻，倒不用向把它从游泳池中救出来的地方消防队表达歉意。

然而不管这些故事多么惊奇或令人捧腹，上述动物沾染上麻醉剂，应该只能算是意外事件。但其他动物可并非如此。有些动物会展现出像是故意且已成习惯的追求成瘾药物行为。据称，加拿大落基山脉的大角羊会攀上悬崖，寻找一种能让它们心醉神驰的地衣，甚至为了把地衣从岩石表面刮下来，而将牙齿磨短到接近牙龈处。[9] 亚洲鸦片产区里的水牛跟塔斯马尼亚的小袋鼠一样，每天都会品尝少量罂粟子，等到罂粟花季终了，就会显现出像戒毒过程中一样的不适反应。[10] 生活在西马来西亚实甲里·默林唐（Segari Melintang）雨林中的笔尾树鼩（pen-tailed tree shrew）喜爱发酵的巴登棕榈（Bertram palm）花蜜远胜过其他食物。[11] 这种发酵饮品的酒精浓度与啤酒不相上下（3.8%）。

在美国西部，若放牧的牛马啃食了某些矮槲丛后丧失方向感、腿软、远离其他动物，甚或突然变得暴躁，牧人会立刻怀疑那是疯草（locoweed）造成的。[12] 疯草并不是一种草，而是指多种豆科植物，它们遍布整个美国西部；通过与豌豆相似的蓝色、黄色、紫色或白色花朵，可进一步区分出不同品种。就算醉醺醺的牲畜没有因为掉下悬崖或撞上掠食者而丧命，这些“精神错乱”的动物还是会饿死，或造成严重且不可逆的脑部损伤。虽然下场如此悲惨，但相较于它们平常吃的草料，有些动物还是对这类植物情有独钟——据说只要吃上一口，就足够让它们难以忘怀。除了这些不幸与死亡，疯草还会为牧人带来另一个头痛的问题。就像学校里的风云人物带头嗑药一样，只要有一只动物吃了疯草，其他动物就会群起效仿。牧人必须费力从成群牲畜中揪出那些吃过疯草的家伙，这样才能避免吃疯草的行为扩散开来。此外，疯草也会影响野生动物。麋鹿、驯鹿与羚羊都曾被发现在嚼了几口疯草后，失神地瞪眼凝视，并且不安地来回走动。

得州有只可爱的可卡犬曾经因为将注意力全都放在舔蟾蜍这件事情上，闹得主人一家的生活人仰马翻。[13] 这只名叫“小姐”的母狗原本是一只完美的宠物，直到有一天它尝到了蔗蟾（cane toad）皮肤上能产生幻觉的毒素滋味，从此一切都变了调。它总是待在后门旁边，乞求着要出去。一出门，它就飞快地冲到后院池塘边，靠嗅觉找到蟾蜍。一旦找到之后，它会拼了命地舔，甚至把蟾蜍皮上的色素都给吸了出来。据“小姐”的主人表示，等它尽情享用这些两栖动物后，会“晕头转向、退缩、感觉迟钝、眼神空洞无神”。邻居很快就不再准许他们的狗和它一起玩了，怕它们会沾染同样的坏习惯。“小姐”的主人举办派对或家长会时，总是害怕别人对这只狗的新癖好投以异样的眼光，也因此逐渐减少参与各种社交活动。全国公共广播电台（National Public Radio）曾描述其中一个逗趣的故事，话说某天清晨四点钟，女主人自己拼命在后院翻找供“小姐”舔的蟾蜍，因为得先满足这只小狗的癖好，才能让它回到屋内，全家人也才能好好睡一觉。①

几个世纪以来，喂动物喝酒或看它们自行饮酒，总能让人类觉得很开心。在殖民地时期的新英格兰，猪吃了果泥后会变得醉醺醺的，而它发出的声音可能就是当时的流行用语“像猪哼哼唧唧地酣醉”（hog-whimpering drunk）的源头。[15]

亚里士多德曾描述希腊的猪“吃了榨过汁的葡萄皮后”会出现

---

① 澳大利亚北领地的兽医也曾治疗过舔蔗蟾的狗。有位兽医表示，“当它们脸上出现一抹微笑，看起来像是准备朝向落日信步而行”，许多狗会回头，“再舔一次……它们会一而再、再而三地这么做”[14]。

醉态。[16] 酒精饮料史学家、作家伊恩·盖特利（Iain Gately）指出，亚里士多德曾记录一种用酒引诱野猴并加以捕捉的方法。这牵涉到如何有策略地摆放酒壶，才能吸引猴子前来品尝壶中的棕榈酒，接着只要等它们喝醉昏迷，再把它们抓起来就行了。显然这项技巧在19 世纪时仍旧非常好用，因为达尔文在《人类原始与性择》（*The Descent of Man*）一书中也曾描述相同的手法。① [18]

你也可以通过英国国家广播公司（BBC）在加勒比海圣基茨岛（St. Kitts）所拍摄的影片，观察现代的酒醉猴子。[19] 这些长得很像好奇猴乔治（Curious George）的猴子拥有开朗的圆脸，在穿着比基尼的旅馆客人中间来回穿梭。它们就像婚宴中的青少年，趁没人注意时就半醉半醒地抓着代基里酒或迈泰鸡尾酒跑掉。接下来的影像虽然经过编辑处理，却反映出跟其他动物酒醉（比如松鼠吃了发酵南瓜或山羊吃了腐烂的梅子）时类似的醉态。这些猴子时而摇头晃脑、步伐不稳、歪歪斜斜，时而翻滚跌倒。它们会试着站起身，有时却晕了过去。②

拿动物的成瘾性药物使用状况与人类相对照，无疑是有限的。而今兜售给人类吸毒者使用的那些特别强而有力、快速成瘾、由博士开发设计的新型毒品，和源自天然植物成分的精神刺激剂已大不相同。人类消费者能买到的酒精饮料远比大自然自行提供的产品更为精致浓烈。此外，野生动物服用成瘾性物质及其效果的大多数实例都是来自观察与趣闻逸事，这让科学家相当泄气。认真探讨野生

---

① 达尔文也曾仔细描绘猴子的宿醉，他写道："第二天早上，它们显得气急败坏又沮丧。它们用双手抱住疼痛欲裂的头，脸上挂着可怜兮兮的表情。如果这时你拿啤酒或葡萄酒给它们，它们会满脸厌恶地别过头去，但会津津有味地喝起柠檬汁。" [17]

② 你当然可以说那些猴子是"自己选择"偷取酒精饮料，然而网络上有大量例证显示，有时人类为了找乐子，会故意让动物喝酒。这种行为不仅不道德，而且就某些案例而言，显然有虐待动物之实。

动物中毒模式的极少数论文固然对此事实表示惋惜，也呼吁应有更严谨的田野调查，但是可控制的情境往往多发生在实验室中，这时才能针对动物使用与滥用成瘾性药物做广泛的研究。

大鼠是成瘾物质滥用研究中最常被选中的实验对象，它揭露了中毒（intoxication）之中许多交错转折的方面。跟人类一样，为了开始使用成瘾物质，它们得先克服起初的反感。某些特定药物发生作用时，会让它们失去神经和肌肉的控制能力。[20] 它们会执意找出不同的成瘾药物，从尼古丁、咖啡因到可卡因、海洛因，并且自我管理使用剂量——有时剂量多到濒临死亡。一旦上瘾［addicted，研究人员有时称之为“成瘾”（habituated）］，它们会放弃性交、食物，甚至饮水，只为换取自己钟爱的药物。跟人类一样，当它们因痛苦、过度拥挤或低落的社会地位而备感压力时，会服用更多药物。有些大鼠会对自己的孩子弃之不顾（而渴求成瘾药物的状况在泌乳的母大鼠身上会减少）。不过，尽管大鼠是哺乳动物成瘾行为最热门的研究对象，却不是唯一受兴奋剂诱惑的实验动物。

蜜蜂服用了可卡因后会“飞舞”得更活泼，[21] 未成年的斑马鱼会在它们得到吗啡的水槽一边逗留徘徊。[22] 甲基安非他命（methamphetamine）提高蜗牛记忆与效率的方式，和利他能（Ritalin）提高一个高二学生的 PSAT 成绩①的道理如出一辙。[23] 蜘蛛吃了大麻、苯甲胺（Benzedrine）等各式药物后，织出来的网不是过度精细复杂，就是无法发挥作用，具体取决于吃的是哪种药物。[24]

含酒精饮料会使雄果蝇变得性欲极为强烈，从而和更多的同性交配，这也许是因为乙醇会干扰它们的生殖信号机制。[25] 就连不

---

① 学术评量测验（SAT）的成绩是美国各大学申请入学的重要参考条件。而 PSAT（Preliminary Scholastic Aptitude Test）则是 SAT 的预备测验，参试者多为美国 11 年级（也就是高中二年级）的学生。——译者注

起眼的线虫（Caenorhabditis elegans）也会因暴露在相当于能使哺乳动物酒醉的酒精浓度下而使移动速度减缓，雌虫喝醉时产下的卵会较少。[26]

渴求药物，耐受性提高，更多且更频繁地使用药物、乞讨药物——假如人类是唯一展现这些经典成瘾行为的生物，那么我们可以说这种疾病是人类独有的。但显然我们并不孤单。这种疾病遍及整个动物王国，且不仅限于具有高度发达大脑的哺乳动物。不同动物对这些成瘾药物的反应尽管并非完全一致，却也十分相似。

无论毒物作用在啮齿动物、爬虫动物、萤火虫或消防队员身上，我们都能看见类似的效果，这指明两件事：第一，动物与人类的身体和大脑已演化出特定管道，以应对大自然中多数威力强大的药物。[27] 这些管道叫作“受体”，是位于细胞表面的专门信道，能让化学分子进入细胞内。举例来说，鸦片受体不仅存在于人类身上，也能在地球最古老的鱼类身上找到，甚至两栖动物和昆虫身上也有鸦片受体。[28] 科学家已在鸟类、两栖动物、鱼类、哺乳动物，还有蚌类、水蛭、海胆身上发现大麻素（cannabinoid，大麻中的麻醉物质）受体。[29] 这个事实可能有相同的生物学解释——鸦片、大麻素和许多其他精神刺激物质，在维护动物的健康与安全上扮演了关键角色。更确切地说，这些药物反应系统之所以逐渐形成且长久存在，或许是因为它们能增加动物存活的可能性，也就是“适存度”。我们马上会针对这一点进行更多的讨论。

这些动物的例子也向抹黑成瘾者或借这种疾病说教的人提出挑战。你也许会认定没出息的比尔叔叔本身有问题，才会因为酒后乱性而毁了每年的感恩节，但这种冲动并非人类独有。放眼动物王国，在追求化学报偿（chemical reward）以及对化学报偿产生反应的路上，比尔叔叔并非特例。也许了解这一点并不能使一年一度的家庭聚会变得更愉快些，也无法让他的日子好过点。但事实是，驱动他成瘾的化学报偿系统是人类与其他动物（从蠕虫到灵长动物）所共有的，已存在了数亿年的时间。没错，比尔叔叔可以选择去酒铺买酒，或是加入匿名戒酒会。只不过假如果蝇也有同样的选择自由，偶尔它也想先回味酒精带来的温暖与抚慰，再喝杯子里的酸咖啡。

虚幻的幸福

亚克·潘克沙普（Jaak Panksepp）大概没想过自己会因为给大鼠搔痒而出名。本来他计划做建筑师或电机工程师，甚至曾受匹兹堡大学同班同学约翰·厄文（John Irving）的鼓动，考虑当个作家。可是大学时期一次到精神疗养院实习的经验，让他从此走上一条不同的路。他说，看到那儿的患者接受各种不同的治疗，从短期住院观察到拘禁在软壁病房（padded cell）中，让他想要了解“人类的心智，尤其是情绪，怎么会变得如此不平衡，仿佛以永无止境的混乱毁了某人幸福度日的能力”[30]。因此，他成了心理学家，随后又多了神经科学家的身份。他目前的工作赋予他独特的有利位置，使他得以去了解许多动物的大脑是如何运作的。身为华盛顿州立大学（Washington State University）兽医学院的贝利动物福祉科学讲座教授（Baily Endowed Chair of Animal Well-Being Science），潘克沙普将他对人类情绪系统的专业带到一个致力追求动物健康的大学系所里。

潘克沙普专门研究哺乳动物在玩耍、交配、战斗、离散与重聚时，大脑的化学与电学变化。而他确信人类的成瘾行为是由我们大脑中与其他动物共有的古老部分所造成的。

潘克沙普在花了好几十年研究啮齿动物的玩乐冲动后，才在20世纪90年代中期开始帮大鼠搔痒。[31] 潘克沙普靠着一种测量蝙蝠超音波发声的音频设备，发现大鼠在嬉戏时会发出两种非常不同的声音。玩得很开心的大鼠会发出大量的50千赫高频吱吱声，这个频率远高于我们裸耳时能听见的音频范围。在潘克沙普听来，这是种开心的声音，有点像幼儿咯咯傻笑的笑声。他不禁怀疑，假如大鼠置身其他情境，还会不会发出这样的声音呢？有天早上，他拿出一只习惯于被人用手握着的大鼠，轻轻地翻动，让它呈仰躺姿势，然后轻搔它的肚子和胳肢窝，他马上就听见了那个50千赫的声音。他试了第二只大鼠，结果完全相同。多年来，许多不同实验室重复这项实验，只要用这个方式给大鼠呵痒，不管试了多少只大鼠，它们都会发出50千赫的叫声。

潘克沙普等人发现，大鼠在其他几个特定情境下会发出这种"开心的"声音：当它们交配、即将得到食物，还有泌乳的母鼠与孩子重逢时，但这些都比不上两只友好的大鼠在一起玩耍。

另一种声音的音频低多了，22千赫，不过仍旧在人耳能听见的范围之外。大鼠会在惊慌不安、恐惧、打斗，尤其是自己在小规模冲突中落败时，发出这种非常不同的叫声。尽管它不是用来衡量肢体疼痛的方法，却显然能反映出大鼠的心理压力或精神痛苦。大鼠幼儿被遗弃或被迫离开母亲的温暖怀抱时，也会发出这种叫声。

潘克沙普表示，假如通过机器将这些声音转化成我们人类能听见的频率，高频的叫声大体上类似人类的笑声，而低频的叫声则像是人类的呻吟呜咽。他发现，当大鼠预期自己会得到想要的药物时，就会发出高频的吱吱叫声；假如它们得不到那些药物，并感受到戒断的反扑威力时，则会发出低频的悲鸣声。

潘克沙普认为，大鼠在经历精神痛苦时和得不到渴望的药物时发出相同的叫声绝非偶然。在我访问有毒瘾的人和治疗他们的医生时，“痛苦”这个词一再出现。有毒瘾的人大多会描述他们需要那些药物来“减轻痛苦”“赶走痛苦”或“让痛苦消失”。

他们口中的痛苦很少是指实际的肢体疼痛（尽管许多有毒瘾的人，尤其是类鸦片药物成瘾的人，往往是从服用能缓解身体疼痛的处方药开始踏上这条不归路的），而多是不可言喻的内心持续疼痛——一种情绪抽痛或社交疼痛。

潘克沙普不是第一个怀疑其他动物究竟能否在生命中感受到“情绪性”痛苦的人。这道根本的难题困扰着世世代代的思想家。

达尔文在1872年出版的《人和动物的感情表达》（*The Expression of the Emotions in Man and Animals*）一书中曾处理过这个议题。他试图将自己提出的演化原则扩展到解剖学之外，因此他主张自然选择也适用于情绪和行为，可惜这个想法并未广为流行。达尔文得面对两个世纪以来被广泛接受的笛卡儿竭力主张的心物二元论。对笛卡儿信徒而言，唯有人类（说得更精确点，唯有男人）拥有心灵，也就是智慧的所在地。动物既没有心灵，也没有情绪，它们活在一个纯粹物质的领域里。相对于“我思故我在”，笛卡儿信徒认为对动物来说，“我无法思考，故我无法感觉”才是比较贴切的。

由于20世纪早期的行为学家缺乏能追踪、定义非人类物种情绪的工具，因此沃森（J. B. Watson）和斯金纳（B. F. Skinner）不得不完全通过观察动物的行为来推测其感受。在此，动物与人类的差异确实构成了障碍。大多数动物的脸部肌肉反应方式无法清楚地向人类传递痛苦的信息。也许是为了避免吸引掠食者的注意，大多数动物受伤时不会发出声音（至少它们发出的音频不在人类听得见的范围内）；[32] 许多动物受伤时不会寻求帮助，反而会尽可能保持低调。这些反应与人类的习惯大不相同，因此被认为证实了那些行为学家的主张——动物感受不到肢体痛苦。

由于行为学家无法看见头盖骨内部大脑的真实活动，他们断定动物对自己的行为举止是缺乏觉察的。既然不“知道”自己身在痛苦中，动物当然也不可能感受得到痛苦。他们深信，唯有人类大脑（也许还包括某些高度发达的类人猿大脑）才能在某种足够高度的认知层次运作，处理痛苦带来的不愉快感受。虽然这些行为学家的本意是调和身体与心灵的二元对立，结果却只成功地让它们更进一步分裂。动物从没有灵魂的有形实体，变成无聊乏味的生物机器。不寻常的是，“人类的意识是感受痛苦的必要条件”这个见解，直到 20 世纪末期仍广受赞同。①

悲惨的是，在某些案例中，这种信念被套用在另一群无法运用言语描述自身经验的生物身上——人类幼儿。[33] 直到 20 世纪 80 年代中期，医学界普遍认为新生儿的神经系统网络并不成熟，因此功能并不完备。当时盛行的学说是，婴儿没办法像成人那样感受到痛苦。②

虽然这种观点持续了好长一段令人不快的时间，但现在疼痛管理（pain management）在动物治疗与人类医疗中都是最优先考虑的

---

① 参见马克·贝考夫、杰弗里·马森、坦普·葛兰汀等人有关动物福利研究的著作，其中兼具科学性与慈悲心的观点，推动这场争论迈入 21 世纪。

② 在 20 世纪早期，为了探究婴儿能否感受到痛苦，科学家在美国几家极为知名的医院中进行了骇人的实验。[34] 反复用针刺入新生儿的皮肤、将新生儿的肢体放入冰冷或滚烫的水中，以记录他们的反应，这些不过是其中的几个例子罢了。专家确信未满月的婴儿感受不到任何痛苦，因此，在整个 80 年代中期，医生为新生儿进行重大手术时，偶尔会不施麻醉剂。这类实例包括重大的心血管手术，术中必须撬开胸廓，刺穿肺叶，并钳住主动脉。虽然没有提供任何药剂以减轻肋骨断裂或切开胸骨所引发的痛苦，但医护人员会给这些婴儿使用威力强大、能诱发麻痹的药物，以确保患者在手术期间无法活动（但肯定被吓得半死）。吉尔·劳森（Jill Lawson）描述其早产的儿子杰弗里在未经麻醉的状况下进行心脏手术的惊人故事，报道了这类常规操作是多么令人心碎。在杰弗里于 1985 年去世后，劳森发起运动，致力于教育医护人员正视婴幼儿的痛感，并且予以适当处置，结果真的改变了医学界对此事的看法。此外，可能也使得众人逐渐体会到动物所经历的痛苦。

事。感谢老天，儿科自然也不例外。

先进的大脑造影和其他科技手段不断推陈出新，让我们得以直接研究大脑的情绪系统。这些科技提供了证据，证明达尔文的观点是正确的——情绪就像身体的结构，会逐渐进化。它们受制于自然选择，而自然选择会以对个体是否有益为基准来发挥对情绪的影响力。这个道理非常简单。我们称为“感觉”或“情绪”的东西，并非从我们大脑中散发出的空洞、无形的思绪空想。情绪有生物学的基础，它们是由脑中的神经与化学物质交互作用所产生的，因此，情绪就像其他生物特征，是可能被自然选择保留或剔除的。

当然，人类无法完全得知某只动物是如何感受这世界的。[35]包括约瑟夫·勒度（Joseph LeDoux）在内的科学家，反对运用“情绪”这个词描述动物的内心世界。勒度是纽约大学的神经科学家，也是位作家。他创造了“生存回路”（survival circuit）这个词，叙述驱使动物保护自己并增进自身福祉的内建大脑系统。

密歇根大学的精神病学家伦道夫·内斯，同时也是演化医学这个日益茁壮的领域的意见领袖。他在《科学》（*Science*）发表的一篇论文中这样写道：“情绪……受到自然选择塑造成形……调整生理与行为的反应以便利用机会，并且克服演化路上一再出现的威胁……情绪会影响行为，最终也会影响适应力。”[36]内斯的观点呼应了爱德华·威尔逊早年提出的看法，这些文字在当年颇具争议：“爱与恨，侵略与恐惧，扩展与退缩……彼此混杂交融，为的不是增进个体的快乐幸福，而是有助于那些控制基因尽可能地传播。”[37]

无论我们用不用“情绪”这个词描述它，动物在重要的维生事务上似乎都能得到愉快、积极正向的感觉作为报酬。这些事务包括寻找食物、求偶、躲进隐蔽处、跑得比掠食者快，还有和自己的亲属与同伴互动。举例来说，幼儿或幼兽与照顾自己的父母亲团聚时所感受到的那种喜悦和满足，有助于亲密关系（bonding）的发展。愉悦感奖赏那些有利于我们生存的行为。

相反，各种负面的感觉如沮丧、恐惧、悲痛、孤单，表现出动物面对的生死攸关的状况。焦虑让我们谨慎行事，恐惧让我们避开危险。假如你与一条响尾蛇狭路相逢，或者在自动提款机前遭遇蒙面持枪的歹徒，却不觉得焦虑害怕，后果将不堪设想。

负责创造、控制与塑造这些极端重要的感觉的，是贮存在人类大脑囊泡中，由成瘾化学物质引发的许多微小畅快感（hit）。

这就像是我们全都生而配有一台内建的"药箱3500型"自动调剂机，它会在我们输入独特的遗传"指纹"和行为"密码"时，打开特定的抽屉。我们的"化学物质调剂机"存放了微小分量的天然麻药，包括让时间静止的类鸦片、让现实转速加快的多巴胺（dopamine）、让人我界限变模糊的催产素、让胃口大开的大麻素……有些甚至还未被辨识出来。

找出方法，打开这只专属于自己、位于头颅内的上锁箱子，可能是动物（包括人类）身上效力最强大的激励因子。不过，想要取得里面的东西，不是输入一串数字就好，而是必须做出某个动作，行为才是开锁密码。只要做出让演化赞同的行为，就能得到一次畅快感。如果不这么做，就得不到过瘾的药。

搜寻食物、追踪猎物、储备粮食、寻觅合适的交配对象、筑巢，这些全都是能大幅提升动物生存概率（生物学家所说的"适存度"）的活动。期望与兴奋带来的快乐感受（源自大脑的神经线路与化学作用）鼓励动物主动出击、冒险、好奇和探索。

人类有一套类似的维生活动，只不过我们给它们取了不同的名字：购物、累积财富、约会、找房子、装修房屋、烹饪。

确实，只要仔细观察人类与其他动物进行的活动，就会发现它们全都与特定化学物质释放量的增多有关。[38] 所谓特定化学物质，主要是多巴胺和其他类似的刺激性化合物。内斯提到，“从蛞蝓到灵长类动物”，觅食与进食都受到多巴胺的调控。[39] 在果蝇与蜜蜂身上找到的古老多巴胺系统显示，类似的报偿经验可能也在它们的行为中发挥作用。比如蜜蜂采蜜时，体内的章鱼涎胺（octopamine，昆虫版的多巴胺）浓度会增加。这表示它们寻找食物的驱动力似乎并非来自饥饿，而是想要得到快感。

寻求安全感也能启动这些化学报偿。当你得知切片检查的结果是良性的，或是走在你背后、让你不寒而栗的人终于拐到另一条路时，你会感觉到自己松了一大口气。那种轻松感其实就是某种化学物质被扔进了你的大脑中。

科学家已经在存活于 4.5 亿年前的有颚脊椎动物身上找到类鸦片受体和路径（海洛因、吗啡与其他麻醉剂都使用这条化学路径），当时哺乳动物还没登场呢。[40] 这代表了从金梭鱼（barracuda）到小袋鼠，从导盲犬到有海洛因毒瘾的游民，动物对类鸦片的反应既古老又亲密。

和潘克沙普一同工作的研究人员发现，类鸦片能控制狗、豚鼠和小鸡因分离或悲伤而发出的叫声。[41] 另外，他的同事还发现，狗会边摇尾巴边舔彼此（或其主人）的脸，这个行为也受到类鸦片的调控。类鸦片还参与了大鼠的早期吸吮行为，而且有证据显示，和幼鼠接近，会触发母鼠脑中的快感化学报偿，从而产生一次畅快感。

除了类鸦片与多巴胺，还有许多其他化学物质经常在我们的身体与大脑中运作。在众多化学物质中，大麻素、催产素和谷氨酸（glutamate）创造出一套正面与负面感觉同时存在的复杂系统。这种不和谐的化学对话（潘克沙普称之为“人脑的神经化学丛林”[42]）

正是情绪的基础，而情绪会创造动机并驱动行为发生。

人类的感觉，威力强大到足以使千艘战船启航、建造泰姬陵（Taj Mahal），或是在歌剧《波希米亚人》（*La Boheme*）第四幕咪咪与鲁道夫离别时点燃浓浓忧思，但它是在我们与其他动物共有的“生存回路”（套用勒度的话）中逐渐形成的。换句话说，人类的情绪之所以能展现出今天的样貌，是因为它们的基础材料有助于我们的动物祖先存活下来并繁衍后代。

这正是毒品能如此粗暴地使生命脱离常轨的原因。吞食、吸入或注射麻醉药物，其剂量与浓度远远超过身体原本设定的上限，彻底摧毁了百万年来仔细校准的这套系统。这些物质劫持或全然不顾我们内建的“药箱3500型”自动调剂机制，解除了动物在拿到化学药剂前必须输入密码（在这个情况下，密码指的就是某项行为）的设定。内斯写道：“滥用药物会在大脑中创造出一个信号，错误地显示已达成某个庞大的健康利益。”[43] 换言之，正规药品和街头药物提供了一条伪造的通道以快速获得报偿——一条通往快感的捷径，这快感原本是在我们做某些有益的事情时才能感受到的。

这是了解成瘾的微妙关键。借助外来物质的力量，这只动物不再必须先“做工”（如觅食、逃离、社交或防卫保护），就能直接得到报偿。这些化学物质提供给这只动物的大脑一个错误信号，让大脑误以为它的适应力已经得到改善，但其实什么也没有改变。

只要吸一口海洛因就能达到更强烈的报偿状态，你又何必为了找齐一百颗橡子（或招徕一百个新顾客）而花整个下午进行既危险又耗时的搜寻任务呢？举个不那么极端的例子好了，当一两杯马天尼就能哄骗你的大脑，让它相信你已经完成了某种社会联结，你又何必在办公室派对上忍受半小时尴尬的聊天呢？

如果你从这个角度来看成瘾者放弃日常生活中重要维生事项的这种看似莫名其妙的过分行为，就会比较容易理解了。那些成瘾药物告诉使用者的大脑，他们刚才已经完成了一项能提升适应力的重要任务——尽管事实并非如此。他们的大脑受体无法分辨那个类鸦片分子到底是来自一管大麻烟，还是与某个值得信赖的朋友对谈后的结果；它们不知道那个多巴胺分子究竟来自一勺快克（crack，效力最强的一种可卡因），还是在期限内完成一件困难的工作。这些得到报偿的感受，示意他们已经取得了资源、找到了伴侣且提升了自己的社会地位。然而最讽刺的是，这些成瘾物质是如此成功地模仿了这些感觉，让使用者可能完全停止生活中的真正工作，因为他们的大脑说他们已经做了这些事。

我们绝对有理由指责成瘾者和他们薄弱的自制力。然而那股想要一用再用成瘾药物的强烈欲望，终究是演化成追求个人生存最大机会的大脑所赋予的。从这个角度来看，我们生来全是成瘾者。这是大自然“激励”生物去做重要大事的方法。

而这就是我服务的医院里到处都有“药箱3500型”机器站岗的理由。它们限制使用权。“希望”（Promises）成瘾治疗中心的执行长官戴维·萨克（David Sack）告诉我：“你没办法对拿不到的药物成瘾。”[44]

将合成的与植物提炼的成瘾药物引进体内，等同于绕开了大脑中上了锁的箱子。不过，天然的自用成瘾药物仍旧放在原地。而且正如我们所知，释出那些天然药物的密码是基本的行为——这提供了一个有趣的可能性。就算某只动物没有从外部取得成瘾药物，其实另有方法可以进入体内的仓库：通过不必要但能产生报偿的行为，一再重复输入密码。也许成瘾可以通过我们所做的事被活化，跟我们吞、吸、注射那些成瘾物质几乎同样有效。

成瘾的报偿

身为心脏科医生，我遇到的药物成瘾问题多半与病人的心脏健康状况相关。不过在 20 世纪 80 年代晚期，我正在接受精神科医生的训练，并且开始治疗一名患有抑郁症和焦虑症的病人。他长相英俊，穿着考究。在我们每周一次的治疗时间里，他总是表现得既有礼又迷人，我把这解释成他对疗程抱持着开放的态度。

第一次会面时，我就知道他焦虑的主要原因：他背着妻子“偷吃”。很快，我发现他也背着情妇，“收编”了情妇的闺密。除了和这三个女人持续保持性关系，他还频繁发生一夜情。他坦言，为了周旋在每周众多的性约会中，他不知承受了多少压力和焦虑，可是就是停不下来。想到四处风流、设法不让家人知道，还有侥幸成功时的快感……我能够体会他的所作所为给他带来何等的刺激兴奋。身为他的精神科医生，我认为这一切全都在放声警告他：危险！他赌上自己的婚姻、与孩子的关系，还有他的工作（有位情妇是他的下属）。几个月后，他停止接受治疗，却继续他的冒险行为，最终失去了工作和家庭。

当时，精神病学采用的主要治疗方法是心理动力取向的心理治疗（psychodynamic psychotherapy）。这套方法的基本假定是，成人的自我主要由其童年经验所构成。因此在治疗这名患者时，我的专业假定他无法与妻子建立稳定的性关系，主要（甚至可能完全）源自涉及童年早期创伤的依附问题。我的上司确认我的诊断无误，并支持治疗计划，因此，我花了很多治疗时间探索他的幼年生活，试图找出能解释他紊乱的性关系与冒险行为的理由。

25 年后，回想起这件事，我才体会到当年我对他不顾一切的性行为的认识并不完整。这个领域如今已进步到承认幼年经验确实会主动引导基因与大脑，为往后的人生容易成瘾打下基础。不过当年我没有意识到，让我的患者深深着迷的，是他的性行为模式为他带来的神经化学物质：产生兴奋、危险、新奇感受的多巴胺分泌激增，也许还包括了性本身带来的愉悦感。如今，他可能会被转介至“性成瘾计划”，可惜当时还没有这个选择。在那时，将酗酒视为一种大脑疾病的理论才刚刚萌芽，而将性、购物、暴饮暴食等行为成瘾与药物成瘾归为同一类，也不是当时医学界所能接受的想法。即便到了今天，我们对“某人对自己所做的事成瘾”的认识仍不完整，医学界对它们究竟是不是“货真价实的”成瘾也没有达成共识。

我必须承认，连我自己对此也抱持着极怀疑的态度，直到最近才稍有改观。你对买鞋子“成瘾”，真的吗？吃糖吃到停不下来？不让你读色情书刊或玩电动游戏，就会出现具体的戒断疼痛？嗯。对我来说，将物质成瘾视为一种大脑疾病的模式是说得通的，但是把“成瘾”这个词套用在行为上，总让我觉得有些马虎——一种“不究责”、感觉良好的借口，一种懒惰、无力戒除的坏习惯。法官大人，这不是我的错，是我的疾病害的。

然而，过去几年来我尝试从兽医的角度理解我的病人，这让我有了不同的观点，得到了惊人的假设：物质成瘾和行为成瘾是有关系的。它们的共同语言就藏在针对能提升适应力的行为给予报偿的神经回路中。

从演化的观点仔细审视那些最常被治疗的行为成瘾，包括性、大吃大喝、运动、工作，你会发现它们都能大幅提升适存度。就算推到极致，也很难想象这些行为“在自然状态下”或接受自然选择的检验时，会造成什么样的负面效果。

尽管赌博与强迫性购物是人类独有的行为，但是它们依靠的神经线路与动物搜寻粮食、猎食这两种极为有益的活动是相同的。这些活动全都牵涉到专心致志的努力，以及为了获取资源（通常是食物，有时是栖身之所或筑巢的材料）的具体目标而花费力气。神经化学的报偿会强化动物的这个正向行为，如同潘克沙普指出："每个哺乳动物的大脑都有一套搜寻资源的系统。"[45]

依循这套神经生物学理论，我们可以将赌博视为发展到极致的搜寻粮食行为，只不过将食物换成了金钱报酬。虽然食物与金钱本身就是报酬，但真正的甜头（也就是让人成瘾的部分）是寻找冒险背后牵扯到的神经化学物质。行为会带来报偿，而这种报偿会创造出瘾头，一如外来的化学物质那样。

将大脑的报偿行为与提高生存力联结在一起，也让我重新思考科技"成瘾"，比如玩游戏、收发电子邮件和建立社交网络。那个打趣说对手机上瘾的经理人也许没有想过，她需要一套包含 12 个步骤的方案来减轻自己大拇指蠢蠢欲动的瘾头。不过，我们当中有许多人总忍不住想要一再检查那个小屏幕，哪怕是正在进行重要会议，或者正在开车时。我们的智能手机、微信和微博完全结合了动物求生时最重要的几件事：社会联结、配对机会，以及有关掠食者威胁的信息。不过就像毒品一样，这些科技玩意儿让你我无须做工就能得到快感。我们不用找到实际的资源，就能得到一剂多巴胺的注射；我们无须忍受真实人群带来的不便，就能得到隶属于群体的那种晕乎乎的美好感受。

接受我访问的兽医都不愿将"成瘾"这个词用在动物身上。他们指出，宠物对毒品或药品成瘾通常并非出于自愿。

可是宠物似乎很渴望得到奖励，它可以是很简单的轻轻拍头并低声说句"好乖"，也可以是一小片冷冻牛肝或一小口燕麦，或只是揉揉它的肚子。

做出一个行为，就能得到一个奖励。以食物或口头赞美作为奖励，一直是动物训练师想要动物做出某些可预期行为的手法。加州莫尔帕克学院珍禽异兽训练与管理系（Exotic Animal Training and Management Program at Moorpark College）的教授、训练师盖瑞·威尔逊（Gary Wilson）告诉我，这些外来的甜头（包括食物和赞许的声音）实际上是通往动物大脑的桥梁，它们将动物因期待营养而产生感觉很棒的神经化学物质与期望的行为配成对。①[46]

从这个角度来看，某些动物训练未被认可的原因是，其目的也许是创造一种行为成瘾，也就是让动物学会将奖励带来的满足与新行为联结在一起。约翰斯·霍普金斯大学神经科学系教授戴维·林登（David J. Linden），同时也是《愉悦的秘密》（*The Compass of Pleasure*）一书的作者，他将人类在学习与训练中体会到的快乐与其他成瘾的神经生物学联结在一起。[47]

他写道，学习跟赌博、购物与性等行为"能引发神经信号，汇聚在名为'前脑内侧愉悦回路'（medial forebrain pleasure circuit）的一小块互相连接的大脑区域"。成功的犬类训练在愉悦回路的驱使下，会创造出可以叫作"学习成瘾"的状态。林登写道，这些回路"也可能被可卡因、尼古丁、海洛因或酒精等人工活化剂所征用"。

直到最近，人类医学才开始将化学药物依赖视为一种需要不间

① 响片训练（clicker training）将一记"咔咔"的金属声响与动物每次做出期望行为后得到零食这两件事配成对。久而久之，这只动物会将"咔咔"声与食物带来感觉很棒的神经化学物质报偿联系在一起。然后就算不再给它零食，它也会继续做出这个动作，因为它的大脑已经被制约成预期会有报偿，光是听见声音就会释放多巴胺。人类版本的响片训练越来越被常用在训练体操运动员和从事其他精准竞技比赛的运动员，以及强化特殊教育群体的正向行为上。这种名为"听觉指引教学"（teaching with acoustical guidance, TAG teaching）的手法，去除了动物响片训练的弦外之音，直接根据相同原则（联结行为与奖励）来运作。威尔逊表示："从神经学来看，响片训练能活化杏仁体中的多巴胺。响片是一种标志，是多巴胺系统的内在强化物。"

断（也许是终身）治疗的长期疾病，而不是一种能快速诊断、治愈，然后迅速抛到脑后的疾病（例如某种传染病）。了解成瘾的演化源头，能改善我们对这种疾病的治疗态度。它也许能帮助我们对药物使用者与成瘾者多几分怜悯，并且能帮助我们了解各种动物使用这些成瘾药物，其目的都是为了得到更多那些它们日夜追求的事物。

如果你让一百个人接触某种致癌物质，他们不会全都罹患癌症，毒品也是这样。让一百只动物接触某种化学分子，它们不会全都对它上瘾。不是每只可卡犬都爱舔蟾蜍，也不是每只猴子都会偷喝鸡尾酒或者想每天来上一杯，也只有部分小袋鼠会跃过栅栏吸食罂粟汁液。

描述这种群体内差异性的生物学术语是“异质性”（heterogeneity）。异质性在成瘾上代表着每个生物个体对每种化学物质的反应都有微小的不同。大量的研究支持“是否容易成瘾具有强烈的遗传基础”观点。近来，拥有药物滥用史的家庭开始教育自己的子女认识他们与生俱来的特殊弱点。不过，环境因子（从我们待在母亲子宫时的环境到我们吃的食物、遇见的病原体）也在谁会变成成瘾者这件事情上扮演重要的角色。对科学家而言，事情变得越来越清楚：你吃什么、住哪里、从事什么工作，甚至于你的教养，全都能改变你的基因表现。新兴的表观遗传学领域考虑的是，当个人遗传密码遇上真实世界，会对遗传密码产生什么影响。它说明了为何先天与后天并非泾渭分明的两个世界，而是个永无休止的回馈回路。

基因让一个高二学生天生较容易对酒精或药物成瘾，可是他遇见那些化学分子的时间和情境，会创造出不同的表观遗传效果。比方说，也许对某个青少年来说，某个球赛结束后的周五夜晚第一次接触到大麻，能活化神经反应的大麻烟可能成为他未来吸毒的入门药；但对于那个青少年的挚友而言，那第一口大麻烟不过是在朋友家寻常聚会的某个片刻，是往后回忆时会自嘲的傻事一桩。相同的派对，相同的药物，却发展出两种不同的生命结局。假如这两个青少年在成年后或更年幼时接触这种麻醉物质，结果又会不一样。

就像许多人一样，某些非人类动物能享受麻醉物质带来的愉悦感，却没有明显的不良反应。马来西亚的笔尾树鼩啜饮大量的发酵棕榈花蜜，却不会产生显著的反射降低或动作不协调。现已退役的名驹“信雅达”（Zenyatta）习惯在每场赛后狂饮健力士啤酒，然后继续出赛，赢得下一场胜利。

异质性让每只动物的上锁药箱中贮存不同品类的药物。表观遗传性会校准密码，这些密码会在我们一生中不断调整与变化，不过设定密码的重要时期发生在童年——从婴幼儿到青春期这个阶段。人类和动物的研究数据都显示，动物第一次接触外界麻醉药物的年纪越轻，就越可能在未来对这种药物成瘾且容易受其影响。

这点非常重要。我们的行为与潜在成瘾的神经化学物质间的关系，始于我们走进这个世界的那一分钟（说不定更早）。我们已知吸吮能制造一种体内的类鸦片快感，为这个维生的基本任务提供一种化学报偿。潘克沙普与其他人甚至相信，那一系列与“依附”有关的神经化学物质不但种类繁多且威力强大，而能释放它们的某些密码，早在童年的最早期便已设定妥当。构成一个孩子童年时光的各种要素，包括身体健康（也就是“线路配置”），还有重要的亲子教养，都会影响他们的密码箱如何应对挑战日益严峻的环境。

跟儿童一样，青春期孩子的大脑也具有高度可塑性。若恰巧在大脑试图校准整个系统时向脑内注入大量外来的强力报偿化学物质，可能会造成终身影响。它可能会影响耐受程度和反应敏感度。综观不同的物种会发现，延迟第一次使用药物的年纪，能有效防止成瘾。针对青春期的啮齿动物与非人类的灵长动物接触酒精的结果所进行的大规模研究显示，这些年轻的哺乳动物酒客成年后，其大脑仍会受到酒精长期作用的影响。[48] 除了认知功能受损外，这些动物年纪轻轻就饮酒，可能会增加它们往后酒精成瘾的风险。

美国推动“向烟（酒、毒品）说不”运动，将合法的饮酒年纪定为年满 21 岁，完全禁止使用毒品。可惜这些干预并没有阻止青少年追求他们想要的诱惑。

不过有证据指出，对父母而言，聪明的做法是努力延迟孩子第一次接触这些化学物质的时间，同时教导他们通过自然的方法获取化学报偿，比如运动、从事身体与心智的竞技，或“无害的”冒险行为（如表演）。

无论是雪松太平鸟还是深夜狂欢者，醉醺醺可能会导致悲剧的发生。在人类身上，它和高比率的汽车事故、自杀、谋杀及意外伤害有关。在野外，喝醉的动物要面对较大的风险，较容易被掠食者猎杀、错失交配的机会，甚至飞去撞墙。

不过，大自然备有一套戒酒方案。在野外，植物、莓果和其他食物来源会受到季节、天气、竞争和其他许多因素（包括捕食）的限制。这些变化会自动减少这些物质的取用量，从而限制成瘾。这像是荒野版的要求可卡因毒贩在每年的 11 月到次年 3 月间必须离开纽约，前往迈阿密。由于成瘾物质无法持续取得，加上中毒的动物在丛林、沙漠或莽原的死亡风险增加，使得在野外不容易出现像人类这样的成瘾行为。

从成瘾中康复，也就是要恢复我们与生俱来的上锁箱子的完整性。药物滥用者可以学着从事健康的行为，得到过去从酒瓶、药丸或针剂中寻找的良好（尽管没那么浓烈）感觉。事实上，这可能是某些戒毒方案对特定成瘾者如此有效的原因。如果你仔细观察这些方案所鼓励的行为（如参与社交、建立友谊、有所期盼、事先计划和怀抱目标)，就会发现它们全都是某套古老调节系统的一部分，而这套系统会少量分发体内的神经化学报偿。

讽刺的是，对抗成瘾的其中一种方法，就是利用另一个瘾，比如努力工作、让生命活得有价值，取代依赖极度提纯的药物。肉体劳动和运动会释放脑内啡（endorphin)；在竞赛与商业活动中，健康的竞争与风险会让肾上腺素涌现；精心规划、准备，终于吃到一顿大餐的期待；加入一个真实的社交群体会让类鸦片涌现；还有帮助他人会带来温暖的满足感。“natural high”这个词也许听来跟约翰·丹佛[①] 的歌一样过时，可是它并非只是个比喻，而是激励与鼓舞所有动物（包括人类）的古老报偿。

① John Denver，美国乡村歌手，其著名单曲为《乡村路带我回家》(*Take Me Home, Country Road*)。——译者注

第 6 章

魂飞魄散：发生在荒野的心脏病

1994 年 1 月 17 日清晨 4 点 31 分，洛杉矶发生了规模 6.7 级的地震。[1] 我从睡梦中惊醒，和数百万居民一样，在等待地面停止晃动的过程中，心脏不断剧烈跳动。当“地牛”终于安静下来后，我立刻开车前往医院，肾上腺素和咖啡因驱散了我的疲劳。不确定接下来我们要处理的是寥寥无几的割伤与擦伤还是面对大规模浩劫的同时，我走进加州大学洛杉矶分校医学中心急诊室。在那一刻，我无从知晓这个早晨的地壳板块运动将会如何彻底影响我十年后的医学观。

那时我还是个“跳蚤”——这是那些高傲的老派外科医生对凡事必得分析的内科怪胎的贬抑之词，我欣然接受这个绰号。每当我的前辈走进听力能及的范围时，我便满怀热情地跳来蹦去，滔滔不绝地大谈医学上的细枝末节和不可思议的疾病。只要一得到信号，我可以阐述贝赫切特病（Behcet’s disease）隐晦的症状。为了追求古怪的公正，我和其他“跳蚤”争相回忆复发性多重软骨炎（relapsing polychondritis）的第五与第六项诊断标准。我们告诉自己，医学史上从来没有人对过敏性血管癌、肉芽肿（Churg-Strauss vasculitis）或拉斯姆森脑炎（Rasmussen's encephalitis）怀有如此狂热的情绪。

身为内科新晋医生，我也会诊治患有大家所熟知疾病的真实病人。可是在这一年，尽管后有内科住院医生枯燥实习工作的追逐，前有严苛的第二专科训练等着我，我还是一头栽进刺激的医学猎奇中。在加州大学洛杉矶分校医学中心这样的教学医院里，这不但是允许的，还是受到鼓励的。

可是，当北美都会区有史以来最强的地震从地壳下24公里处迅速蹿出，一切全都变了。建筑倒塌、高速公路拦腰折断、阿纳海姆球场的计分板倒在数百张看台座椅上（感谢老天，当时没有比赛）。整个南加州有数千人受到不同程度的伤害。

我马上远离那些神秘之事，转而专心处理当下的状况，我们整天都在治疗重大创伤与轻微擦伤。在北岭大地震（Northridge quake）发生后的那些模糊又惊奇的日子里，情势变得离奇。尽管当时我并没有注意到，但它对我这个新晋心脏科医生来说具有特殊的重要性。在地震发生的那天和随后的24小时内，洛杉矶地区的心脏病发作率陡然升高。验尸官留意到，心因性死亡的人数是平日的四倍。《新英格兰医学期刊》（*New England Journal of Medicine*）随后的报道指出，与那年前后几年的同一天相比，地震当天有将近五倍的洛杉矶人发生重大的心血管疾病。这篇报道的结论是，至少有部分南加州人在地震来袭时惊吓过度，魂归西天。

虽然这项研究非常有趣，却对我日常行医没什么影响。大多数时候，我诊治的病人并不会处于极度恐惧状态。因此这个研究被我收藏在脑中的离奇档案柜里数年，直到有天某位野生动物兽医让我看了一段生动的影片。

镜头从一片静谧的蜿蜒沙滩展开。晨光下，波光潋滟。突然，一声爆裂巨响打破宁静，一群滨鸟冲离水面。它们疯狂地振翅飞向湖心，设法摆脱从大炮射出展开的一张长方形巨网的追捕。大多数鸟儿成功逃脱，重新歇息在和缓的水波上。不过，大约有 20 多只鸟儿被俘。在它们来不及升空前，那张巨网已经抓住它们，让它们插翅也难飞了。

影片在这里结束，但是我的兽医同事告诉我后来发生的事。一整队生物学家冲向这些被捕的鸟儿，迅速将挣扎的鸟儿一只接一只地从网上取下来，小心整理好它们的翅膀、喙和爪子。他们沉着但敏捷地将这些动物放进盖上有孔的塑料箱中。

这些捕获的鸟儿会被打上磁条、做好记录，然后被释放，以便将来提供这个物种健康与迁徙路径的重要信息。可惜部分鸟儿再也不会飞了，它们因大炮发射而受到惊吓。被大网拘禁的恐慌、被人手抓握的恐惧，使它们当场死亡。

当我观赏这段影片时，虽然时、地、物种都有差别，但我意识到这些死亡的滨鸟和在北岭大地震中死于心脏病的那些人是有关系的。不只如此，这些鸟的死因和每年取走成千上万人性命的心因性猝死(sudden cardiac death)，在生理表现上是有关系的。探讨动物与人类由恐惧触发的“心脏病”重合之处，能拓展我们对心因性猝死的科学认识，同时也有助于保护病人免受其体内看不见的威胁所害。

心碎症候群

和北岭大地震带给洛杉矶人的影响一样，世界各地的地震、龙卷风和海啸带来的冲击和戏剧性效果直入人心。每当天灾发生，病人因胸痛、心律不齐甚至死亡而入院的场景，就跟水电中断、红十字会帐篷和记者安德森·库珀（Anderson Cooper）的紧身 T 恤一样可以预料。[2]

人祸也能搅乱正常的心律。1991 年，海湾战争刚开始，伊拉克军方开始对以色列特拉维夫郊区和其他地区发射“飞毛腿”导弹。在持续轰炸的那周，平民百姓无不提心吊胆，深恐随时都有可能命丧黄泉。空袭警报日以继夜地放声大作。后来，学者仔细分析了各种统计数据，发现了一项极具说服力的数据：在令人胆战心惊的那一周，各种心血管事故的比率都超过了预计数值。[3] 死于惊慌、恐惧等生理作用的以色列人，远多于“飞毛腿”真正命中的人。从军事战略来看，“飞毛腿”爆炸本身并没有多大的威力，恐惧才是更加有效的战争武器。

在基地组织发动“9·11”恐怖攻击后，全美各地如惊弓之鸟的人纷纷躲进自己家中，担忧下一次攻击不知何时会降临。根据心脏病患者植入体内的记录器①显示，那些惊恐日子里弥漫的焦虑为心脏健康带来了重大风险。测得危及生命的心律并加以电击的次数，竟然激增为平时的两倍。[4] 这种情况不只发生在飞机坠毁的纽约市、华盛顿特区和宾州，而是遍及全美。他们凝视骇人的电视影像，聆听一遍又一遍有关飞机撞毁、大楼坍塌、同胞从烈焰浓烟中一跃而下的讲述。恐惧的有形冲击触动了那些仅凭眼、耳与这场灾难产生联系的美国人。

你可能有过这样的感觉，不管是气球突然啪的一声爆裂，还是脚下的地面突然轰隆隆地动了起来，只要受到惊吓，我们的心脏就会有所反应。我们的身体有时候会在大脑还来不及区分那是致命威

---

① 植入式心脏整流去颤器（implantable cardioverter defibrillator, ICD）能精准安置在心脏内容易发生心律不齐之处，以免引发死亡。这些微小的电子装置能全天候读取心律。假如心律过高或过缓而产生危险，植入式心脏整流去颤器会发出 25～30 焦耳的电流“助推起动”来“调节”心律。对于这些猛击，病人的感受因人而异，从“一直打嗝”到“像是有头驴子踢了你胸部一脚”都有。前人的研究指出，发生令情绪高涨的事件（比如争论）后，植入式心脏整流去颤器的活动会增多。

胁还是虚惊一场前，便先行反应。因此，正在看体育比赛转播的你不必亲自下场，心脏就会让你体会到吃了败仗的极度痛苦。

以 1998 年世界杯足球赛为例。[5] 英格兰和阿根廷在循环赛中一路过关斩将，到了十六强赛，两队厮杀，希望赢得参与准决赛的资格，与荷兰队一较高下。尽管国际足球竞争向来十分激烈，但是这个对阵在球迷间引起了特殊的反响。16 年前，英阿两国曾为福克兰群岛（Falkland Islands）的主权问题开战。虽然英国正式赢得这场小规模冲突的胜利，但有许多阿根廷人却拒绝承认战败。之后，每次两国在足球场上相遇都充满了火药味。这场比赛（年轻的主将贝克汉姆在主裁判能清楚看见的地方踢对方球员，因而被判离场）最后在正规时间踢成平手，得进行点球大战。

球员在守门员前一字排开，轮番罚点球。当英格兰球员巴蒂慢跑上场时，阿根廷以四比三领先。巴蒂朝球跑了几步……脚接触到球……球飞出去。可惜从巴蒂的彪马运动鞋防滑钉到球门的路上，那颗足球遇见了阿根廷门将卡洛斯·罗阿戴着手套的手指。阿根廷胜出！

看到这结果，阿根廷球迷松了一口气，开始欢腾骚动，而在家乡小酒馆里看电视直播的英国球迷却因惊恐而目瞪口呆。那一天，英国各地人们的心脏病发作率较平常增加了 25% 以上。[6]

欧洲有多项研究证实了观众观赛时承受的压力和心脏健康之间，存在不寻常的关系。值得关注的是，足球比赛中的点球大战非常致命，而“瞬间死亡法”的危害最为强烈。[7] 伦敦《卫报》（*Guardian*）的体育专栏作家理查德·威廉斯（Richard Williams）称点球大战为“酷刑”，“相当于现代版的公开鞭刑”[8]。事实上，点球大战确实会引发严重焦虑，因此国际足联（Federation Internationale de Football Association，FIFA）和美国青少年足球联盟（American Youth Soccer Organization，AYSO）已考虑废止这种打破平局、分出胜负的方法。

当出席我孩子的击剑冠军赛时，我全身紧绷地站着，双手紧握在胸前，感觉到血压升高。我由此体会到，这项修改游戏规则的提案能降低紧张的父母与祖父母在观众席上坐立难安、发生心律忽然飙高的可能性。

直到 20 世纪 90 年代中期，我们对心脏与心智的关系只有含糊的理解。当时有许多医生用蔑视水晶治疗术或顺势疗法的态度看待“情绪能对心脏结构产生实际有形的影响”的想法。真正的心脏科医生会专心处理看得见的真实问题，比如动脉粥样硬化斑块、栓塞的血块，以及破裂的主动脉。至于面对心灵上的脆弱，那是精神科医生的责任。

事情在 90 年代有了变化。一组日本心脏科医生留意到，某些病人在经历极度沉重的情绪压力后，会产生无法忍受的剧烈胸痛，而被送进急诊室。这些病人的心脏看起来不太正常，心电图指示他们有心脏病。但是，当医生向心脏血管注射造影剂时，却发现完全健康、“畅通的”冠状动脉丝毫没有堵塞的迹象。唯一不寻常的发现是，在心脏底部有个怪异的灯泡状凸起。这个形状让医生联想到日本渔民用来捕捉章鱼的圆形“蛸壶”，于是他们将这种疾病命名为“章鱼壶心肌症”[9]。这是一种新型心脏病，仅是严重的压力（恐惧、忧伤、痛苦）就能改变心脏的化学作用、形状，甚至是它抽吸血液的方式。①章鱼壶心肌症提供了直接、有形的证据。

---

① 在“章鱼壶”这个名称出现前，我们将这种症候群称为“冠状动脉痉挛”（spasm of the coronary arteries）。某些类型的人似乎比较容易出现这种症状，比如中年妇女、有偏头痛病史的人、患有雷诺氏症候群（Raynaud's syndrome，一种循环异常的病变，特征是苍白、毫无血色的手指头）的人。一些不明原因的心脏“痉挛”也跟使用可卡因有关，因此，任何来到急诊室的病人倘若感到胸痛，动脉却毫无可疑斑块，就会被追问有无吸毒的习惯。

这种病很快就得到“心碎症候群”（broken-heart syndrome）的绰号。当它拥有全新的名字，成为新鲜时髦的潮流后，它的病例突然在全美各地的急诊室纷纷冒出。一个年轻女子目睹爱犬奔进车流中，当她抵达急诊室时浑身是血，一手紧抓全身瘫软的宠物，一手紧抓自己的胸口（就像大多数患有章鱼壶心肌症的病人，她在接受治疗后活了下来，不过有部分病人却会因此丧生）。另一个病人则是在观赏一部紧张刺激的 3D 强档大片半小时后，突然感觉严重心悸、呼吸短促、反复呕吐，不得不离开影院，被医生诊断为章鱼壶心肌症。

懂一点心脏病学基本原理能帮助了解强烈的情绪如何伤害你的心脏。在正常情况下，你的心脏或许是你从未注意到的最重要的事物。心脏就像是完美的贴身仆人，它经年累月地在你的胸膛里卖力工作，一丝不苟却没人看见，从你父亲的精子遇见你母亲可受孕的卵子后第 23 天起，就一直恪守本分。每年你的心脏会跳动 3700 万次，抽吸 230 万升血液。[10]

心脏就像一间房子，内有供水系统与电路系统。供水系统将血液运送到全身各处的管线——动脉和静脉。就像进水管线会将干净的水送入房屋内，而污水管线会将废水排到屋外，这些动脉与静脉若被堵塞，就会带来毁灭性的后果。以突发性心肌梗死（myocardial infarction）为例，这种典型的心脏病“发作”是由心脏本身的供血系统堵塞所致。供血系统的破损与爆裂也可能摧毁一切。当体内较大的动脉被撕破或裂开，后果通常都是致命的。

可是，还有另一种心脏灾难来自先天或后天对电路系统的伤害。心脏的健康状态可以从心电图上看得出来——锯齿状、大起大落的线段横跨心电图纸，或沿着计算机屏幕高高低低地伸展着。你肯定在电视剧和药品广告中，看过无数次代表了心脏稳定电流的图像，同时你也会听见那电流的声音信号。有规律的电流脉冲会创造出平稳的“哔、哔、哔”声，表明一切都很正常。没有什么比患者心脏以这种形式跳动更能使紧张的值班医生镇定下来的了。我们称它为“正常窦性心律”(normal sinusrhythm)。

不幸的是，这套忠实可靠的电子脉冲系统会发生致命的短路，每天约有七百个美国人① 及数千个其他国家的人受害。[11] 可靠的跳动突然失控地飞快加速，或者变得松懈又不规律。当你用听诊器聆听，那“噜卜—嗒卜—噜卜—嗒卜”作响的心音，具有一种焦虑、不规则、模糊不清的特性。当搏动加速——我们称之为“心室频脉”(ventricular tachycardia，VT)，心电图上会清楚显示，绝不会弄错。正常窦性心律如同装配线般可预期的高峰与低谷，会松开成绵延起伏、间隔紧密的“山丘”状。另外，不规则、凌乱的节律则称为“心室颤动”(ventricular fibrillation，VF)，也同样容易辨认：完全无法预期的锯齿状波形横跨整个屏幕或整张心电图纸。

对于知情人士来说，心室频脉（VT）与心室颤动（VF）的声音和影像立刻传达出一件事——急需有人将电击器放在患者裸露的胸膛上，大喊着“离开！”送入几百焦耳的电流，让它们奔向机能失常的心脏。假如无法立刻提供这种特殊电疗，患者的心电图图形就会从起伏崎岖的警示形转变成恐怖的水平形，我们会敬畏地称之为一条“平坦笔直的线”(flatline)。节律从“维持生命”到“恶性致命”的改变，会导致心脏的抽吸减少，甚至停摆。用比较精准、不那么诗意的说法，医生称呼这种心脏电脉冲的灾难为“心因性猝

① 想象每天有 1.5 架载满乘客的 747 班机坠机，你就能理解这个问题的公共安全含义。

死”（sudden cardiac death，SCD），简称猝死（sudden death）。[①]

对于体重过重的吸烟者而言，多年来，斑块在脆弱的血管中增生堆积，最后导致心因性猝死，这是完全可以预料的。当高中运动员因为自己不知道的先天缺陷而暴毙时，心因性猝死的侵袭会带来震惊。“最终共同路径”（final common pathway）都是相同的，它是一种电路失常（electrical malfunction），从维持生命的正常心律，转变到几乎必死的心室频脉或心室颤动类型的心律不齐。

可是，某些心因性猝死并没有上述那些心脏问题。对于这些在其他方面非常健康的病人，单是巨大的情绪震惊，就能将心律从稳健可靠变成恶性致命。惊吓、害怕、恐惧或愤愤不平，使这些病人高度活化的中枢神经系统涌出压力激素，也包括肾上腺素。这些儿茶酚胺涌进血流中，它们像急奔而来的化学骑兵队，准备好增强力气与耐力，以便协助心脏脱困。可惜这种神经内分泌的迸发非但没有拯救病人，反而可能会使斑块沉积破裂，将凝块送进动脉中，因而引发致命的心脏病。它可能会恰好在错误的时刻触发额外的跳动，使心脏产生心室频脉。同时，由于这些化学物质数量庞大且在瞬间涌入，它们本身足以毒害肌肉，这包括了人类心室的20亿个心肌细胞中的部分细胞。这些病人的武器是能产生反应的中枢神经系统，里面装满危险的儿茶酚胺，等待恐惧来扣动扳机。

这就是发生在章鱼壶心肌症患者身上的状况。无论是受到失去至爱、战争、地质隆起或一场球赛的活化，儿茶酚胺的洪流都会损

---

① 许多事都能导致心室频脉（VT）、心室颤动（VF）和心因性猝死。有些危及生命的心律是天生的，譬如QT间期延长症候群（long QT syndrome）。其他则是后天的，电解质失衡、病毒感染、摄入抗生素与其他药物，以及主动脉破裂，全都能导致致命的心律不齐。甚至是不可抗力的因素，比如被闪电、一记高速飞来的刀，或一颗小联盟平飞球击中胸部，不早不晚正好发生在错误的时刻，都能导致心脏瓣膜结构激烈颤动，接着停止活动［医生称这为“心脏震荡”(commotio cordis)］。

害心肌，创造出章鱼壶般的鼓起，有时还会引发危急的心律不齐。

可是，等我开始和兽医交换意见时，才发现章鱼壶心肌症不过是冰山一角。

捕捉性肌病

你发现自己被困在五级暴风雪中，而摩托车燃油已耗尽，你会希望与丹·马尔卡希（Dan Mulcahy）同行。他既像马盖先，又像大卫·克洛科特①。他留着浓密的胡子，戴着金属细框眼镜，有着一副低沉的嗓音。马尔卡希占据了文氏图（Venn diagram）上既罕见又令人向往的区域——也就是超级英雄和超级书呆子的重叠之处。他在 41 岁那年转换跑道，从研究鱼类疾病长达 20 年的微生物学家变成野生动物兽医。[12] 当我遇见他的时候，他正在阿拉斯加工作，追踪并治疗海象、小天鹅、北美驯鹿和其他濒临绝种的北方生物。他的工作范围从为白眶绒鸭（spectacled eider duck）施行安装卫星信号发射器的精巧手术，到大胆尝试为一头半吨重的北极熊戴上项圈以提供全球性的监控。他为保护这些动物而努力。

当我们认识后，很快就发现两人出于专业和个人兴趣，都对死亡潜藏在心脏与心智相互作用间的种种方式深感着迷。我们一见如故，忙着交换自己看过、治疗过的因恐惧而猝死的案例。尽管这些例子让人毛骨悚然，但其中隐含的知识却令人兴奋不已。

① 马盖先（MacGyver）是美国动作冒险电视剧《百战天龙》（*MacGyver*）的主角。他拥有丰富的科学知识，擅长随机应变、就地取材，不用枪，不杀人，成功解决棘手难题。大卫·克洛科特（Davy Crockett）是 19 世纪的美国民间英雄，早年从军，在拓荒时代的克里克战争（Creek War）立下战功。后来转向政界发展，获选为国会议员。卸任后移居得州，在阿拉莫战役（Battle of the Alamo）中身亡。——译者注

马尔卡希对这件事的兴趣来自一个令人泄气的惨痛事实——有时候，动物会在被追逐、捕捉与触摸后，无声无息地死在手中。由于某些原因，这种事尤其容易发生在特定鸟类身上。有时候，它们似乎顺利熬过了医疗过程，却在被安置到新的栖息地时开始变得虚弱，甚至死亡。马尔卡希知道这并不是因为他做错了什么。实际上，正是受惠于他从旁监督，才能在田野生物学家执行这些重要调查的过程中，使动物的安全更有保障。①

兽医教科书上描述了一个令人心碎却预言极准的事实：动物不断因追捕和处理时受到的压力而丧命，兽医称之为“捕捉性肌病”。这个术语描述一种会造成疾病与死亡的症候群，通常发生在被惊吓、捕获，或是为了求生而努力逃离掠食者、猎人或立意善良但来意不明的野生动物学家的动物身上。[13] 有时候，受到此病侵袭的动物会像歌德小说中的少女般倒在地上，立刻香消玉殒。有时候，它们会在压力事件发生后几个小时才死去。在其他状况下，它们也许能勉强撑几天或几周，无精打采又消沉，无法行走甚至无法站立，拒绝进食、饮水，直到死亡降临。无论如何，捕获后的死亡率一直居高不下。② 通常，死亡率与物种有关，约为整个群体总数的1%～10%，有时还高达50%。

---

① 就像电影拍摄现场的兽医让电影制片厂宣告“没有动物因拍摄本片而受到伤害”一样，马尔卡希是田野调查现场的兽医，在田野生物学家观察与追踪野生动物时，负责确保动物的安全。他在美国地质调查所（United States Geological Survey）服务，率先倡导并落实在研究中让动物受试者更安全的规则。

② 兽医将捕捉性肌病分成四种典型表现：捕捉性休克症候群（capture shock syndrome）、肌肉撕裂症候群（ruptured-muscle syndrome）、失调性肌球蛋白尿症候群（ataxic myoglobinuric syndrome），以及迟发的高急性症候群（delayed peracute syndrome）。[14] 这些术语描述捕捉性肌病各式各样的身体表现，从虚弱的肌肉、不稳的步伐，到肾衰竭与猝死。一只被掳的野生动物在追逐与捕获期间，可能会展现出这些症候群中的一种或多种形态。

大约一百年前，猎人最先留意到捕捉性肌病。一开始，大家以为这是大型猎物（如斑马、北美野牛、麋鹿和鹿）独有的症候群。即使猎人的武器并没有在它们身上留下任何伤痕，但这些动物往往会在经历一场激烈追逐后离奇死亡。

可是后来鸟类学家开始注意到捕捉性肌病留在鸟类肌肉上的痕迹，从娇小的鹦鹉到身材瘦长的鸣鹤（whooping crane），乃至于肌肉结实的南美鸵鸟（rhea），全都无一幸免。海洋生物学家也描述发生在海豚与鲸鱼身上的案例。用拖网在苏格兰外海捕捉野生挪威龙虾的渔夫，发现这种病影响了自己的收益。[15] 被追捕的龙虾肉质带有一种令人不悦的软烂质地，颜色也变得看起来像变质了——在市场上，它一眼就会被淘汰。①

野生动物兽医很快就领悟到，没有片刻休息的追赶，能杀死食物网中所有动物。在南非，为了适应国家公园的扩充与人类的侵犯，动物经常四处迁徙，捕捉性肌病因而成了一项严重的健康威胁，也是主要死因。擒拿敏感的长颈鹿时得特别谨慎，因为它们不擅长长距离奔跑，而且天生容易焦虑。[17] 鹿、麋鹿和北美驯鹿在搬迁和猎捕时，因捕捉性肌病致死的比率高达20%。[18] 美国土地管理局（Bureau of Land Management）在内华达州用直升机围捕野马的举措，导致每年都有相当数量的野马死于捕捉性肌病。[19]

使动物加速逃离威胁的是一种强有力的神经化学反应：儿茶酚胺大量释放（catecholamine dump）。然而如果过度紧逼，超过了安全界限，儿茶酚胺有可能彻底击垮骨骼与心肌，使它们陷入瘫痪。

---

① 尽管这些例子全都是野生动物，但是被屠宰前的阉鸡、母猪、小公牛和羔羊若感受到压力，它们的肉也会受到损害。[16] 这些肉会被放在塑料盒子里，用保鲜膜包起来出售。如果看上去容易变质，外观不讨喜，自然是个大问题。部分畜牧业者认识到这一点，因此致力于开发减少待宰动物压力的屠宰技术。

等到相当数量的骨骼肌损伤，会有大量的肌肉蛋白被释放、进入血液中。这些蛋白质会损害肾脏功能，最终导致肾脏停工。这种肌肉损伤的医学名称是“横纹肌溶解”（rhabdomyolysis，临床上简称为rhabdo）。横纹肌溶解症有可能致命，但若能及早发现，补充大量水分和辅助性帮助，便能有效治疗此病。在人类身上，最常见于创伤与肢体完全静止不动的极端案例中。例如，被埋在钢筋和瓦砾堆下的地震受害者，或是被抛出车外，造成多处骨折和软组织严重受损的司机。兽医和医生都知道，肾脏无法滤除的有毒肌肉酵素会使尿液呈红褐色，这是横纹肌溶解症精准的警告信号。

美国海军军医早在20世纪60年代便留意到，在基本训练时，密集反复进行的健身操有时会让新兵出现筋疲力尽、肌肉失灵，以及排泄可乐色尿液等横纹肌溶解症的症状。[20] 从事激烈运动的运动员，如自行车手、赛跑选手、举重选手，甚至是高中足球队球员，在疲惫的训练后偶尔也会出现类似症状。动物运动员也很容易出现横纹肌溶解症，尤其是赛马。无论动物或人类，从事激烈运动时常得忍受痛苦，迫使自己尽力表现，有时会导致横纹肌溶解症。[21]“心智凌驾于心肌之上”表现在人类和动物身上，都可能触发安静但致命的结果。

可是，有时针对没有长时间追逐、没有骨骼肌失灵、没有横纹肌溶解症的某些案例，野生动物兽医也会认定凶手是捕捉性肌病。

当动物只是单纯被手握住、被套索套住、被网子覆盖、被赶入畜栏、被装入箱子、被圈禁在围栏中、被运送到他处，都可能会出现某种形式的捕捉性肌病。“为活命而奋力奔逃”是很吓人的，但至少还有反击的机会；而被捕捉距离最糟的情境——死亡，却只有一步之遥。

正如马尔卡希所说，对动物而言，“自己被捕的唯一时刻，就是有别的动物要吃掉自己的时候”。约束通常只代表了一件事——另一头动物让你别动！从演化的角度来看，掳获与约束意味着唯一的结果——自己即将被吞下肚，小命不保了。可以理解，大脑因此逐渐进化出一种万事俱备、蓄势待发的反应，预备发动一场大规模、孤注一掷的儿茶酚胺海啸。

动物因为被捕捉或被约束而丧命的例子多不胜数。[22] 对雪兔（Irish hare）、白尾鹿、绒顶柽柳猴（cotton-top tamarin）和羚羊这些动物而言，这种行为等同死亡。研究南美鼠兔（pika）的专家通过不太愉快的方式了解到，牢牢抓住鼠兔身体的中段会把它吓死。比较安全的方法是让它自由自在地站在你摊开的手掌上。其实，并非只有容易激动的被捕食动物才有这类风险，棕熊、山猫、狼獾（wolverine）和灰狼等位于食物链高处的食肉动物，也会因行动受到约束而死亡。

噪声和高温会加重诱捕造成的危害。加州莫哈韦沙漠（Mojave Desert）的大角羊因移居迁置计划而被围捕时，如果附近正好有轰隆作响的直升机盘旋，它们的死亡率就会特别高。[23] 家兔若身处响亮刺耳的摇滚乐中，或面对主人的高声争执，小命就会不保。[24] 报道指出，烟火的爆炸声能使宠物和家畜受惊致死，从鹦鹉到绵羊都可能无一幸免。[25]

在20世纪90年代中期，丹麦皇家管弦乐团（Royal Danish Orchestra）在哥本哈根某个公园里表演瓦格纳的歌剧《唐怀瑟》（*Tannhauser*）。[26] 这个公园紧邻哥本哈根动物园。当合唱团情绪激昂地唱着挽歌，而独唱者大声飙出自己的最高音时，一头六岁大的霍加狓（okapi）焦急地在它的围栏中不断绕圈打转，并试图逃跑。苦苦挣扎了几分钟后，它突然晕倒，断气了。兽医断定它死于捕捉性肌病。

响亮、骇人的噪声（不限于从女高音颤动的会厌溜出来的歌声）近来已被证实是可能为心脏健康带来负面效应的风险因子。[27]发表于《职业与环境医学期刊》（*Occupational and Environmental Medicine*）的一项研究发现，在持续充满噪声的场所工作，连寻常对话都得扯着喉咙叫嚷的人，他们罹患重大心血管疾病的风险是在较安静场所工作者的两倍。[28]在某些遗传性心脏疾病中，惊人的巨大噪声有可能触发心律失调，导致患者死亡。①

有趣的是，有一种狗似乎已经进化出一种防御机制，能抵抗噪声带来的震惊作用。大麦町犬生来便具有QT间期延长症候群，因此容易受到噪声诱发猝死。幸运的是，偶尔会有大麦町犬同时带有能导致耳聋的基因突变。[29]这种听觉障碍反倒让心脏因祸得福，因为它们的耳朵听不清楚声音，就能让它们脆弱的心脏免于致命的心律不齐。

对动物与人类而言，突如其来的巨响和约束监禁的感受都意味着危险。就像霍加狓陷入歌剧的困境中，噪声与察觉圈套的存在足以点燃大脑与心脏间致命的反应。动物与人类的感觉系统负责提供外在世界的信息给大脑，再由大脑转换成规避动作。可是，不只有噪声或约束能创造恐惧感。

在某些状况下，光是想到约束就能引发相同的生理作用。就像观看电视里“9·11”的报道就能让人感到既焦虑又惊恐，光是目击

① 在QT间期延长症候群中，由于离子信道功能异常，导致心脏活动的QT节段间隔过度延长。这种病会让患者容易产生可能致命的心律不齐。QT间期延长症候群可能是遗传性的（如今已找到许多致病基因），也可能是后天的。许多常用药物（包括某些抗生素、抗抑郁药物和抗组织胺）和某些电解质失衡（如严重呕吐和腹泻），都有可能引起QT间期延长症候群。因此，惊吓确实能使QT间期延长症候群患者魂飞魄散。情绪振荡能触发额外的心跳，导致致命的心律不齐。突发的巨大噪声、怒气、争执或恐惧，都能引发这样的情绪振荡。

威胁也能使其他动物经历强烈的大脑与心脏反应。温哥华一家动物园曾有四匹斑马死于捕捉性肌病，可是它们并没有被追杀。[30] 其实，压力源是被安置在斑马围栏里的两头吓人的南非水牛（Cape buffalo），而围栏的栅栏和壕沟让斑马无法逃脱。

被猎食的威胁突然无预警地出现，也会危及动物的性命。曾有赏鸟人观察到一群红腹滨鹬（red knot）平静地沿着澳大利亚一处海滩涉水前行，一只猛禽冷不防俯冲而下，用它的利爪攫走其中一只毫无防备的涉禽。[31] 当那只猛禽飞离，这群旁观者留意到一件有趣的事。尽管没有被掠食者触碰到，刚才那倒霉的受害者附近的几只鸟突然间变得步履蹒跚，虚弱无力，有几只尝试向前走的时候还跌倒了。

鸟类学家称这种由压力诱发的肌肉毛病为“痉挛”（cramp）。肾上腺素涌现也会影响鸟类的心脏肌肉。这些红腹滨鹬就像动物园的那群斑马，只是目睹了可怕的一幕，就差点儿一命呜呼了。

并未直接威胁生命安全的情况，也能诱使人类出现强有力的生理反应。[32] 假如你正在三千米的高空飞行，飞机撞上了气穴（air pocket）而陡然急降，此时你的肾上腺与大脑会释放儿茶酚胺，使你的心搏加速，血压上升。你可能会感觉自己好像快死了。更糟的是，就像一头受到拘束的动物面对自己将要被猎食的困境，无力逃脱的现实会使你的生理反应更加激烈。

你的大脑想要处理这种威胁，于是身体产生了反应。你感受到的那种恶心状态就是恐惧。兽医表示，恐惧正是捕捉性肌病的关键因素，有的兽医认为它是最重要的因素。这促使我们去探索捕捉性肌病一项危险的内在构成要素，也就是被活捉动物加速作用的情绪状态。

我们曾看过动物（人类与非人类的）的大脑对掳获的反应，以及在某些状况下表现出来的过度反应。人类富有想象力的心智对抽象陷阱也能引发反应，这些陷阱包括口出恶言的人际关系、压垮人的债务、即将入狱服刑等。[33]

想想丢脸的安隆（Enron）案主角肯尼斯·雷（Kenneth Lay）在因盗用公款将被判刑前几周突发心脏骤停（cardiac arrest）的状况。道格拉斯·齐普斯（Douglas P. Zipes）是心因性猝死专家，也是《心律》（*Heart Rhythm*）期刊的总编辑，他向一位佛罗里达的记者表示："我们知道那些你无能为力的事，比如伴侣的死、丢了工作或是面临终身监禁所带来的压力都可能和心因性猝死有关。[34]我无法钻进（雷的）脑袋瓜里，可是大脑无疑会对心脏说话，而且能影响心脏功能。"

无论你是面对横眉怒目的南非水牛的斑马，还是一个面临终身监禁判决的白领经济罪犯，对于陷阱和威胁的压倒性恐惧反应并没有太大差别。确实有多项研究显示，爱辱骂人、处事不公的上司，处事消极、随时准备找碴的配偶，还有压得人喘不过气来的债务，都会大幅增加心因性猝死的风险。[35]

可是，竟然没有一个诊断术语能描述此类恐惧与约束在人类与动物身上引发伤害导致死亡的力量，这实在很奇怪。由于动物的捕捉性肌病和人类由恐惧引发的心脏疾病是相关但错综复杂的，因此若能找出方法辨认哪些案例是由恐惧和拘束所引起，肯定对于诊治类似病症有所帮助。十多年前，哈佛的神经学家马丁·塞缪尔斯（Martin A. Samuels）曾呼吁："以神经系统与心脏和肺的解剖学关联性为基础，提出一个统一的假设……用以解释所有形式的猝死。"[36]

促使我踏上人兽同源学旅程的那个"章鱼壶心肌症时刻"，始于将压力诱发的人类心脏衰竭与动物的捕捉性肌病并列，看到两者有许多雷同之处。当医生在诸多症状或身体检查时留意到某种模式的存在时，会创造出症候群，并加以命名。兽医与医生或许会考虑采用一种新的、常见的术语，描述恐惧在动物的捕捉性肌病和人类心因性猝死中扮演的角色。我提议采用 FRADE 这个缩写来命名，它代表了“和恐惧／约束相关的死亡事件”（fear/restraint-associated death events）。FRADE 足以描述动物与人类由情绪触发的死亡事故，同时它又能将非情绪性的理由排除在外。它能将人类急诊室与野生动物田野中的临床个别案例集中在一起。例如，它能将一个吓坏了的老妇人死于章鱼壶心肌症，和一只被捕的霍加狓死于捕捉性肌病联系起来。跟其他领域一样，在医学界，除非被命名，否则共通之处多会被忽略。最终，引发与恐惧和约束有关的死亡的神经解剖及神经内分泌系统，终将会得到更充分的描述和更完整的理解。但在那一刻来临之前，运用一个共有的术语来归纳这种特别的死亡类型，将有助于兽医和医生对比这些突发性的致命事件，并寻求预防对策。

猝死症候群

许多医生到现在才知道恐惧和心血管事故之间的关系，这种危险的关联性其实在许多文化和历史中早有记载。举例来说，巫毒咒（voodoo curse）和极度不祥的念头，都会创造出用纯粹的逻辑观点很难解释的致命结果。[37]

许多外科医生若知道要开刀的病人坚信自己不能活着走出手术室，就会情愿不动刀。麻州综合医院（Massachusetts General Hospital）本森-亨利身心医学研究中心（Benson-Henry Institute for Mind Body Medicine）的创办人特·本森（Herbert Benson）告诉《华盛顿邮报》的记者：“外科医生很怕那种坚信自己一定会死的患者。”[38] 布莱根妇女医院（Brigham and Women's Hospital）的精神科医生阿瑟·巴尔斯基（Arthur Barsky）同意这个看法，因为那些患者创造出“自我应验的预言”（self-fulfilling prophecy）[39]。

这个“反安慰剂效应”（nocebo effect，nocebo 这个拉丁词的意思是“我将受伤”），和“安慰剂效应”（placebo effect，placebo 这个拉丁词的意思是“我将高兴”）正好相反。跟众所周知的安慰剂效应不同，反安慰剂其实是无害的，但是若病人认定它有害的话，就会产生负面的效果。假如你曾经怀疑巫毒致死是不是真有其事，那么反安慰剂效应可以提供一种解释，告诉你为什么答案也许是肯定的。倘若施咒的人有足够的说服力，而受害者对任何解读方法都不排斥，那么心脏与心智的关联可能会引发在压力诱发的心因性猝死中能见到的一连串致命反应，有些人称之为“心脏病发杀人”。遗传学或许也扮演了重要角色，因为巫毒致死往往集中发生在特定的种族与地区。①

FRADE 也可能和这些死亡有关。带有民间传说色彩的巫毒致死与明确的动物捕捉性肌病间的联系，在于动物和人类神经系统共有的生物因素。

长久以来，动物将对外部危险的知觉能力转换成寻求安全的行

① 举例来说，夜间意外猝死症候群（sudden unexpected nocturnal death syndrome, SUNDS）大多攻击来自老挝的苗族年轻男子，受害者会在睡梦中死亡。[40] 苗族人会小心提防某种特别的噩梦（dab tsog），因为在这类梦中，可怕的恶灵会现身，并且真正“杀死”做梦的人。这个结果可能牵涉到某种潜藏的（有可能是基因的）心脏电路问题。可是，它还需要噩梦灾难性的（引发儿茶酚胺释出）压力来杀人，噩梦的形象深植于传统的民间传说中。曾有报道说年轻的菲律宾男性也会死于类似原因，人称 bangungut（菲律宾语，意思是“在睡梦中起身并呻吟”）。恐怖片影迷也许会觉得这种事听起来很耳熟，那是有原因的。它是《半夜鬼上床》（*A Nightmare on Elm Street*）系列电影的前提。在片中，凡是在梦里被恶棍弗莱迪·克鲁格（Freddy Krueger）追捕并杀死的青少年，在现实生活中也会死亡。

为反应，有许多不同的形式，包括改进原有的反应。有些动物会释放毒素或臭气，在刺螯时放电或注入毒液；海葵遇到危险时会缩回触手，并喷出触手内的海水；苍蝇会急速飞离苍蝇拍。可是，威胁和儿茶酚胺释放间的联结是非常普遍且源远流长的。它的起源可以追溯到 20 亿年前，在植物与动物尚未分家之前。举例来说，马铃薯的叶子与块茎会释放儿茶酚胺来应对诸如寒冷、干旱与化学灼伤等压力源。[41] 这种做法能提升植物应付感染与其他威胁的抵抗力。

植物无法逃跑，然而对脊椎动物来说，能加速心搏以便逃离或放缓心跳以便藏匿的敏感心脏，常常成为能否存活的关键。可是，这套严谨又有效的系统有个致命的缺点。由于低估危险（就算只有一次）会导致死亡，警示系统会倾向以过度反应为标准。演化医学专家伦道夫·内斯用烟雾侦测器作比喻，说明这些过度反应。[42] 尽管警报可能会在错误的时间响起，但再多的虚惊都好过忽略一次真正的危机。行为生态学家史蒂文·利玛（Steven Lima）和劳伦斯·迪尔（Lawrence Dill）半认真半玩笑地写道："险些被杀会大幅降低未来的适应力。"①[43]

过度反应在生物系统中随处可见。免疫系统为了保护我们，可能会"过度反应"，造成自身免疫疾病，如类风湿性关节炎和狼疮。湿疹和瘢瘤的瘢痕组织也是身体对创伤过度反应的例子。发烧可能代表身体正与微生物搏斗，但有时烧过了头，则会引发癫痫和大脑损伤。咳嗽原本的目的是保持呼吸通道畅通，但剧烈咳嗽却可能造

① 那些理应保护你的东西，有时候会意外地杀死你。这个现象在某些人体工程系统中能找到例子，比如安全气囊，要在撞击发生的瞬间让这个救命装置发挥作用，这些防烧焦的聚酯枕状物就必须得在超过每小时 322 公里的速度下打开。虽然从 1997 年安全气囊问世以来，有成千上万人的生命因此得救，却也有数千人因安全气囊迅速展开时的力量使心脏破裂、划破肺动脉、折断颈椎而丧生。在立法禁止之前，这种不幸大多发生于坐在前座的婴儿和儿童身上。

成支气管痉挛或肋骨骨折。在精神病学上，焦虑症、恐慌发作和恐惧症，有可能被认定是源于保护本能对危险的病态过度反应。

FRADE 描绘出另一种过度校准。如果适应良好，儿茶酚胺的激增能让斑马油门全开地疾驰逃走，或者与狮子疯狂搏斗，设法远离其尖牙利爪。假如适应不良，源源不断的压力激素可能会分解动物的肌肉，破坏它的肾脏，甚至使心脏停止跳动。尽管违反直觉，但是你的大脑和心脏有时确实会齐心协力地杀死你。不过，FRADE 是一种暗示，告诉你安全防护系统必须强而有力，而且会以过度反应为标准——尤其在危险的环境下，性命可没有机会“重来一次”。

除非你是兽医、在宠物店工作，或者刚到捕狗大队任职，否则你应该不常去捕捉动物，况且在开明的 21 世纪，我们肯定不常掳获并拘禁人类，对吧？

有一次，我在加护病房待命，有个年轻女子性命垂危。葡萄球菌攻击她全身上下多处器官，包括她几乎无法收缩而跳动迟缓的心脏。她的肾脏已经停工，肝脏也已衰竭。钾、钙、镁、钠的离子浓度严重失衡。她已经好几天没睡了。不过一个月前，她还是个很受欢迎的、活泼的小学教师。可是在这个夜晚，致命的疾病已将她折磨得失去了判断力，而且使她情绪激动。这种状况经常发生在病危的患者身上，因此，我们称之为“加护病房症候群”（ICU psychosis）。

她在病床上拼命挣扎扭动，将鼻胃管从自己的左鼻孔一把扯出。她的另一只手用力拉扯放置在她纤细左手腕柔软皮肤下的动脉导管。她的颈静脉有条中心静脉导管，尿道有条导尿管，鼠蹊部还有条血液透析导管。假如她将任何一条导管拔出，血液肯定会喷得到处都是。如果她取出维持血压的主动脉内球囊反搏（intra-aortic balloon pump，IABP），就会轻易划破大动脉，因失血过多致死。

为了保护她的身体不受她紊乱的心绪所害，我要求实施身体约束（physical restraint）。护士温柔且迅速地系紧由尼龙与棉制成、绒里、15 厘米宽的手腕式约束带。

大约有几秒钟的时间，一切风平浪静。心电图监测器发出规则且令人安心的“哔、哔、哔”声，表示患者的心律稳健正常。

可惜她马上意识到自己手腕上的约束带，并开始挣扎拉扯。我下令施予静脉镇静麻醉，也就是实施“化学性约束”（chemical restraint）。但是这名心烦意乱的患者不断扭动挣扎，她显然惶恐不安，很可能是吓坏了。接着，从病床上方的心脏监视器传来的声音发生了变化，它的速度加快，变得有些不规则。她就要进入心室颤脉状态了。由于她的血压原本就偏低，这种心律需要立即采取行动。

加护病房医疗团队排练过此时需要进行的救命术。等到这种时刻来临，什么都不必多说。护士先在这名病人的左胸放上一块涂有凝胶、半张 A4 纸大小的贴片，上面有条导线连接到心脏电击器，接着又在她的肩胛骨中间放了另一块贴片。我的心脏科同事将电击器旋钮调整到 150 焦耳，然后镇静地要求所有人远离病床。此时，护士和其他医疗小组成员向后退，举起双手，掌心朝外。假如他们碰触到病人或病床的任何部分，电流就会传导到他们身上。然后，那位医生按下标示“电击”的红色按钮。

当电流通过这位老师大约 54 公斤重的身体时，她的身体一刹那变得僵直，微微“跃”离病床。接着，所有人的目光都落在心电图监测器上，我们的耳朵搜寻着稳定的“哔、哔、哔”声。一眨眼的工夫，终于让我们找到了。她的心律突然恢复正常。

究竟是否因为施加了手腕式约束带，才让她在那一刻进入心室颤脉状态，实在无从判定。严重的感染让她面临许多危险：心肌炎、电解质失衡、贫血、缺氧。可是，在认清了约束能为动物的心脏骤停带来多大的风险后，现在我对实施约束为病人带来的影响有了不同的看法。

过去我一直认为，身体约束对于有此需要的病人而言，是一种必要的安全干预。对其他行业来说，这也是行之有效的措施，它的运用频率远比你认为的多。身体约束在心理卫生机构和老人照护机构极为常见。在这类机构中，有时会为可能伤害自己或他人的患者穿上现代版的约束衣，或使用约束带。执法单位、军队和狱政官全都依靠手铐之类的约束工具管制不守规矩的行为。

不可否认，在某些情况下，对涉及所有人的安全而言，约束是最好的方法。我知道选择运用它可能是为了“被拘留者”和警察、军人、狱政官、病房护工、护士和其他旁观者的利益着想。

可是，在我得知兽医将约束看成是捕捉性肌病的主因之前，我从来没有想过约束会不会对身体造成伤害。在医学界中，约束的潜在风险很少被讨论。[44]

FRADE 无所不在，只不过因为医生与兽医的界限分明，才让我们误以为它并不存在于人类身上。医生应该意识到兽医早就知道的事——无论恐惧是由立意良善的医生无心促成，还是由恐怖分子蓄意威胁造成，都有可能致命。

当兽医对追捕、恐怖和掳获的危险有更多认识后，他们就更加坚决地认定防范动物发生捕捉性肌病是自己的责任。无论是加拿大森林里脚被陷阱卡住的凶悍灰熊，还是私人诊所里蹲在手术台上的家兔，大多数兽医都同意，只要他们依循几项简单的减压指导方针，就能保护动物。这些方针包括将噪声与动作减到最低限度，雇用一些训练精良的工作人员注意由压力引发痛苦的早期征兆，开发一套稳妥的诊疗方法。

恐惧与约束的危险性，让我改变了行医的方法。我偶尔下令约束病人，但会十分谨慎地看待可能随之而来的危险，这种时候，我总是把兽医奉行的方针放在心上。

解开心因性猝死与捕捉性肌病的组成元素，留意这两种疾病如何跨越物种彼此交缠，再将它们重新组织、结合成 FRADE 后，让我注意到在一个意料之外的环境中可能潜藏另一种危险。它与阿拉斯加滨鸟的水上家园、警车的后座，或是某个失控的患者所处的医院病房完全不同，它就是医院婴儿房那舒服温暖的襁褓。

婴儿猝死症候群（sudden infant death syndrome，SIDS）是出生一个月到未满一岁的婴儿主要的死因。[45] 在美国，每年有 2500 多名婴儿死于此症。其他各国的统计数字虽有差别，但是在已有统计数据的国家中，婴儿猝死症候群确实是婴儿早夭的头号杀手。严格来说，它指的是："未满一岁的婴儿突然死亡，但经过完整的病理解剖、详细检查死亡现场，以及审视临床病史等彻底周全的个案调查后，死因仍然不明者。"[46] 其中"死因不明"这一点，正是它让医生十分泄气的关键所在。为什么有这么多婴儿悄悄地失去了生命？事情是怎么发生的？答案仍旧未明。

原因众说纷纭，包括环境污染、二手烟、用奶瓶喂食、早产、血清素浓度偏低。[47] 目前有个因素被认为是提高婴儿猝死症候群风险的重要危险因素，那就是让婴儿趴着睡。起初，这个原因看似再明显不过。这么小的婴儿没能力自己翻身，因此，脸朝下、蜷伏在松软的床垫或被褥上有可能会窒息。但事情并没有这么简单。在死于婴儿猝死症候群的婴儿身上往往找不到窒息的证据。所以法医不禁质疑，假如这些死亡不是出于呼吸的问题，会不会是心脏的毛病呢？①

① 有些婴儿猝死症候群的案例可能同时由神经、呼吸和心血管的综合征所造成。有种新兴的理论认为，婴儿猝死症候群和大脑功能异常、导致无法正确感知二氧化碳浓度上升，也就是所谓"高碳酸血症"（hypercapnia）有关。

当婴儿俯卧（面朝下）时，血液从大静脉涌入，心脏上方的腔室（即心房）变得饱胀。心房里的感压神经（感压受器）感觉到压力增加了，于是活化了一系列自发的反向反应。它们减少了呼吸的欲望，也降低了心跳速度。这些反射作用可能和古老的潜水反射（diving reflex）共享某种演化传统。[48] 潜水反射是许多物种为了适应水中溶氧代谢而产生的一种生理反应，而这意味着让婴儿趴着睡有可能触发反射性的心跳与呼吸减缓。

人类的远亲鱼类和啮齿动物受惊时，心搏率也会降低，有时甚至会骤降。[49] 令人吃惊的噪声会诱发极度缓慢的心搏率，这种情形在小鹿、短吻鳄，甚至尚未出生的人类胎儿身上都能看到。这种心跳减缓叫作“恐惧”或“惊慌”引发的心跳变缓，是一种保护性的反射作用，可以让动物保持静默不动，使它不易被掠食者察觉。而且它能持续相当长的时间，大约一分钟左右。这种能力在年幼的动物身上特别强大，等到动物成熟后便会逐渐消失（相关讨论请参见第 2 章）。

在 20 世纪 80 年代，一位对动物行为与生理机能拥有丰富知识的挪威医生经历了初期的人兽同源学时刻，提出了开创性的见解。比格尔·卡达（Birger Kaada）将躲藏的年幼动物的心跳减缓反应，与睡梦中的人类婴儿心跳停止风险联结在一起。[50] 尽管众人普遍承认他的理论相当合理，但是医学界很少有人跟他一样，认为婴儿猝死症候群中的某些案例也许能用趴睡姿势和恐惧这两种使心跳迟缓的因素加以解释。

以下是某些案例中可能发生的情况。婴儿在婴儿床里趴着睡，这个姿势让他的心跳略微减缓。此时，一声突发的噪声，比如某扇门被甩上、汽车警报声、激昂的争论、电话铃响等让他吓了一大跳，心生恐惧。人类婴儿跟许多年幼的动物一样，在遇到突如其来的噪声时，他们的心搏率会笔直下落。研究人员指出，某些婴儿尚未发育成熟的心脏会减慢到不可逆的地步，曾有响亮的噪声触发心跳原本就比较迟缓的婴儿产生致命心律的案例。不管是哪种情形，都说明某些婴儿猝死症候群的死亡跟恐惧的生理作用脱不了干系。

可是，婴儿猝死症候群和动物捕捉性肌病的另一项重要的关联性，反映出婴儿猝死症候群可能也是 FRADE 的一部分。约束，在婴儿猝死症候群中或许也扮演了致命的角色。只不过对人类婴儿来说，约束的形式并不是网子、捕兽夹或围栏，也不是加诸成年精神病患者或重症患者身上的约束带，而是有百年历史之久且最近卷土重来的育儿习惯——用襁褓包裹婴儿。

用襁褓包裹婴儿向来是全球各地育儿的一大基本做法。据说这种做法能安抚婴儿，让他安然入睡，防止他们伤害自己，同时方便照顾者背着他们四处活动。从理论上来说，用襁褓包裹婴儿模仿了由慈爱双臂构筑而成的安心住所，甚至唤起婴儿对舒适温暖的子宫有效的回忆。

有趣的是，比利时布鲁塞尔儿童大学医院（Children's University Hospital）医生的一项研究指出，用襁褓包裹婴儿确实能为对抗婴儿猝死症候群提供绵薄之力，但前提是婴儿必须仰睡。[51] 他们表示，用襁褓包裹婴儿有个令人惊心的弊端。如果让用襁褓包裹的婴儿趴着睡，接着播放一声响亮的突发噪声，这个婴儿罹患婴儿猝死症候群的风险会增加三倍之多。

为了测试这一点，这群比利时医生评估一群婴儿的状况，他们有的被襁褓包裹，有的没有，有的俯卧，有的仰躺。这些婴儿被人用床单包住，并且用沙包保持适当的姿势（请放心，2004 年参与这项研究的所有婴儿一直被监控着，他们的父母全都签了同意书，在研究期间总有一名儿科医生在场待命）。接下来，这些医生增加了一项意想不到的“听觉挑战”——通过距离婴儿耳朵2～3厘米远的迷你扬声器，播放三秒钟的90分贝白噪声（white noise，90分贝大约是吹风机拨到“强”挡时发出的声音，或一辆摩托车呼啸接近你时的音量）。

结果无论是俯卧或仰躺，只要受到襁褓包裹“约束”的婴儿在听见噪声后，会显现出比未受约束的婴儿更早且更剧烈的心跳迟缓反应。这表示，对于脸朝下的那些婴儿来说，襁褓包裹所添加的约束会创造出致命的第三层心跳迟缓，尤其是在听到响亮、出乎意料的声音时。

不得不说，用襁褓包裹婴儿多半是无害的，而且它在照料婴儿、提供身体与情绪安全感上确实具有很好的效果。只不过，如果用襁褓包裹婴儿加上趴睡姿势再加上吓人一跳的声响，就有可能被婴儿误解为“猎杀的约束”，因而进一步放慢原本就已减速的心跳。指出噪声和约束具有触发年幼动物因惊慌引起心跳徐缓的能力，如同为婴儿猝死症候群这幅拼图增添了一块人兽同源学的碎片。这需要动物生理学家、野生动物学家与儿科医生直接交换意见，让医生能将这样的信息运用在照顾脆弱的病人身上。

就像心肌有节奏的跳动，心脏与大脑的对话从我们在子宫发育开始，持续到我们死亡的那一刻为止。感谢老天，因为有时大吃一惊甚至被吓得魂不附体，能保护我们免受伤害。它刺激滨鸟逃跑、促使人在地震来袭时寻找掩护。心脏与大脑的结盟，力量强大却也脆弱；它通常能拯救性命，但偶尔也会夺走生命。

第 7 章

肥胖星球：动物为什么会变胖？如何瘦下来？

在我斤斤计较卡路里的这些年中，我从未想过自己有一天会听从一头北美灰熊的节食建议。可是我就在这里，和上百位动物园兽医同坐在一间漆黑的会议室里，着迷地聆听简报述说芝加哥布鲁克菲尔德动物园（Brookfield Zoo）两头肥胖的阿拉斯加灰熊——吉姆（Jim）和阿克西（Axhi）如何甩掉上百公斤的肥肉。[1]

跟大家分享其中奥秘的是珍妮弗·沃茨（Jennifer Watts），戴副眼镜、个性随和的她是布鲁克菲尔德动物园的营养学博士，负责监督园中动物的饮食。此时，在她身旁屏幕上出现的是一张灰熊“减肥前”的照片，它就像电视里“减肥秀”节目中我最爱的时刻——“揭露谜底”前的几秒钟。“减肥前”的灰熊抖动的肚皮几乎快要触及地面，肥肉滚动的波涛沿着腹侧荡漾开来。多年来的过度喂食让它们的脸像吹起的气球般鼓胀，脖子更是仿佛从不存在。

接着，沃茨播放“减肥后”的照片。我周围的动物医生们发出了轻声低笑。差别真的十分巨大。这两头灰熊不仅身材苗条，毛色也变得有光泽，看上去就知道它们健康多了。假如它们是我的患者，我也会轻松许多，因为从体重就知道，它们罹患肥胖相关疾病的风险已大幅降低。

尽管我是心脏科医生，有时候我倒觉得自己更像个营养学家。患者、家人与朋友经常问我："我该吃什么好呢？"如今我们都知道，错误的食物让身体增加的重量可能会害我们生病。肥胖、体重增加、"吃得健康"，这些问题全都是现代预防医学的核心。

然而，聆听沃莰谈论这对灰熊时，我才恍然大悟，原来人类不是地球上唯一会发胖的动物！而且会发胖的动物不只是那些典型的肥仔，比如本来就臃肿的河马和海象，就连鸟、鱼，甚至昆虫都会定期增胖与减重。它们这么做的时候并没有另外购买服饰，也没有打针、吃药、进行心理治疗或动手术以投入瘦身战斗。动物世界的增胖与减重有太多人类可以借鉴的地方，包括想要减去几公斤重的节食者和努力与患者肥胖问题搏斗的医生。肥胖是当代最严重且最具毁灭性的健康问题。

可是直到那一刻为止，我从来不曾怀疑：动物会变胖吗？

富足＝肥胖？

你可能已经听过太多关于我们正身处一场"肥胖流行病"（obesity epidemic）当中的说法，上百万人必须设法对抗这种威胁生命的疾病，世界各地的医生无不急切地想找出治疗对策。

然而让你大吃一惊的是，我说的这场肥胖流行病可不是指超重的人类（至少我们还没讨论那个部分），而是发生在你我周围的另一场肥胖流行病。它折磨着我们饲养的猫、狗、马、鸟和鱼。全世界的宠物都比过去更胖了，而且还在持续不断地增重。

精准的数字很难确定，部分是因为宠物主人和兽医不一定能清楚分辨，一只受宠的拉布拉多犬或虎斑猫究竟是被照顾得很好，还是真的太过丰满了。[2] 不过，美国与澳大利亚的多项研究认为，超重与肥胖的猫狗比率大约在 25% 和 40% 之间 [3]（目前动物的表现仍优于人类——美国成年人超重与肥胖比率接近 70%，令人瞠目结舌 [4]）。

宠物超重，引发了一连串熟悉的肥胖相关疾病，包括糖尿病、心血管疾病、肌肉骨骼疾病、葡萄糖不耐症（glucose intolerance）、癌症，也许还有高血压。[5] 我们之所以对这些疾病并不感到陌生，是因为在肥胖的人身上也看得到几乎相同的疾病。而且和人类患者一样，患有这些与体重有关的疾病往往会导致猫狗过早死亡。

对抗动物过胖的方法听来也很熟悉。有些狗会被给予节食药物以抑制食欲 [6]。对于某些严重肥胖的狗来说，当多余的松弛脂肪可能造成它们的脊柱断裂或髋关节脱臼时，抽脂手术就会成为治疗的首选 [7]。肥胖的家猫奉行“猫金式”减肥法——其实就是广受大众欢迎的高蛋白质、低淀粉的阿特金斯减肥法（Atkins diet）的兽医版本。[8] 兽医也开始治疗日渐增多的“大块头矮种马”，指示主人不要给丰满的鱼喂过多饲料，建议主人让过于健壮的蜥蜴多多运动以发泄过剩的体力。[9] 根据兽医描述，有些乌龟胖到无法顺利伸出壳外与缩回壳内。他们见过太多体重爆表的鸟，还给它们取了个绰号：“栖息的马铃薯”（perch potato）。

珍禽异兽在非野外的环境也会变得肥肥胖胖的。北美与欧洲的动物园兽医担心多余肥肉对健康的影响，不得不让超重的动物（从红鹳到狒狒）改吃减肥餐。许多食物疗法都是借用人类减肥计划的策略。如果你曾每日记录自己的“体重监察员”（Weight Watchers）点数，就会明白布鲁克菲尔德动物园大猩猩和凤头鹦鹉（cockatoo）的日常作息，因为沃莰用类似系统安排动物的瘦身计划。[10] 在印第安纳波利斯（Indianapolis），动物园管理员会用零卡路里、含有人工甘味剂的吉利丁零食取代过去使用的棉花糖和糖蜜，并鼓励身材圆胖的北极熊在自己的围栏内走动。[11] 在俄亥俄州的托莱多(Toledo)，胖嘟嘟的长颈鹿吃的饼干是特制的低盐高纤配方，用来代替以前不健康的垃圾脆饼。[12]

所有这些肥胖动物的共通之处只有一点，也正是这一点让它们与自己的野生亲戚和祖先截然不同——被喂养。它们大半（或完全）依靠人类提供每顿饭，由我们控制它们所食一切食物的质与量。因此，我们实在不能把它们的体重问题怪罪到它们身上。当然，一只狗会吃光你放在它面前的任何东西，然后还四处嗅闻想吃更多；要求一只猫运用意志力抵抗一份吃了会发胖的零食，这些想法简直荒谬。因此，只剩下一个结论：既然人类是让动物饮食变得有害其健康的始作俑者，也应是有智慧能认识到动物不该吃那么多的物种，所以要怪就只能怪我们人类。我们不仅得为自己日益扩张的腰围负责，也得为我们饲养的动物负起责任。

事实上，光是住在人类四周就能让动物发福。在 1948 年到 2006 年间，于巴尔的摩（Baltimore）市区小巷奔窜的城市老鼠每十年体重就会增加 6%，想必是因为它们的食物几乎完全来自人类的垃圾桶与食物贮藏室。这些老鼠变得肥胖的概率也增加了大约 20%。[13] 可是，那些容易害人发胖的厨余垃圾也许不是这些啮齿动物的体重直线上升的唯一原因。研究人员在另一群动物身上发现了类似的增重现象。这些城市老鼠的乡下亲戚在同一段时间内也变胖了，而且变胖的比率几乎一模一样。尽管在巴尔的摩郊区的公园与农牧地区活动的老鼠其食物来源比较“天然”，但是它们还是变胖了。

当然，如果动物在天然环境中吃它们“该”吃的食物（也就是和它们一起进化的那些未加工食物），就能轻轻松松地保持苗条与健康，这种想法虽然看似合理，却未必是事实。长久以来，我总是想象动物在野外吃到饱了就会停止进食。实际上假如有机会的话，许多野生鱼类、爬虫类、鸟类和哺乳动物都会尽情放纵，大吃大嚼。就算吃的是健康的天然食物，那情景有时也太惊人了。供应充足与方便取用是许多人类减肥者瘦身失败的两大原因，它们对野生动物来说也是严峻的考验。

尽管在野外似乎不容易取得食物，但是在一年当中的某些时间和特定条件下，食物的供给可能是无限量的。种子散落在田野各处，沙土和植物的表面全是幼虫，每一片树叶下都能轻易找到蛋，灌木丛长满莓果，花朵渗出花蜜。当物资如此丰饶，许多动物会吃到它们的消化道再也容纳不了才肯罢手。有人曾看过皇狨猴一口气吃下太多莓果，结果肠子受不了，很快就把完整的水果原封不动地排泄到体外。猛吞大量猎物后，肉食性鱼类有时会把尚未消化的肉直接排泄出来。大型猫科动物（比如狮子）在成功捕获食物后，照例会大啖猎物，直到它们饱得几乎动不了为止。[14] 马克·爱德华兹（Mark Edwards）是动物营养学专家，任教于加州州立理工大学圣路易斯奥比斯波分校（Cal Poly，San Luis Obispo），同时也是圣迭戈动物园和野生动物公园（San Diego Zoo and Wild Animal Park）的第一位营养学家。他告诉我："我们天生就被设定成要摄取超过日常所需分量的资源，我想不出有哪种动物不会这么做。"[15] 事实上，若面对无限量供应的食物，狗、猫、羊、马、猪、牛等家畜每天都会吃 9～12 餐。[16]

由于超级丰盛的大餐唾手可得，某些野生动物会胖得吓人。一头拥有好记绰号"C-265"的海豹，最近被俄勒冈州鱼类与野生动物保护局（Oregon Department of Fish and Wildlife）下令安乐死。[17] 它的罪名是，在濒临绝种的国王鲑（chinook salmon）回游时，吃下过量的鲑鱼。“C-265”尽兴享用斯堪的纳维亚式自助餐的鲑鱼，在短短的两个半月内，体重暴增到将近原来的两倍（从254公斤重变成473公斤重）。巡守员为了保护珍贵的鲑鱼资产，对“C-265”发动了鞭炮与橡胶弹攻击，但这一点也不妨碍它的胃口。“C-265”并非个案，自从2008年一项颇具争议的判决允许每年杀死85头海豹以换取鲑鱼保护区的安全后，便有数十只海豹遭到安乐死。

加州外海的蓝鲸体重每年都会随着磷虾（蓝鲸最爱的食物）数量多寡而变动。[18] 在某几年，蓝鲸瘦到从它们背后就能清楚地看见每一根脊椎骨。在其他年份，正如一位赏鲸船船长的描述，它们“肥肥胖胖，既快乐又悠闲”。还有，谁能忘记电影《企鹅宝贝：南极的旅程》（*March of the Penguins*）中，那些波浪形状、摇摇摆摆、由黑白两色组成的大肚腩呢？这些肚皮的主人是能在大海中狂吃数周，饱到只能勉强蹒跚前行的鸟类。

在科罗拉多州落基山脉，从20世纪60年代起，逐渐变暖的气候也影响着黄腹地松鼠（yellow-bellied marmot）体重的变化。[19] 加州大学洛杉矶分校生态与演化生物学系（UCLA Department of Ecology and Evolutionary Biology）主任丹尼尔·布朗姆斯坦（Daniel Blumstein）向我说明：“由于过去40年来雪融得比较早，地松鼠也会提早从冬眠中醒来，因而有了较长的生长季，且能在较佳的条件下进入冬眠，使得存活率与繁殖率均大幅提升。”[20] 换句话说，地松鼠变得更肥更胖了。布朗姆斯坦与英国伦敦帝国学院（Imperial College London）、堪萨斯大学（University of Kansas）的生物学家在《自然》杂志联合发表的一项研究显示，在研究进行将近50年来，不同世代的地松鼠平均体重增加率超过10%。[21] 假如你觉得这个数字看起来并不多，不妨与美国疾病控制预防中心发布的数据做个比较：在同样的50年间，美国成年男性的平均体重也增加了大约 10%（从 1960 年大约 75 公斤，增加为 2002 年大约 84 公斤）。[22] 这个趋势和人类的肥胖流行是一致的，虽然这两件事的含义可能并不相同。布朗姆斯坦表示："过去十年来，地松鼠的总数成长了三倍。胖嘟嘟的地松鼠是快乐的地松鼠。"

住在喀尔巴阡山脉（Carpathian Mountains）山脚下的斯洛伐克人曾经深信当地的湖泊孕育了一种特殊的野生鲤鱼，与附近水域中的野生鲤鱼相比，它的体形更大、肉更多。[23] 但是进一步仔细检查后，才发现这些令人印象深刻的鱼其实是白斑狗鱼（Esox lucius），跟那些体形较小的鱼根本是一种鱼。实情是，某次水灾将附近农田土壤的养分冲进湖中，为这些鱼中的老饕提供了大量的食物，从而使它们的身体肿胀，难以认出原貌。当身边有超量的食物便能长得无比肥壮，这是许多地区的鱼类共有的能力。

也就是说，只要环境中有可自由取用的充足食物，野生动物和人类一样具有变胖的潜力。当然，动物也会随季节和生命周期的变化而增胖，这是正常且健康的反应（随后会立即深入讨论这一点）。但真正关键的是，动物的体重能随着所处环境的不同而变动。

通过人兽同源学的方法，让我对动物变胖的原因和方式有了更微妙的领会。它提醒我，体重并不只是图表上的一个静态数字，而是对各式各样、从极大到极小的外部与内在历程所产生的动态反应。

这呼应了我曾听过一个聪明的同事说的："肥胖是一种环境疾病。"[24] 加州大学洛杉矶分校环境健康科学研究所（UCLA Environmental Health Sciences）所长理查德·杰克逊（Richard Jackson）曾是美国疾病控制预防中心辖下的国家环境卫生中心（National Center for Environmental Health）负责人。在一部拍摄于 2010 年的网络影片中，他慷慨激昂地说明自己的想法：

肥胖流行的一大问题是我们总是怪罪肥胖者。[25] 话是没错，我们每一个人都该更加自制，都该展现更强的意志力。可是，当每个人都开始显现出同样的症状，这就说明改变我们健康状态的原因不是意志力，而是我们身处的环境。我们生产制造出危险食物、含糖食物、高脂食物、高盐食物……而且我们让这些食物变成最容易买到的东西、最便宜的东西，当然，还有它很美味，只不过不是我们该吃的东西。

这个论点和美国食品及药物管理局前局长戴维·凯斯勒（David Kessler）的看法不谋而合。凯斯勒在他于2009年出版的《终结饮食过量》（*The End of Over Eating*）一书中，将矛头指向加工食品。凯斯勒主张，过多的糖、油脂与盐“劫持”了大脑与身体，刺激食欲并挑起欲望，让抵抗特定发胖食物变成不可能的任务。[26] 到头来，就算我们能抵抗一包薯片或一盒饼干，也难以对抗由无穷无尽的这类食物所构成的环境。

这些诱人发胖的景象也会出现在动物眼前，使它们摄取过量食物。就连某些你认为本性并非如此的动物也不例外。

肥胖是一种环境疾病

某天早晨，我走进了这样的场景中：薯条泛着油光，软趴趴地散落在纸盘上，上面还有汉堡屑与西红柿酱的残渍；一包黄色包装、敞着口的M&Ms巧克力就搁在一袋扁塌的多力多滋（Doritos）玉米片旁；喝了一半的汽水罐站在一个空比萨盒附近，盒子上闪烁着凝结油脂的彩虹条纹。

这不是星期日早晨的兄弟会会所，也不是暴食症患者的卧室。

这是心脏科加护病房（cardiac care unit，CCU）夜班医生的值班室。制造这个混乱局面的年轻医生正在进行他们的心血管诊断实习。其中某些人正在接受深入训练，预备成为心脏科医生。这些医生都是从最优秀的医学院中精挑细选而来的，他们过去 24 小时治疗的是现代人类已知最致命的疾病，包括心脏病、动脉破裂、中风和动脉瘤。他们值班的夜晚充斥着快速发生的胸痛、心电图异常、血管造影，以及心脏去颤。而这类痛苦与不幸多半是由患者体内的冠状动脉疾病所引起的。冠状动脉疾病是威胁美国人健康的头号杀手，它与经常摄取大量的糖、精制碳水化合物、盐以及特定油脂密切相关。

回想当年我在全美各地的教学医院受训的时候，餐饮部门会提供被称为“宵夜”的各式餐点，包括豪华丰盛的意大利面、三明治、厚片饼干、能量棒、汉堡、薯条和糖果。对工作时间极长的我们来说，这些盛宴不但是奖赏，也是鼓励。一起用餐是我们与同事交流、建立情谊的大好时机。只不过对于许多人而言，在大半夜自由取用诱人美味和持续的压力，正是如今我们常奉劝患者避免的“致肥胖的”（obesogenic）环境。

就算你不是个心脏科医生，你也知道“该”吃些什么，至少你会知道糖果和比萨的组合是有问题的。但这正是那个心脏科加护病房值班室如此发人深省的原因。心脏科医生致力于医治由于饮食不健康而生病的身体部位，但是“吃垃圾食物的心脏科医生”就像身为老烟枪的肿瘤学家和酗酒的肝脏科医生一样，是认知与行为脱节的真实案例代表。即使所有的训练和经验告诉我们别这么做，我们还是照样大口吃下这些饮食版的大规模毁灭性武器。在 2012 年，针对近 30 万名美国医生进行的一项调查显示，34% 的心脏科医生有超重的现象，其中 4% 是真正肥胖。[27] 在进食的时候，显然有超越知识与自由意志的力量控制了我们。

演化生物学家彼得·格卢克曼称当代的肥胖问题是“不协调”（mismatch）的[28]，是我们的遗传特征与环境之间的分歧日益扩大的表现（人类从动物祖先继承来的饮食习惯，使我们历经丰年与饥荒仍能存活下来。可是人类文明也创造了包括糖霜谷物麦片和电动滑板在内的不协调、引发肥胖的环境）。

“不协调”能够解释心脏科加护病房值班室的情景，也许代表着历经百万年仍存在的饮食策略确实行得通。而且这些年轻的值班医生不是唯一喜爱饼干和其他零食的动物。

在干旱的美国西部，西方收获蚁（harvester ant）经过百万年的演化，已经适应以种子维生。对它们而言，这是理想的食物来源。[29]种子方便贮藏，提供的营养（包括蛋白质、脂肪和碳水化合物）比例均衡。

基本上，这些蚂蚁算是素食者。不过，假如你把一片鲔鱼或一块含糖饼干放在它们面前观察——它们会忘了经过世世代代仔细校准的演化，忘了数百万年来自然选择偏好审慎的贮备粮食行为，这些蚂蚁会狼吞虎咽，吃光鱼肉和饼干。

类似的事也发生在地松鼠身上。这些沙金色的啮齿动物住在世界各地的高山区域，包括加州的内华达山脉和科罗拉多州的落基山脉。[30]尽管它们偶尔会吃蜘蛛或昆虫，但大多数时间是植食性动物，然而，终其一生研究地松鼠的生物学家说，只要有一丁点儿机会，这些素食者会将生肉大口吞下肚。花栗鼠和松鼠也会这样做，它们平常是素食者，等到需要泌乳时就会改变食性，甚至急不可耐地吃掉遭碾压同类的尸首。

加州大学洛杉矶分校的演化生物学家彼得·诺纳克斯（Peter Nonacs）说，道理其实很简单。以等量的食物做比较，肉类和精制糖能让动物用最少的力气换得最多的养分。它们不但提供更多卡路里，也比较容易消化。诺纳克斯表示："你不需要吃一大堆肉，才能活下去。"[31] 采集一堆种子需要花很大的功夫，用力咀嚼成捆的干草也得耗费能量，如果一只蚂蚁或一只地松鼠能省下这些麻烦直接得到养分，何乐而不为呢？

演化生物学家认为，对蛋白质的渴望（包括油脂与盐的滋味）是一种古老的、长久以来受到保护的机制。[32] 追求糖类的时间或许没那么长，最有可能出现在大约数亿年前，当植物开始开花并将糖类浓缩保存于种子和果实中。身为人类，我们不只和动物共有相同的祖先，也和追求蛋白质与糖类的动物共享相同的强烈欲望。

这暗示了心脏科加护病房值班室的情景（到处充斥着油腻的比萨、甘甜的糖果和咸香薯条）未必是堕落的人类饮食范例，它更可能代表我们仍然保存着对食物的偏好。假如说数亿年来动物都有一逮到机会就猛吃蛋白质、脂肪、盐与糖的冲动，光凭那些良心的饮食建议（如"只要忍耐不吃垃圾食物""吃有益健康的食物"）就认为我们会逆本性而为，无疑是过度天真与乐观的想法。

今天的食品制造商搭乘演化冲动的便车，在他们制造的产品中增强了那些元素。你无法"只吃一口"是有原因的。在类似的情况下，一只地松鼠也做不到"只吃一口"。

有时候这无伤大雅，因为动物的体重总是上升又下降，也可能一年内发生好几次剧烈的变化。放眼整个动物王国，这是健康的指标。真的，动物园的营养学家不会为他们照料的动物设下单一的体重目标，而是设定一个体重范围。假如动物（无论是长颈鹿还是蛇）没有根据季节和生命周期，从体重范围的一端移动到另一端，这才让他们担心。在野外，许多物种的雄性会在交配季来临前几周开始增胖，雌性则会为了孕育卵细胞与支持乳汁分泌，或提供其子代食物而贮存体脂肪。海豹、蛇，还有其他会蜕皮、脱壳、换毛、换羽的动物，为了适应大量的卡路里耗损，必须在预备阶段（从数天到数周前）便以体脂肪的形式储备能量。而冬眠则需要巨幅的体重增加，才能支持为期数月之久的禁食。动物的迁徙也能造成体重增减的循环。在动物的一生中，新陈代谢负担最大的时刻发生在诞生后的头几个小时或头几个星期。从刚孵化的雏鸟到人类新生儿，婴儿期是许多动物最胖的时期。

就连昆虫的体脂肪也会在它们生命中的关键时期忽高忽低。[33]某些昆虫会在变态或产卵前增胖。若有充足的营养，蜜蜂会制造大量的脂肪：蜂巢蜡是一种蜜蜂的脂质。脂肪也存在植物体内，比如叶片表面的蜡状防水涂层，以及填充在种子内的燃料。

不过，大自然对不同野生动物各有一套体重管理方案。周期性的食物匮乏，加上来自掠食者的威胁会限制食物的取得，于是体重增加后，过不了多久又会下降。假如你想要效仿野生动物的减重方式，只要把握三个原则：减少你四周的食物数量，在取用进食期间不时中断，每天耗费大量能量觅食。换句话说：要改变你的生活环境。

这就是许多动物园正在做的事。

如果你刚好在对的时间出现在哥本哈根动物园里，就会亲眼看到一件很少能在其他动物园看见的事。

一头死掉的黑斑羚（impala）躺在兽栏中，就像被苍蝇占领的意大利腊肠，这头黑斑羚的身上爬满了十多只狮子。成熟的公狮顶着那头与众不同的鬃毛坐在黑斑羚尸体的高处，撕扯着它的喉咙与脸颊；几头得宠的母狮蹲伏在公狮旁，层序分明、津津有味地咀嚼着；另外还有两三头狮子专攻尸体的腹部，将内脏全都扯了出来。

柔软的四肢和笨拙的动作，让年轻的幼兽看来像玩偶，它们在老前辈之间蹿进奔出，被肉块绊倒，胡子还滴着鲜血。心满意足的咆哮声不时被牙齿咬碎骨头的噼啪声打断，让听者无不感到毛骨悚然。这些大猫吃到几乎动不了，眼皮低垂，心满意足，才肯罢手。

这场由人类筹划，模拟非洲大草原上的盛宴，称为尸体喂食(carcass feeding)。哥本哈根动物园的营养学家和工作人员用尸体喂食他们饲养的狮、虎、猎豹、狼、豺和鬣狗时，会谨慎选择牺牲品。他们会确认这具尸体没有染病，且能提供适当的营养。通常这些“食物”来自动物园的另一个区域，它们被安乐死或“回收”，成为食肉动物的餐点。拥护者说，这种“全食物”（包含蹄、毛、眼球及其他）的做法，让肉食者对于自己在野外应如何按照大自然的安排进食，有一种模拟的、真实的体验。

然而，诟病者（大多来自北美以及英国的某些地区）说，这种做法十分残忍，更别提可能会使不习惯看见这种自然大屠杀的游客倒尽胃口。因此，尽管有许多英国与美国的营养学家私下赞同尸体喂食的做法，却只能向舆论低头，将已经分切好或完全绞碎的肉给那些动物吃。偶尔，他们会提供一大块血淋淋的牛腿或牛臀，但只会在展示区外或闭园后才这么做。

当我询问哥本哈根动物园的兽医马斯·贝特尔森（Mads Bertelsen）对于尸体喂食的看法，他一点也不觉得这有什么错。

“这是动物原本就该做的事。”他告诉我。[34] 对于因担心公众的强烈反对而避免这么做的动物园，他说：“这是向声音洪亮的少数派屈服。”他指出，假如你用马肉做成的肉饼喂一头老虎，它吃的仍旧是一匹马，但是却无法得到嘎吱嘎吱嚼碎骨头、啃咬软骨，还有消化皮毛等行为带来的好处。确实如此，允许园中食肉动物吃它们在大自然中会猎食的完整猎物（如袋獾吃袋鼠，狮子吃大羚羊，猎豹吃瞪羚）的动物园注意到，这些食肉动物拥有更干净、更强壮的牙齿，更健康的牙龈，甚至还会出现积极的改变，比如行为举止更加放松。跟大多数兽医一样，贝特尔森拒绝将自己照顾的这些动物拟人化，只提到哥本哈根动物园的狮子用这种比较自然的方式进食时，会表现出愉快和满足的样子。不过他倒是笑着表示，这些大猫“似乎吃得很痛快”。①

想要使动物在圈养时的喂食方式尽可能与它在野外的进食方式一致，对于负责医疗的兽医和负责设计菜单的营养学家而言，无疑是一大挑战。在野外，理想上，一头动物可以在自己的尖牙与利爪能捕获的食物当中，自由选择并食用最健康且最均衡的餐点。但更重要的是，它的食物与许多活动（包括身体的与认知的）有复杂的关系，这些活动是它为了获取食物必须做的事。不管是一场追逐战开跑前涌现的兴奋，或是好不容易撬开蚌壳后得到一小片蚌肉的奖励，还是饿了一段时间后终于饱食一顿的轻松感，在野外觅食时，胃与心灵很少是分离的。

然而对动物园里的动物来说，大多时候早有人代替它做好摄食决策。它要吃些什么？该在什么时候吃？该吃多少分量？该在哪儿吃？尽管动物园的环境会限制天生的野性本能（比如猎杀、觅食、对危险保持警觉），却无法完全抹灭它们。尸体喂食是一种把摄食决策还给动物的方式。发挥创意，将食物（如四季豆）沿

---

① 贝特尔森服务的动物园跟其他许多采用尸体喂食的机构一样，让享用过一顿大餐的肉食动物禁食数日，为的是模仿某些野生动物较自然的“饱餐与禁食交替”（gorge-and-fast）模式。[35] 堪萨斯州托佩卡的沃什本大学（Washburn University）的乔安娜·奥尔特曼（Joanne Altman）与宠物食品公司希尔思（Hill's）的科学家合作，研究托皮卡动物园（Topeka Zoo）中五只圈养的非洲狮。这些大猫从原本的每日喂食调整成每周只吃三餐。研究小组发现，这种饱餐与禁食交替的养生之道不但改善了这些狮子的消化与代谢系统，同时还减少了它们摄食的分量。这些动物也较少展现出焦躁的踱步行为（pacing behavior）。

着围栏周围分开放置，则是另一种方式。它让动物拥有更强大的支配权，面对更多的挑战，而不只是从食盆里吧唧吧唧吃喝食物。调整动物所处的环境以便改善其健康或福祉，被称为“环境丰富化”[36]。

以环境丰富化作为动物饲育标准，大约在20世纪80年代进入鼎盛时期，动物园多半将它作为减少园内动物异常行为（比如踱步）的对策。在某些案例中，容许更“自然”或“野性”的行为表达环境能使圈养动物更加健康。[37] 以华盛顿特区的史密森尼国家动物园（Smithsonian National Zoo）为例，为章鱼打造的环境丰富化，包括在它们的水族缸里增加层板、拱门、洞穴、出入口，供它们探索。[38] 红毛猩猩可以像在丛林里一样，一手换过一手地沿着运输系统摆荡前行。这套运输系统是一条150米长的空中缆线网络，架设在八座15米高的塔上。有时候，裸鼢鼠（naked mole rat）会发现自己的洞穴被好几块甜菜根或胡萝卜堵住，那是管理员放的，目的是鼓励它们在障碍物周围啮咬或挖掘通道，就像它们在野外做的那样。

除了动物身处的实体环境外，喂食是兽医、营养学家和管理员全力设法丰富的主要领域。营养学家会改以少食多餐的方式提供餐点。[39] 他们会将食物分散放置或者藏起来，也会准备活生生的猎物。从这些方面着手改变动物所处的环境，让吃变成一种过程。

没有动物演化成能直接从面前的餐盘上取用食物，它们得奔跑、掘取、策划、挨饿，吃是所有劳动的报酬。即使当人类农业开始改善食物供给的可预测性时，那些人也还是得费力去抓、去养自己要吃的肉。农耕基本上只是有组织的觅食。

现在，就像许多宠物和动物园动物一样，我们大多数人已无须担心下一餐没有着落（不幸的是，全世界仍有七分之一的人得为此烦恼）。然而，当我们逐步将自己吃什么、在哪里吃，外包给农业企业、超级市场和连锁餐厅后，我们不只交出收割采集与烹调食物的麻烦事，连同将吃所带来的挑战、困惑，甚至是惊喜，全都拱手让人。跟圈养动物的状况类似，自然选择迫使我们发展出来的，环绕在食物周围的那些复杂生理反应、行为冲动和决策已和现代人类的吃逐渐脱钩。

当理查德·杰克逊称肥胖是“一种环境疾病”时，他不以为然的是我们运用人类的心灵手巧所打造的环境，也就是那些任我们拨弄修饰的食物、鼓励我们消费的经营手段，还有让我们变得比以往更加习惯久坐的便利性。生活在有丰足、随时能取用的食物的环境下，无论你是哪种生物，都注定变得肥胖。

不过，人兽同源学的观点揭露了其他环境因素。这些因素是我们平常看不见，也很少想过它们可能在肥胖当中扮演的角色。原来，驱动胃口与新陈代谢的力量有宇宙般广大的，也有显微镜下才看得见那样微小的。这些力量远比食物分量大小、热量高低，动物运动量多寡更为复杂、更出乎意料，但它们让动物增重的故事变得非常非常有趣。

秘密藏在肠道里

每年秋天，在10月的第二周前后，布鲁克菲尔德动物园的两只公短吻鳄会突然停止进食。[40] 在将近六个月的时间里，加斯东（Gaston）和堤博依（Tiboy）拒吃任何食物。等到4月初，当它们开始大吼大叫，尝试袭击管理员时，动物园的营养学家珍妮弗·沃茨就知道它们已经准备好恢复享用自己的鼠兔大餐了。正常进食持续到次年10月，它们又会再度拒绝进食。

这两只短吻鳄的喂食时刻表这么规律是有理由的：它们的体内有发条装置。

大家都知道，地球上年复一年地总是春夏秋冬接替上场，从无例外。随着一年中的时间与所在地的纬度不同，每天的日光照射量都会非常规律地增或减。每一天的生活也会遵循既重要又熟悉的固定时间表运行。[41] 数十亿个日子以来的每一天，日光会依循我们星球稳定的日节律（circadian rhythm），尾随黑暗出现。30 多亿年来，地球从有了最早的单细胞生物开始，便与此一起演化。日节律加上地球绕着太阳公转所产生的昼夜节律（diurnal rhythm），影响了生物的饥饿、摄食，甚至消化作用。

回想 30 年前我刚踏入医学院时，如果在研讨会上听见昼夜节律和日节律与食物选择、营养学，乃至于降低肥胖有关，我肯定会放声大笑。这些就像是《老农民历》（*Old Farmer's Almanac*）中的趣闻，始终一致且可预期，能在植物与动物身上得到验证，但却带有浓浓的民俗感与神秘感，不论从任何标准的科学角度来看，实在都很难自在地运用。

过去十年来，事情有了变化。分子生物学家已经找出日节律背后的根据：遍布我们全身上下，能追踪时间的真正“时钟”。我们一直能够感受到它们听不见的“嘀嗒声”，只不过突然间我们可以看见各式各样的“时钟”，以及它们的运行是多么一致。

人类身体的所有细胞，从表面的头皮细胞到体内深处的心脏细胞，全都包含了由“生物钟基因”（clock gene）打造的定时器。[42] 这些定时器决定了一切，从你能燃烧多少卡路里到你何时想吃东西。科学家不只在动物细胞中找到这些定时器，也在植物、细菌、真菌和酵母菌的细胞中找到这些远古的跨物种定时器。就连蓝藻（cyanobacteria）这种地球上最古老的单细胞生物，都会在其定时器的安排下展现出日节律。

所谓的高等动物（也就是那些有大脑的生物）演化出一种“任务管制”装置，负责协调所有来自远程细胞中无数个定时器传回来的信息。[43] 这个装置被称为视交叉上核（suprachiasmatic nucleus，SCN）。在人类身上，它由大量细胞集合成松果的形状，大约一粒芝麻大小，位于下视丘的视神经交叉上。身体接收到的外部信号称为“给时者”（zeitgeber），会对我们所有的身体功能发挥强大的效力。体温、饮食、睡眠，甚至社交都会影响我们的生理时钟。不过，最有影响力的给时者显然是日光。当日光穿透双眼，信号会传到视交叉上核，此时，视交叉上核会让外部的时间信号与遍布体内各处的内部定时器同步。

新近的研究显示，光线穿透你的双眼、并将信号传到视交叉上核的时机和数量，或许在决定你的洋装或裤子尺寸上，扮演了沉默且未被承认的角色。有好几项调查发现，轮班工作与人类的肥胖是有关联的。[44] 其中一种假设是，体重的增加可以归咎于缺乏睡眠。不过来自动物世界的调查指出，可能不是少睡的那几个小时造成的，而是光暗周期（light-dark cycle）被打破了。发表于《美国国家科学院学报》（*Proceedings of the National Academy of Sciences*）的一项啮齿动物研究显示，住在一直有光的地方（无论光线明亮或昏黄）的老鼠，其身体质量指数（body mass index，BMI）和血糖浓度都高于住在光暗循环标准环境中的老鼠。[45]

培育肉鸡的农夫会通过光照量调控鸡的体重。《世界家禽》（*World Poultry*）产业通讯曾报道在一项研究中，“处于昏暗照明下的肉鸡，其重量比起置身于明亮光线下的鸡大约重 70 克”[46]。

让我们回头想想布鲁克菲尔德动物园的那两只短吻鳄。10 月和 4 月的差别并不是它们的活动产生变化，它们不会突然被强迫保持清醒或轮班工作；也不是温度的问题，它们待在有温控的场所；

让它们开始与停止进食的，是光线。

研究显示，暂时中断日节律，即使是转换到日光节约时间的那一小时差别，都可能增加抑郁症、交通事故和心脏病发的概率。[47]这些节律会影响动物的吃喝与新陈代谢，因此，很难想象它们对人类的胃口不起任何作用。来自灯具、电视和计算机的环境光线能带给我们惊人的灵活度与生产力，可是它会中断数十亿年来地球上无数生物打造出来、共享的每日与每年的周期。①

全球性因素（如日节律）能影响个别动物的生物钟，并决定它进食的时间和分量。但是，动物体内深处有另一个更神秘且强有力的过程正在发生。虽然没声音也看不见，但这个内在驱力解释了体重增加变异之谜：为什么同样的食物让两个邻居、两个亲戚，甚至是同一只动物在一年当中不同时间吃下肚后，结果会完全不同？

有些动物的肠子能表演惊人的把戏，它们能像手风琴般展开又缩回。这听起来也许不够厉害，但是它对体重的影响是很深远的。它能让身体根据之后要面对什么样的任务，来从完全相同的食物中吸收高低有别的热量。

其中的机制很简单：一束贯穿整副肠子的长条状肌肉让肠子能收缩，也能扩张。当肌肉紧缩时，肠子变短、变密实、变小；肌肉放松时，则变长。当肠道伸展、变长时，与通过肠道的食物相接触的表面积就会增多。这让细胞能从中提取较多的营养和能量。当肠道缩短时，部分通过肠道的食物根本没有被吸收。

---

① 当然，影响生物接收光照量多少的头号因素是它生活在地球上的哪个地方。纬度似乎与哺乳动物的新陈代谢走向有关，也和植物的糖分生产有关（一般而言，越是远离赤道，动物血液或植物浆果中的含糖浓度就越低）。[48]究竟这些作用是直接的（来自日光照射量或其他物理学上的力，比如电磁力或重力）还是演化而来的（历经世世代代，对某个地区能取得的食物产生的适应变化），仍有待更多研究加以解答。不过，人类体重受到地理作用影响一事，几乎完全被忽略。

某些小型鸣鸟的肠道会在迁徙前数周增长20%，此时快速增胖能为其旅程提供动力。[49] 同样，在迁徙前的进食期间，某些鸊鷉（grebe）和涉禽的肠道表面积会扩增为原来的两倍。等它们增胖到足以负荷这段长途飞行后，肠道会再次缩短。[50]

鱼、蛙和哺乳动物[51]（如松鼠、田鼠与小鼠[52]）也具有这种让肠道伸长与缩短的能力。加州大学洛杉矶分校的生理学家、作家贾里德·戴蒙德曾研究蟒蛇的肠，想找出这些蛇如何能禁食数月的线索。[53] 跟那些鸟与小型哺乳动物一样，蟒蛇的肠是动态的反应性器官，能够根据食物的种类与食物通过肠道的时间，调节肠道尺寸。

许多动物可以“自然地”做到我们得花大把钞票，通过减肥手术切除或绕过部分的胃或小肠才能完成的事。对动物而言，较短的肠道意味着吸收的热量与营养较少，它跟外科手术无关，而与肌肉活动有关——由特定食物、季节的信号和其他未知的因素，引起胃肠的伸展与收缩。

人类某些原因不明的体重增加，会是人类肠道那手风琴般能伸长与缩短的皱褶所引起的吗？很可惜的是，少有研究直接探讨我们的肠道何时或是否成功完成了相同的把戏。不过这倒是个很有趣的线索。人类的肠道也是由平滑肌构成的，而且我们从尸体解剖得知，人类死后，平滑肌的约束力会失去作用，因此肠道会比生前长大概50%。也许在活着的时候，动态的肌肉活动能让人类肠道调节它的卡路里吸收长度，以适应药物、荷尔蒙，甚至是压力——这些是患者并未增加进食量而体重却莫名其妙地增加时，经常被搬出来解释的因素。许多常用药物会导致体重增加，但原因不明。说不定是这些药物对平滑肌产生作用，促成像鸣鸟那样的肠道延展，导致吸收了更多热量，使得体重因而增加。

可是，撇开让我们的肠道忽长忽短的惊人生理机能不谈，动物的肠道还有另一条关于体重这个复杂议题的线索。肠道内部是人类肉眼看不见的小宇宙，科学家正开始探索进而了解它。

每个动物（包括人类）的结肠深处，都有一整套蓬勃发展的生命体系。[54] 这些生物比好莱坞特效实验室能想象到的任何生物更奇怪、更不可思议。有尾巴细长如鞭的细菌、三只脚的病毒、有褶边的真菌，以及得用显微镜才看得见的蠕虫。数兆个微小到肉眼看不见的生物以我们的肠道为家——科学家将这个黑暗、拥挤的世界称为“微生物群系”（microbiome）。我们的皮肤、口腔、牙齿，甚至一度被认为是无菌的区域，比如肺脏全都挤满了看不见的生物，以至于我们身体每十个细胞中只有一个才是真正的人类细胞，其他都是很小的微生物。成年人体内这个殖民地的开拓深入，让某些遗传学家忍不住称它为“超级有机体”（superorganism），它指的是存活在人类体内的人类细胞，加上所有微生物所形成的集合体。我们每个人就像一块珊瑚礁，一处小生境，庇护着由看不见的野生居民组成的独特团体。①

一般说来，我们应该感谢这些数以兆计的微小生物和植物愿意住在我们的肠道里。它们中有许多会分解我们的食物，为我们的细胞准备容易吸收的养分——这些过程是人类细胞无法自行办到的。微生物学家才开始探索人类基因序列如何与我们体内的这些微生物居民互动。他们发现，这些外国侨民聚居地可能不只影响我们的消化与代谢，还会驱使我们选择或渴望特定食物。

原来，我们肠道内的微生物群系主要有两大类细菌：厚壁菌门（Firmicutes）与拟杆菌门（Bacteroidetes）。[55] 21 世纪初，圣路易斯

---

① 想要了解微生物，尤其是微生物群系，可参考《纽约时报》（*New York Times*）科学专栏作家卡尔·齐默（Carl Zimmer）说理清楚又有趣的作品，特别是《小生命：大肠杆菌解开生命奥秘》（*Microcosm*）和《病毒星球》（*A Planet of Viruses*）。

华盛顿大学（Washington University）的遗传学家研究这些细菌如何分解我们无法自行消化的食物，有了很有趣的发现。肥胖者的肠道中有较高比率的厚壁菌门细菌。[56] 随着肥胖者在一年中的减肥，肠道内微生物群开始看起来更像那些精瘦者的状态——拟杆菌门细菌的数量超过了厚壁菌门细菌。

研究者用小鼠做实验，也发现了相同的状况。肥胖小鼠的肠道内有较多的厚壁菌门细菌。[57] 有趣的是，胖鼠的排泄物比瘦鼠的排泄物含有较少的卡路里，也就是说，胖鼠从同样分量的食物中能吸收更多能量。这不禁让研究人员怀疑，厚壁菌门细菌能从通过消化道的食物中以超高效率提取热量。一篇发表于 2006 年 12 月《自然》的文章提到这项研究时写道："肥胖小鼠肠道中的细菌，似乎能协助它们的主人从吃进肚里的食物中榨取特别多的卡路里，随后当成能量来使用。"

这表示，一个繁荣的厚壁菌门细菌菌落或许能协助某人从吃下的一颗苹果中获得 100 卡路里。他朋友的肠道中也许拟杆菌门细菌的数量占多数，所以只能从同一颗苹果中得到 70 卡路里的热量。这或许是为什么你的同事能吃下比别人多出一倍的食物，却似乎从来不会发胖的原因之一。

假如我们每人的"特调"肠道细菌能左右我们从食物中获得多少能量，那么能驱使体重上升与下降的因素就未必只有饮食和运动。微生物群的作用对昔日无懈可击的"摄取多少热量，就得消耗多少热量"提出了质疑。①

---

① 对创业怀有热情的瘦子注意了：在你肚脐后方几厘米深的热闹细菌菌丛，说不定能发酵成一桩数十亿美元的生意。假如我们肠道内的优势细菌种类能决定我们的身体质量指数（BMI），也许只需要一剂含有特定比例的厚壁菌或拟杆菌的粪便或口腔浸出液，就能加速达成我们的体型意识目标。也许有一天，我们不再写卡路里日记，而是向纤瘦（但不易呕吐）的幸运儿购买中意的肠道菌群来减肥。

事实上，兽医很早就知道微生物群系对动物的新陈代谢功能具有何等力量。①对反刍动物和其他所谓的肠发酵动物（例如马、乌龟，以及某些猿类）而言，少了适当均衡的微生物，营养吸收和消化等功能便无法运作。尽管过去我念医学院时对肠道菌群（gut flora）的威力全无所闻，但布鲁克菲尔德动物园的营养学家珍妮弗·沃茨告诉我，在她接受营养学训练时，师长再三强调的一项核心原则："先喂肠道微生物，接着才喂食物。"[58]她的做法是，确保动物先吃下均衡的嫩叶（新鲜的绿叶蔬菜）与青贮料（部分发酵的植物）。吃青菜对我们的健康有益，不只是因为它们提供了膳食纤维，或许它们也滋养了我们肠道内有益微生物的菌落。或许每次我们吃沙拉时，实际上是在喂我们的肠道微生物。

还有另一群兽医也熟知微生物群系的威力，他们负责监督照料我们刻意喂胖的动物——家畜。如今集约畜牧（factory farming）的农场经常用抗生素喂动物，从680公斤重的肉牛到28克重的雏鸡，全都遵照办理。那些抗生素在动物肠道中对肠道微生物菌落产生的效用，也许含有人类肥胖流行的重大线索。

我早就知道畜牧业会使用抗生素来遏止某些疾病的散布，尤其是在空间狭窄且充满压力的生活条件下。可是，抗生素不只杀死

① 在人类医学中，所谓的粪便治疗（fecal therapy）是医治因感染艰难梭菌（C. difficile）等微生物引发顽强且有时会危及性命的腹泻及其他胃肠毛病的一种创新治疗法。做法是从肠道菌群正常的人（通常是配偶）身上取得粪便，用厨房搅拌器打成泥浆，放在一支特制的内视镜顶端，插入患者的小肠内。你也许会皱眉头，不过这是个非常有效且低成本的方法，能让患者重获健康。农场兽医几十年来都一直这么做。兽医在一头健康的捐赠者（母牛）身体一侧上创造出一根瘘管，通过它抽取富含微生物的胆汁与胃液。这种"液态金"（千万别和马匹育种者所使用的"液态金"尿液混淆了）被抽取出来，再转移到其他动物体内，使后者胃肠的菌群变得正常。在历经数回的抗生素治疗后，动物园的兽医惯常使用粪便来使其患者的消化道恢复正常。而且它用在母子组合上的效果特别好。

让动物生病的微生物，也会大量毁灭有益的肠道菌群。而且就算没有感染的问题，畜牧业者还是会定期施用这些药物。其中的道理可能会让你大吃一惊：仅靠抗生素，畜牧业者就能用较少的食物肥育他们饲养的动物。虽然科学界尚未弄清楚这些抗生素促进肥育的确切原因，不过一项可信的假设是，通过改变这些动物的肠道微生物群，抗生素创造出一种由擅长提取热量的微生物菌落所主宰的肠道环境。这也许是为什么抗生素不只能让拥有四个胃的牛增肥，同时也能让消化道跟我们比较近似的猪和鸡变胖。

真正的关键是，运用抗生素能改变农场动物的体重。类似的事有可能发生在其他动物（也就是人类）身上。任何能改变肠道菌群的东西，包括但不限于抗生素，不只与体重有关，还牵涉到新陈代谢的其他要素，譬如葡萄糖不耐症、胰岛素抗性（insulin resistance）以及胆固醇异常。此外，别忘了这数兆个组成人类肠道微生物群系的生物是不断通过复杂的方式彼此互动。它们有计时器，能对日节律有所反应。那个微小、有节制的小宇宙的动态群体对新陈代谢发挥的影响力，远大于医生曾经料想的。

当这项厚壁菌门与拟杆菌门的研究在《自然》发表后，激起了科学界探索在饮食与运动之外显然不太容易控制的肥胖风险因子的兴趣。许多网上论坛很快便叽叽喳喳地讨论起另一项不同的研究结果。该研究指出，拥有一个肥胖的朋友，会提高自身超重的概率。哈佛医学社会学家尼古拉斯·克里斯塔基斯（Nicholas Christakis）与加州大学圣迭戈分校的科学家詹姆斯·福勒（James Fowler）描述社会习惯与行为的“感染力”。[59] 胖朋友不良的食物选择与运动习惯，会影响你对食物的意志力与态度。克里斯塔基斯与福勒立刻补充说，这个发现的重点在于其象征性的说法。你不可能在减肥诊所的候诊室因为别人打了个喷嚏就染上“肥胖流感”，“具有感染力的”是其他人面对饮食的态度。

可是当我仔细研读动物文献后，我才知道传染性肥胖也许并不只是一种比喻的说法。根据某些专家的研究，它是真实存在的。韦恩州立大学（Wayne State University）的营养学和食物科学家尼基欧·德兰达尔（Nikhil Dhurandhar）解释说："动物感染某些病毒时会变胖，这件事已经得到证实。"[60] 他称之为"传染性肥胖"(infectobesity)。德兰达尔指出，有七种病毒和一种普恩蛋白(prion）与动物（包括鸡、马、狮子和小鼠）的肥胖有关。没错，传染性肥胖是通过微小的病原体散布或扩张的。

肥胖会传染吗？

在5月中旬到8月底的大热天里，只要沿着宾州州立学院附近的池塘行走，就很有机会能发现一名高瘦身材、身穿卡其短裤、头戴棒球帽的生物学家蹑手蹑脚地穿过香蒲丛。他会弯腰屈膝，用几乎难以察觉、无比缓慢的动作移动。突然，他使出一记正手挥拍，在一片芦苇与香蒲间用力挥动一支木头把手的捕虫网（他解释，这个动作类似长曲棍球接球或网球击球的动作，而这就是为什么他喜欢聘用曾经玩过这些运动的研究生)。他用空出来的那只手捏紧网口，接着朝里偷看，确认是否抓到了猎物——十二斑蜻蜓（twelve-spotted skimmer dargonfly，学名 *Libellula pulchella*)。

昆虫学家詹姆斯·马登（James Marden）是宾州州立大学的生物系教授。[61] 他在宾州中部的池塘边花了20多年的时间，研究蜻蜓翅膀的飞行力学。他告诉我，这些昆虫是地球上最健康的动物，精瘦且肌肉发达。过去3亿年来，蜻蜓已经演化得能完美完成盘旋、快速跃起和翻筋斗等特技动作，因此，马登称它们是"世界级的动物运动精英”。

蜻蜓通常好斗，领域性极强，随时准备与其他公蜻蜓近身搏斗。当两只公蜻蜓狭路相逢，它们会迅速接近彼此，以芭蕾舞般的姿势在空中交战，等到胜负分晓时，战败者会被逐出赢家的地盘。尽管如此，有些公蜻蜓却总是置身战事之外。它们不会搅局、直直飞入战局中，而是“滑行”通过——低调不引起骚动地穿过交战双方旁边，仿佛宣告：“我只是正好经过，没有恶意，请不必在意我，我就要离开了。”

马登受到这种行为的吸引，想知道它与肌肉功能有无关系，于是在 21 世纪初搜集了一些行动缓慢、回避冲突的蜻蜓。等他把它们带回实验室后，发现了一件令人震惊的事。尽管这些蜻蜓的外观看起来完全正常（身形精瘦，随时准备好战斗），但其实它们病得非常非常厉害。只不过，它们罹患的疾病在这些“昆虫界的喷射战斗机”身上是很罕见的——它们全都达到了医学定义的肥胖。

脂肪留存在它们的身体组织中，没有转换成能使它们非凡的翅膀肌肉运作的能量。[62] 它们的血糖①浓度是健康蜻蜓的两倍，这使它们处于一种类似胰岛素抗性的状态——跟患有Ⅱ型糖尿病的人类患者很像。它们行动迟缓、身体虚弱、懒洋洋的，无法为了母蜻蜓或捍卫地盘而战斗。

野生蜻蜓能进化出某种形式的代谢症候群（metabolic syndrome）②，这项发现有可能修正我们对人类体重增加，甚至是对

---

① 蜻蜓的血液称为血淋巴（hemolymph），其主要碳水化合物是海藻糖（trehalose），马登称它为血糖。[63]

② 代谢症候群会增加患者罹患心脏病和中风的风险。[64] 它又名胰岛素抗性症候群，当患者的甘油三酯、血压或葡萄糖过高，或“好”胆固醇［高密度脂蛋白（high-densitylipoprotein, HDL）］过低时，就是患有代谢症候群。多数患有代谢症候群的患者体型像颗苹果。

肥胖流行本身的看法。马登检查这些蜻蜓的肠道时大吃一惊：它们的肠道中挤满了大型白色寄生虫，有些寄生虫非常大，长 0.17 厘米，凭肉眼就能看见。[65] 经过放大后，它们看起来温顺敦厚，像是胖嘟嘟的米粒。

然而这些寄生虫给蜻蜓带来的影响可一点也不温和。[66] 它们是簇虫（gregarine），来自能引发人类疟疾和隐孢子虫症（cryptosporidiosis）的原生动物家族。它们能在蜻蜓身上触发炎症反应，干扰蜻蜓代谢脂肪的能力。这就是脂肪囤积在蜻蜓身体组织的原因，尤其容易发生在肌肉周围。这些脂肪积存会降低蜻蜓的肌肉功能，使它们不得不交出地盘，放弃交配机会。

通过测量蜻蜓的肌肉交换氧气与二氧化碳的方式，马登和他指导的研究生鲁道夫·席尔德（Rudolf Schilder）清楚看见这些变化是由感染直接导致的。[67] 他告诉我，这些寄生虫的存在不只削弱蜻蜓的肌肉功能，使它们变得不活跃、行动迟缓，更重要的是，“它们新陈代谢中的特定构成要件被改变了”[68]。

这种簇虫感染也会引发涉及免疫与压力反应的信息分子 p38 MAP 激酶（p38 MAP kinase）的慢性活化，[69] 在人类身上则和导致Ⅱ型糖尿病的胰岛素抗性相关。

有趣的是，这些寄生虫是非侵入性的，也就是说它们不会咬穿或明显破坏肠壁。[70] 它们引起的炎症反应，似乎是由它们分泌与排泄的物质所触发的。恐怖的是，未受感染的蜻蜓在喝下含有微量簇虫排泄物或分泌物的水之后，其血糖会变得不正常。

起初，我认为肥胖有传染的可能性这个想法实在太荒唐可笑了。我自己亲身尝试节食加运动，摄取多少热量就消耗多少热量的方法，明白减少进食、增加活动量确实能短暂减重，因此我认为传染性肥胖是天外飞来一笔，而且坦白说，我认为不太可能有这种事。

不过，虽然我从来没听说，但是对于会促进体重增加的传染性病原体的寻找行动，至少可以回溯至1965年。当时，雪城的纽约州立大学（State University of New York，Syracuse）有个微生物学家在研究某种虫是如何让小鼠和仓鼠变胖的。[71] 他指出，这种虫可能会向啮齿动物的血液中“释放”某种荷尔蒙，使它们吃下更多食物，以满足这种寄生虫的化学作用。

事实真是如此，很多感染都会影响食欲。绦虫会让你感到饥饿，有的病毒会让你没胃口。其实，食欲是医生记录病史时询问病人的头几项事情之一，因为它是感染最灵敏的征兆。这些事实让我更加认真地思考，微生物入侵者有无可能操纵我们的饮食和饮食方式及时间呢？

不久前，科学家无意间在一种严重的人类肠道疾病中发现了某种传染成分。几十年来，胃溃疡被认定是由我们充满压力的紧张生活与过度反应的心灵所造成的。传统医学还会告诉你，假如你焦虑不安，又无法抵抗高油脂的香辣食物，就很容易得胃溃疡。但是澳大利亚的医生巴里·马歇尔（Barry Marshall）和病理学家罗宾·沃伦（J. Robin Warren），因为打破了这个迷思而获得2005年诺贝尔生理学或医学奖。[72] 他们发现造成许多溃疡的罪魁是幽门螺旋杆菌（Helicobacter pylori），这是一种接触性传染细菌，可用一剂抗生素轻易治愈。然而，通往诺贝尔的道路相当漫长。[73] 多年来，马歇尔和沃伦忍受了各种抨击、排斥与奚落。但如今，生物体内造成大肠激躁症（irritable bowel syndrome）和克罗恩病（Crohn’s disease）的微生物群系已被彻底调查，说不定肥胖就是下一个目标。

不过，目前科学家和医生并未将新陈代谢症候群的感染性成因列入研究的考虑当中——至少似乎还没准备好接受这个可能性。马登将他的研究发表在顶尖的学术期刊《美国国家科学院学报》上，还将稿件投到一份糖尿病期刊。然而他告诉我："响应寥寥可数。我不认为我们的研究结果对医学界产生了什么作用，他们的反应也不热切，获得的态度几乎都是'那又怎么样'。"[74]

究竟感染在人类肥胖这件事情上是否举足轻重，还很难说。不过，抱持着一种跨领域的、人兽同源学的态度——这种态度能串联起农业科学生物学系的某位蜻蜓专家与钻研人类肥胖问题的研究者——可能会激发出创新的假设，对于这种重大的健康威胁有更开阔的视角。我们活在一个体内、体表和周围都充斥着生物的世界。我们对于这些生物的抵抗，驱动着许多疾病。研究人员能认识到肥胖的失控成长与生态因素有关，包括光线明暗、季节变迁，以及，没错，甚至是具传染性的生物，是非常重要的事。马登在 2006 年发表的文章中写道："代谢疾病并非只是会发生在人类身上的怪事，动物受到这些症状侵袭的频率也不低……（因此）假如我们不指出这些可能性，是不负责任的。"[75]

容我郑重重申："肥胖是一种环境疾病。"尽管重量杯与赛格威①扮演了重要角色，但其他或大或小的力量也占有一席之地。一种扩充的、环境的控制体重方法，已成功治愈了来自芝加哥地区的两位肥胖患者，也就是布鲁克菲尔德动物园的那两头胖灰熊。

这些年来，让阿克西和吉姆发福的原因，究竟是日节律、失衡的微生物群系、季节感紊乱的肠道、传染性寄生虫，还是纯粹吃得太多，实在很难说。不过，在沃莰着手改变它们的进食和进食时间、环境之前，阿克西和吉姆的变胖模式跟人类很相似。

沃莰决定做个重大的改变，它既创新，却又跟吃这件事一样古

---

① Segway，摄位车，又叫体感车、思维车、平衡车。是一种装有陀螺仪的交通工具，可通过身体倾斜变化操控车辆前进、后退与暂停，最高时速可达到每小时 20 公里。——译者注

老。[76] 她想让阿克西和吉姆的饮食尽可能接近大自然的节奏。换句话说，她要让季节与这两头灰熊的身体引领方向。

她从吃什么下手。多年来，阿克西和吉姆的食物一直很丰富，随时供应，而且一年到头几乎没什么变化，从加工的狗粮、当地面包店的面包、超市的苹果和橙子，到牛肉馅。沃茨逐步挑战这两头熊的味蕾：她去掉一份莴苣，改为甘蓝；用杧果代替苹果；接着用菠菜、芹菜、胡椒和西红柿取代番薯和柳橙。虽然这些农产品跟阿拉斯加河岸生长的作物不尽相同，但是就营养成分、多样化和季节性而论，已经是一大改进了。

很快，当管理员带着餐点现身时，这两头熊的态度就像美食家在一家新开的美食酒吧发现新奇餐点时那样热切。沃茨也增加了完整的猎物，如鱼、鼠和兔子，并且让它们出现在菜单上的时间和在野地里现身的时间一致。她还订购了几箱蜡虫（wax worm），把它们倒在这两头熊的草料堆中—— 一座大型的泥煤土堆——再让阿克西和吉姆在里头仔细翻找，吃个畅快。这些饮食的安排不仅让这两头熊在一年当中的合适季节从新的来源摄取蛋白质与维生素，也恰好让它们吃下以这些食物为家、各式各样的新微生物。尽管沃茨提到一开始并非特地这么做，但她的所作所为正遵循了她自己的座右铭："先喂（动物胃肠道里的）微生物。"

沃茨还决定让这两头灰熊进入一种比较合乎时节的冬季休眠。这并不是完全冬眠（许多野外的熊其实也不会冬眠），但是这对阿克西和吉姆是一大变化。因为过去十年来，在整个冬季，它们每天都会在喂食时间被叫醒。有时候，管理员必须大吼大叫或制造响亮的噪声才能唤醒它们。沃茨让这两头熊在冬天想睡就睡。同时她还指示，假如它们醒了，无须按时供应食物，只提供一次性的少量食物。从表面上看来，这个安排似乎是为了让这两头灰熊减重，因为这么做减少了它们摄取的卡路里总量。但其实它的用意更为深远，睡眠和新陈代谢是互相联动的，长时间的禁食可能表示灰熊的身体发生了其他生理变化，比如肠道长度的改变。

后来，这两头熊被移往更大的住处。在这个新环境中，管理员可以用“不方便取用”的方式来供给食物，让它们模仿置身野外时必须设法四处搜寻与猎食的行为，耗费更多能量以取得食物。

尽管做了种种安排，但沃茨仍旧无法完全重现灰熊的自然饮食。就好像我们无法完全吃得像我们百年前或千年前的祖先那样，要在动物园中为每只动物彻底复制野外的饮食方式并不可行。管理员从食品杂货商和批发商那儿购得的水果，和野生动物吃到的水果完全不同。①[77] 加拿大落基山脉并不产香蕉，也没有橙子，更没有野生西瓜藤或杧果树。就算沃茨能找到和野外水果一样精准比例、相同特质的水果，那些经过洗选、装箱、冷冻和运送的水果，其表皮的微生物也和动物在自然环境中接触到的截然不同。

幸运的是，沃茨知道创造“完美的野生饮食”这个梦想，只是个梦想。她在受到各种条件限制时尽最大努力去安排，结果证明只要把灰熊原本生存的自然生态知识放在心中，据此调整其饮食，就已经足够。阿克西和吉姆不但瘦了，而且似乎感觉更棒，更有活力。简而言之，它们变得更健康了。

无论我们想要解决的是全球的肥胖流行还是个人的减肥问题，沃茨的成功都值得借鉴。研究人员和医生应该将环境中丰富充足与匮乏不足的循环周期，以及季节对我们肠道吸收食物的作用列入考

---

① 我们认为对身体有益的水果全都是经过仔细照料与管制演化的产物——始于最早的农民，历经数千年的“改良”与近几十年来密集地改进而得。今天我们在超市中看见的水果是迎合人类口味（及运送便利性）而栽培的，不仅富含水分、甜度高，而且所含的纤维质远少于野生或古代的水果。

虑中。我们必须认真看待微生物群系的复杂小宇宙，以及感染对新陈代谢的影响，还需要思考白昼长度与光暗循环等全球性的力量。

富裕的现代人创造出一种连续不断的饮食周期，它是一种“单一季节”。我称这种无比欢乐、富足，但停滞、超级肥育的环境为“永恒的丰收”(eternal harvest)。糖很充足，无论在加工食品还是在漂亮的水果中，吃起来很麻烦的种子已通过育种被事先剔除，剥去容易剥开的果皮后，露出的是方便取食的小分量果肉。蛋白质和脂肪也可轻易取得——在“永恒的丰收”中，猎物永远不会长大，也没有机会学会逃跑或击退我们。食物变得“干净”，当我们擦洗掉尘土与杀虫剂时，我们消除了更多的微生物。由于我们能控制温度，所以温度永远是完美的华氏 74 度（约为 23 摄氏度）；由于我们掌控全局，因此得以在太阳下山很久之后，点着灯，坐在桌边吃晚餐。一年到头，我们的白天怡人又漫长，夜晚则很短暂。

身为动物，我们发现“永恒的丰收”是个极度舒服的情境。不过，除非我们打算继续处于这种持续发胖的状态，同时面对随之而来的代谢疾病，否则我们就得设法走出这种美妙的安逸。

第8章

痛并快乐着：痛苦、快感和自戕的起源

只要说出某种疾病或苦恼，就能找到相应的网络在线帮助团体。这些网站让大家交流故事，分享治疗法，感到不那么孤单，然而，这些贴文往往让人心碎。最近，我浏览了一些在线论坛，主题几乎都是痛苦的哀诉，如“我好担心”“这件事让我很苦恼”“我好怕他停不下来”“我伤透了脑筋，不知道该怎么办”“他有这毛病已经好几年了”“有人可以帮帮我吗？”“我感觉差极了——我可能是个糟透了的妈咪”[1]。

这些网站探讨的对象并不是人类患者，而是患有“啄羽症”（feather-picking disorder）的宠物鸟。尽管每个故事的细节或有不同，但主题是相同的。这些名叫朱丽叶、齐克、朱比利和厄尔小姐的鸟全都无比健康，直到有一天，它们的主人在鸟笼底部发现了一堆五彩斑斓的羽毛……同时其爱鸟的肩膀、胸部或尾巴上秃了一大块。这些鸟一根接一根地拔下自己身上的羽毛，有时还会啄那些无毛的皮肤，直到鲜血淋漓才肯罢手。兽医检查后排除了螨虫或感染等过敏的物理性病因。这些主人装了加湿器，在毛被拔光的皮肤上涂抹芦荟，还不惜砸钱购买高级的鸟食。然而，拔毛的行为仍在持续。一只自行拔毛的和尚鹦鹉（Quaker parrot）的主人绝望地写道："最近它总是边拔毛边发出小声的尖叫，跟你不小心碰到它的新生毛时的反应一样，接着它会马上拔下一根毛，而且反复这么做，所以现在就算拔毛会痛，它也照做不误……我在它的嗉囊上和翅膀底下看见好几个小血块。"[2]

身为从未养过鸟的精神科医生，我仍然辨认出以下症状：原因不明的行为改变，蓄意引发身体痛苦与损毁的行为，为心爱的人带来困惑与苦恼。这些症状让我想起多年前见过的一位患者。这名25岁的女子出现心悸，她的前臂内侧布满交错的切口，熟练的切割手法仿佛我外科同事精湛的"手艺"。显然下刀前已考虑过消毒杀菌、清洁，以及伤口如何愈合等问题。只不过在这些切口产生时，并没有任何医生在场。动刀的是我的病人，她手拿剃刀划破自己的皮肤。我们叫她"切割者"（cutter）。

切割大概是我们这个时代最具代表性的人类自残（self-mutilation）形式，似乎是专为焦虑的郊区父母和吸引八卦报道而量身打造的。它的名字说明了一切，但更明白的说法是，它指的是用利器（也许是剃刀刀片、剪刀、碎玻璃或安全别针）故意划破皮肤，造成伤口与流血。[3] 通常，切割者会选择能用衣物隐藏的部位下手，比如手臂内侧、大腿内侧或腹部。有些人会在冲动下，随手拿起任何工具这么做；还有人则是把它当成一种仪式。他们可能会在每天的同一时间、同一地点割伤自己，或是创造出"成套工具"，里面有他们特别钟爱的切割器具，以及事后清理用的纱布、创可贴和酒精消毒棉片。你可以想象，切割者（尤其是那些已经这么做了好多年的人）身上会留下许多疤痕，通常是平行的直线，就像深红色的阶梯团团围住他们特别中意的切割地点。

精神科医生用"自戕者"（self-injurer）这个词来描述用各种极

富创意的方式伤害自己的人。[4] 有的人会蓄意用香烟、打火机或热水烫伤自己；有的人会用猛烈撞击或用力掐拧自己造成皮肤瘀青肿胀；有拔毛癖（trichotillomania）的人会搓揉自己的毛发，并且从头、脸、四肢与生殖器官扯下毛发；有些人则会将铅笔、纽扣、鞋带或银制餐具等东西吞下肚。在监狱中经常会看到各种特殊的自戕方式。

你也许认为自戕只会发生在激烈的次文化中或患有严重的心理疾病的人身上。可是我的精神科同事说，这是席卷大众的行为。治疗师和学校辅导员也证实了这一点。①

自戕还得到了公众人物无心的背书。举例来说，黛安娜王妃在 1995 年向英国国家广播公司（BBC）透露，她曾用柠檬削皮器和剃刀刀片割伤自己；[5] 她也曾使用其他方式伤害自己，包括故意去撞击玻璃橱柜，还有让自己滚下楼梯。尽管安吉丽娜·朱莉（Angelina Jolie）把自己重新包装成一个超人妈咪和人权斗士[6]，但她和诸如克里斯蒂娜·里奇（Christina Ricci）[7]、约翰尼·德普（Johnny Depp）[8] 和科林·法瑞尔（Colin Farrell）[9] 等一干名人都曾有自戕的经历。他们使用的工具有刀、易拉罐拉环、碎玻璃、香烟、打火机，还有他们自己的手指。而割腕成为一种时髦新潮的风气部分来自于《芳龄十三》（*Thirteen*）和《女生向前走》（*Girl, Interrupted*）等愤世嫉俗的青少年电影。此外，割腕甚至在电影《风流老板俏秘书》（*Secretary*）中有了滑稽的变形，片中玛吉·吉

---

① 25 年前的我还是个医学院学生，在加州大学旧金山分校的精神科病房实习，当时认为自残在一般大众中并不常见。通常会在诊断出某种发展障碍或精神疾患时，同时出现这种行为——例如，伴随精神分裂症（schizophrenia）出现挖眼睛或切割生殖器的行为，或是自闭症（autism）患者会有撞头的举动。确实，自残的发生往往与某些疾病有关，包括妥瑞氏症（Tourette's syndrome）、莱施-尼汉症候群（Lesch-Nyhan syndrome）、某些形式的发育不良，以及边缘人格异常（borderline personality disorder pathology）。

伦哈尔（Maggie Gyllenhaal）与詹姆斯·斯派德（James Spader）饰演的两位主角，展开了一场或许可算是史上最乐天的虐恋故事。

不过，我依然对我的割腕患者手上的剃刀刻痕充满困惑。她是个体贴又聪明的成年女子，有一份体面的工作，很像玛吉·吉伦哈尔在《风流老板俏秘书》中的角色。为什么她会故意割伤自己呢？对医生来说，这是必须先麻醉且遵循严格规范才会考虑做的事。于是，虽然她到我的诊所是想咨询心脏的问题，我还是开口问了她。她就事论事地回答说："我的精神科医生说我想自杀，但我不是。如果我真心寻死，我早就死了，割腕只是让我觉得好过些，它减轻了我的痛苦。"

她的答案和其他切割者的说法一样。一名22岁的女子在康奈尔大学的网站上这样写道："12岁那年，我开始割伤自己的手臂……最适合用来描述感觉的词汇，就是无比幸福。它让我很放松。"[10]

幸福？轻松？宽心？感觉很好？即使接受过精神科训练，而且在医院打滚了20年，我还是觉得这听起来令人难以置信。但是那些割腕的人和他们的治疗师说这是真的。同时他们也证实了虽然偶尔会有人在割腕时因为不小心下手重了点而去求医，但绝大多数的自戕者并不打算自杀。①[11]

他们为什么要这么做？答案很简单，只是我们不知道。精神科医生把割腕和青春期、控制议题、缺乏情绪感知力以及没有能力谈论自己的感觉等联系在一起。[12]自戕也常被认定与童年遭到性侵和某些心理疾病有关，比如边缘人格异常、神经性厌食

① 当我们谈论自戕的时候，缺乏自杀意图是相当新的观点——事实上不过20年前，在自杀者手腕上被我们称为"犹豫伤"（hesitation marks，指疤痕或不深的伤口）的某些伤疤，也许其实是先前割腕的迹象。

症（anorexia nervosa）、神经性暴食症（bulimia nervosa）与强迫症（obsessive-compulsive disorder，OCD）等。那些自戕的患者描述自己备感压力且焦虑不安，被诸多期望和选择压垮……或是完全被孤立且感到麻木不仁。

传统上多将自残行为归咎于童年时期的创伤和受虐经历，但结果证明这种想法并不全面。电影或电视剧塑造的割腕者形象比较刻板，也许是一个曾遭到性侵、父母失职的边缘人格异常女孩。但事实上，男性与女性的自戕比率大致相同，差别在于他们伤害自己的手法不同：男性多会撞击或烧伤自己，女性通常会选择割腕。[13]有些人会在他们离家独立、不再受到父母管束后开始自戕，而且许多人根本没有童年受虐的经历。① [15]

所以谜团依然存在。究竟是什么啪的打开那个开关——让满怀忧思与荷尔蒙的青少年和有工作与责任在身的成年人变成自戕者？

我决定看看人兽同源学的方法能给予什么启发。当我们发觉动物出现与心理失常的人类相似的行为时，正是我们突破“忙乱的现代生活”和“伟大的人脑”这些成见，寻找自戕症状源头的大好机会。然而，最初我开始询问动物会不会自戕这个问题时，似乎无比荒谬。对动物来说，什么算是自残呢？

动物自戕的经典形象是，一头狼为了从猎人设下的陷阱脱身而咬断自己的一只爪子。但是这种为了逃离圈套而蓄意自戕的例子（在某些极端的人类案例中，也会出现类似情况）并不是我寻找

---

① 在《精神疾病诊断与统计手册》第四版（*Diagnostic and Statistical Manual of Mental Disord ers,* 4th edition, DSM-IV）中，自戕被列为边缘人格异常的症状之一。[14] 其他的精神病学文献则将自戕和露阴癖（exhibitionism）、窃盗癖（kleptomania），以及妥瑞氏症的强迫性抽动与发声归类为一种冲动控制障碍（impulse-control disorder）。至于备受期待的《精神疾病诊断与统计手册》第五版很可能会根据我们对这些行为背后的神经生理学与遗传学的扩充理解，而将非自杀性的自戕（包括割腕）重新分类。

的目标，我想找的是动物出现像人类那样仿佛入迷的强迫性自戕行为。不用别人说，我知道绝不会在人类以外的动物身上，见到拿剃刀刀片割伤或用香烟烫伤自己的情况。

我确实没找到这类线索。可是我很快就发现了一批同样可怕，原本应该用来对付敌人的武器——钢牙、大螯、尖喙、利爪。重要的问题是，动物会不会用这些利器往自己身上招呼？令我惊讶的是，答案不但是肯定的，而且还很频繁。鸟类的啄羽症不过是兽医熟知的众多例子中的一个。

我的朋友曾经以为她养的猫得了某种皮肤病，它脚上的毛全部脱落，露出流汤的红疮。兽医做了检查后，排除了寄生虫和全身性疾病的可能，告诉她说这只猫是个“秘密舔毛者”。对家猫来说，这是常见毛病，有时被称为“精神性脱毛症”（psychogenic alopecia）。[16] 这只猫在主人看不见的地方秘密地伤害自己，没有明显的实质刺激物引发这种行为，正如人类割腕者独自待在自己的房间里那样。

金毛犬、拉布拉多犬、德国牧羊犬、大丹犬与杜宾犬的主人，可能会经常发现它们的毛病——着魔地舔咬自己的身体，导致开放性溃疡遍布腿或尾巴底部的整个表面。这种叫作“肢端舔舐皮肤炎”（acral lick dermatitis），又名“舔舐性肉芽肿”（lick granuloma）或“犬类神经性皮炎”（canine neurodermatitis）的病，跟外部病原体（如霉菌、跳蚤或感染）无关；狗这么做并没有明显的实质理由。[17] 如果你曾经见识过一只狗啃咬自己，便会发现它有时似乎进入一种出神忘我、催眠的状态——眼神呆滞、头部来回快速摆动地舔、舔、舔……

在宠物店爬虫动物区工作的人肯定都看过乌龟啃自己的脚，还有蛇咬自己的尾巴。只要朝马厩偷窥一眼，就会发现另一种受苦的动物。“侧腹啃咬者”（flank biter）指的是那些会猛烈啮咬自己身体，造成流血与伤口再次裂开的马。[18] 这些马的主人就像发现自家青春期孩子割腕的父母，不但对这类行为悲痛欲绝，而且往往感到困惑难解。这类行为还包括突发性的猛烈旋转、踢腿、猛冲和弓背跃起。

像侧腹啃咬、吸吮尾巴和啄羽等行为，远比我们想象的更常见，至少在某些品种中如此。例如，有多达七成的杜宾犬会产生耗费大量时间且往往令人烦恼的重复性行为，包括自戕和其他行为。服务于塔夫茨大学（Tufts University）的兽医尼古拉斯·杜德曼（Nicholas Dodman）专门治疗、研究马和狗的强迫性行为。[19] 杜德曼与他在麻州大学和麻省理工学院的同事已经在狗的第七对染色体上找到某个基因区域，它会提高狗产生他们称为“犬类强迫症”（canine compulsive disorder，CCD）的风险。

人类强迫症（OCD）和犬类强迫症（CCD）是不是同样的疾病，还很难说。[20] 假如人类患者说自己受到摆脱不了的念头驱使而产生强迫性行为，我们会断定他得了强迫症（OCD）。而所有兽医做出强迫症诊断的依据，都是动物的行为。[21] 由于缺乏共通的语言，兽医没有办法判断动物那些持续重复的举止背后有无强迫的念头存在。

压力、孤独与无聊

当主人带来的宠物一连数小时绕着家具打转，不断后空翻直到筋疲力尽，或是使劲摩擦自己的皮肤，直到皮开肉绽、血流不止才肯罢手，兽医会说这些行为是“刻板行为”（stereotype）。极端的刻板行为有撞头、拔毛、戳刺和挖凿。在某些案例中，尤其是鸟，强迫发声被认为是一种刻板行为，可能与人类的妥瑞氏症有关。[22]对兽医来说，此类行为即使比较温和，也值得关注和阻止。

在马、爬虫、鸟、狗与人类身上能看到的许多强迫性行为，其实都有某些基本的临床特征，包括让患者受苦的可能性，以及严重影响患者的生活。但是，许多强迫性行为也跟自我清洁活动有奇妙的联系。你也许听过许多人类强迫症患者会反复洗手。同样，一只紧张的猫可能会全心投入自我清洁的活动中，用的是猫科动物的清洁工具——粗糙的舌头。兽医提出一个口语化术语，直指究竟发生了什么事——“过度梳理”（overgrooming）[23]。

过度梳理？当我第一次听到这个词时，脑中闪过无数大自然纪录片里猿类彼此理毛和抓虫子的画面。我很惊讶，没想到这种温和的清洁与社交仪式竟能逐步扩大为致命事件。我很快就得知，原来很多种类的动物都会自我梳理，而且梳理涵盖的许多行为远比我想象的怪异。

对许多动物而言，梳理说白了是一种基本活动，跟吃、睡、呼吸一样。演化也许偏爱大自然中的整洁狂，因为它们身上带有较少的寄生虫，也较不易被传染。

灵长类动物展现出各式各样的理毛与抓虫技巧。有些黑猩猩会为彼此捉出寄生虫，把它们放在前臂上，用手打死，再吃掉它们。[24]有些猿类会用树叶把虫子从自己同伴的毛发上捏除。日本猕猴具有精妙的技巧，运用食指和拇指去除毛发上的虱卵，这套手法还会通过母亲传承给下一代[25]。

虽说除去虱蚤可能是理毛的终极目的，但是动物梳理毛发还有个更直接的理由。简而言之，梳理毛发感觉很舒服，而且它在许多动物群体的社会结构中扮演了极其重要的角色。[26]

某些群体的黑猩猩彼此挠背和拍手，目的都不是去除虫子。[27]

黑冠猕猴（crested black macaque），尤其是母猴，会拥抱彼此并且用侧身互相摩擦。此外，虽说灵长类动物为彼此理毛的行为多半发生在家族成员间，有时非亲属也会把自己的手指伸进对方的毛发中——这么做自然是有理由的。当社会地位较低的冠毛猕猴（bonnet macaque）与卷尾猴（capuchin）“提供”理毛服务时，它们得到的回报是保护、战斗时的支持和靠山，以及有机会抱别人的小孩。[28] 某些狒狒彼此理毛是为了能够接近异性，确认对方是否发情和有意交配。

社交梳理（social grooming）的极端重要性不仅限于灵长类动物或陆地哺乳动物。在鱼类世界中，这个行为有时能避免冲突，维持和平。隆头鱼科、裂唇鱼属的鱼类素有“清道夫”（cleaner wrasse）的称号，这种热带珊瑚礁居民为其他鱼提供水下美容保养服务，它会吃掉其他鱼身上的寄生虫和疤痕组织。[29] 它的服务对象包括体形比自己大很多的掠食者，对方通常（确实）会拿它当早餐。但是在清理服务站平静的气氛中，这些裂唇鱼会毫不畏惧地接近大型鱼类，在对方的牙齿间穿梭，甚至钻进对方的鳃里。

这种关系并非只是动物合作的一个温馨范例。科学家发现，不光是接受梳理的鱼能感受到梳理带来的镇定效用，就连等待被梳理的鱼也有同样的感受。[30] 期待梳理与接受梳理似乎同样能使掠食的鱼减少追逐该区域中任何一种鱼的次数。进行这项研究的科学家将这个水中“安全地带”比喻为位于危险小区中的理发店，能把暴力关在门外。

梳理带给单独行动者的心神安宁效力，和带给社交清洁仪式的镇定效果同样强大。猫和兔会将多达三分之一的清醒时间用在仔细舔舐自己上。[31] 海狮和海豹每天都花很多时间翻动自己的皮毛。[32] 鸟会在烂泥中翻滚、抖开羽毛、用鸟喙整理并挑拣羽毛。[33] 由于蛇缺乏餐巾和手，它们通常会在用餐后直接贴着地面擦脸。[34]

也许没有动物比人类拥有更多、更千变万化的梳理仪式了。人类整理、清洗与修饰的形态多样，有时独自一人，有时成对成群；时而借助工具或“产品”之力，时而无须任何工具；可能完全免费，也可能贵得离谱。我只不过跟数百万名美国女人一样，只要在工作与家庭上遇到压力，就想到美甲师或发廊去寻找片刻的轻松。越来越多的美国男人也偏好此道。事实上我得承认，质量良好的定期梳理不只能安定心神，还能让我思绪集中。友谊、关怀，特别是反复的触觉刺激，都能减轻压力并增进我的幸福感。

人类经常梳理装扮。无论是露营一周后洗个热水澡的喜悦、好好刮胡子后令人满意的平滑感受、沉溺于美容沙龙中别人对我们的悉心照料，还是精心打扮时在镜中看见自己盛装模样的那种兴奋感，都能为我们提供身体上的满足，一如它为我们的动物亲戚带来的好处那般（虽然人类花在梳妆打扮上的时间与金钱多寡因人而异，但是我们很清楚完全不参与此事会带来重大的社交风险）。

结果证明，我们的幸福感并不只是追求外貌美丑那样肤浅，梳理真的会改变我们大脑的神经化学。[35] 它会释放鸦片到我们的血流中，能降低血压，使呼吸减缓。为别人梳理也能赋予梳理者部分的同样的效果，即便只是抚摸动物也能使人放松。[36]

当我坐在豪华的修趾甲专用椅上，双脚浸泡在温暖的肥皂水中，实在很难相信这世上竟然有过度梳理这种事，也很难相信这种令人平静的过程，居然和黛安娜王妃用剃刀刀片在大腿划出一道道伤口，或是和一只单独监禁在笼子里的凤头鹦鹉扯上关系。不过，梳理囊括的范围远大于你在美容保养中心付费换取的被社会认可的梳理形式。

还有一种较为私密的梳理——也就是善良的你我无时无刻不在

做，且往往无意识进行的小动作。一般来说，它们无伤大雅，只不过假如可以选择，我们大多不想公开示众或是看别人做这些事。请你看看自己捧着这本书的那些手指头。你的手指表皮光滑平坦吗？还是有些粗糙的边缘死皮，恳求你去抠、撕或啃咬它？你是不是正用手指卷曲把玩一绺头发，皱眉，摩挲腮帮子，或按摩头皮呢？观察拉扯头发、抠疮痂和咬手指的研究发现，当我们做出这些无意识的、自我安抚的小动作时，往往会有一种仿佛催眠般的平静状态随之出现。[①]

而且我们会无意识地调整这些行为的强度。也许玩弄着头发的手指有时会忍不住想拔下一根发丝。由于发根深埋在毛囊中，这么做会遇到些微的阻力……于是你略略加重往外拉的力道……再重一点，再重一点……直到出现那个短暂、强烈的刺痛感，那根头发被拔下来了。

回想一下，上一次你身上的某个地方有块小小的疮痂。也许你很有定力，不去碰它，但是大多数人很可能会用指甲轻刮它带有硬皮的边缘，接着也许会在结痂干燥自然脱落前，出其不意地抠下整块痂皮。

再举个更进一步的例子，想想你从挤粉刺中得到的小小满足感。那些能理直气壮地宣称自己从来不这么做的人，也许在阅读以下文字时会觉得很恶心，不过其他人对这套流程可熟得很。沿着光滑的皮肤摸索……发现一处凸起，接着把所有的劝告抛到脑后，使

---

① 除了玩头发和啃指甲之外，许多人在压力太大时会嚼口香糖。从人兽同源学的角度来看，某些野生的非人类灵长动物会从树上采下阿拉伯胶（gum arabic，口香糖中有弹性的植物胶成分），放入口中咀嚼它。动物园行为学家有时会提供这种物质给园中的灵长动物，作为对抗刻板行为的一种方法。某些与摄取营养无关的咀嚼确实显示出其镇定的效果，至少取决于你用哪些牙齿来咀嚼（有一群牙医生主张，用大臼齿咀嚼时，人会比较放松，用门牙或犬齿啮咬则会让人活跃振奋）。

劲挤呀拧呀……感觉到阻力，一阵刺痛，最后啪的一声爆开，脓汁跑了出来，偶尔还会带点血。有时我们会再挤一次（完全违反皮肤科医生的医嘱），逼出更多的血来。

释放……然后感到轻松。我们全都感受过这种变化，就算抠痂皮、挤粉刺、拔鼻毛不是你的习惯，也许你曾经啃硬皮、抓头皮或使劲挖鼻孔。

事实上，人类整天都得依靠这种释放-轻松（release-relief）的循环。不管是摸头发、挖鼻孔还是轻咬口腔内壁，这些全都具有强大的自我镇静效果。当我们觉得紧张不安时，就会摩擦、拉扯、啃咬或挤压得更多一些，不过对绝大多数的人来说，这类行为的层级并不会升高。这些动作混合在你我的日常生活中，帮助我们维持一种活跃但镇定的状态。可是某些人想要感受释放-轻松的需求特别强烈，因此他们渴望更大程度的释放……然后感到轻松。

释放……然后感到轻松正是那些割腕的人之所以这么做的理由。若我们对瞬间轻松感的强度需求不断地增强，我们的行为就可能会从拔下一根头发或挤出一颗粉刺，变成拿起剃刀刀片在皮肤上划出一道伤口。我的兽医同行认为这类行为属于梳理的一部分。如果我们能接受这类行为是比较不具破坏力的梳理形式，那么自残的确就是梳理过了头。

实际上，对货真价实的疼痛成瘾，甚至可能会强化梳理者的正向生化作用。结果证实痛苦与梳理都能引发身体释放脑内啡，也就是让马拉松跑者产生愉悦感的那种天然鸦片。[37] 疼痛也会导致身体制造儿茶酚胺，时间久了，这种物质会损害体内的重要器官，但在短期内却能给予身体一记猛击——使血糖猛然陡升、瞳孔扩大，并且提高心率。因此从某个角度来说，自残者等同于进行自我治疗，他们利用非正规的方式启动自己身体自然且强大的化学反应。

某些割腕者描述自己感受到一股压倒性的自残需求，同时会进入一种出神的状态，这就和有毒瘾的人渴望来一针，慢跑者坐立不安地期盼比赛，或是一只双眼无神的德国牧羊犬舔舐自己的爪子一样。

身为心脏科医生，我非常想知道自己造成的疼痛除了改变血液中的化学物质外，对心脏本身的影响。麻州研究人员让一群会咬伤自己的恒河猴（rhesus monkey）穿上装有心率监测器的小背心，以便远程监控。[38] 他们发现，当这些猴子自发性地啃咬自己身上这套陌生的新行头时，它们的心率没有出现明显的陡升或骤降。可是当它们咬自己时，心率在行为发生前30秒会显著升高，接着在牙齿碰到自己皮毛的那一瞬间急剧下降。心跳骤降——尤其是因为紧张或恐惧而使心跳加快后突然间变慢——会创造出安宁镇静的感觉。割腕者就像这些会咬伤自己的恒河猴，半恐惧半兴奋地盼望着这一刻——刀锋落在皮肤上，他们可能会感受到一阵轻微的心率过速（心跳加快），等到皮肤被划开、鲜血涌出后，心率则会迅速平静下来。

因此，人类与动物自戕的其中一个原因可能是生物化学上的：他们被某种以神经传导物质为基础的回馈回路给迷住了。在这个回路中，只要做出能引发疼痛的行为，身体就会用平静与舒服的感觉作为报偿。而且他们的心脏会通过因兴奋全速运转后又忽然放慢的方式，放大这种感受。

最有趣的是，这两种完全相反的事——快感与痛苦，梳理与破相——竟然能对身体产生相似的作用。正因为如此相似，使得某些人的身体似乎混淆了两者。挖扒、戳插和咀嚼这些（有时会伤害我们的）行为之所以留在基因库中，是因为它们和梳理本质相同，都能使我们镇定下来、保持平静、维持健康和控制焦虑。不过这仍旧留给我们一个问题：无论自戕是否落在正常的范围里，人类与动物的自戕都是偏离常轨、危险且需要被控制的。它不只是精神痛苦的一种征兆，更可能引发严重的健康问题，始于棘手的感染，最后以死亡收场。

这些是兽医学给予医生探索的新见解，起码是新的方向。传统上，精神科医生会尝试通过检视各种人格障碍及找出过往创伤的证据，来理解患者的自戕行为，我们可能会从寻找曾被性侵的往事或边缘人格异常的特征下手。可是我们的兽医伙伴采取的是更为直接的手段。由于缺乏与患者交谈的能力（也可说是得益于这一点），他们从经验中归纳出触发自戕行为最常见的三大要素：压力、孤独与无聊。①

兽医在着手治疗侧腹啃咬者前，会先向饲主询问这名患者的成长背景（以出现类似行为的狗为例，[39] 兽医认为幼犬时期曾在收容所待过是造成成犬出现心理失常行为的一大可能原因），等到排除患者曾经历痛苦难忘的"幼兽时光"，身体也没有其他毛病（比如肠扭转或韧带破裂）后，兽医才会检查急性压力、孤独与无聊这三大要素的可能性。②

要判定压力大小，兽医得调查这只动物面对的社会情境与环境。畜舍中有无恃强欺弱的霸凌现象？施暴者是人还是马？感觉到环境变化无常或有危险而造成的压力，有可能导致动物伤害自己。

① 兽医在着手处理这些常见状况之前，会先排除潜藏的生理疾病。精神科医生发现患者出现某个新症状时，也会这么做。举例来说，医生发现患者出现抑郁症状时，会先考虑甲状腺机能减退、库欣氏症候群（Cushing's syndrome）甚至胰腺癌的可能性。同样，当动物（人类或其他动物）出现自戕行为，首先必须排除包括身体疼痛在内的躯体疾病。

② 动物自戕的案例大多数来自被圈养的动物，在某些状况下，圈养本身有可能加重刺激作用。然而动物并不是只在圈养的环境中才会感受到压力、孤独与无聊。类似行为也会发生在野外，只不过观察放养的动物有困难与限制，因此野外版本的自戕行为也许被低估了。

孤独也可能导致动物自戕。[40] 安排其他动物做伴是兽医尝试的一种解决方案。即便是似乎想要独处、会攻击并驱逐笼内伴侣的鸟，在鸟笼被移近其他鸟类后，也会停止伤害自己。[41] 许多种类的猴子和猿在与同种的另一只动物同笼后，其自戕的状况会大幅减少。许多种马在有母马陪伴（其自然社群）的状况下，便会停止独处的自戕行为。[42] 从猎豹到赛马，许多动物有时会被安排与其他动物（如驴子、山羊、鸡或兔）住在同一个兽栏中。[43] 这样做之所以行得通，部分原因是大型动物会害怕踩到较小的动物……似乎这种责任心本身就能减少自戕的需求。

无聊会让兽医心中的警铃大作。例如，自由放牧的马每天花许多时间吃草，但当马房助手将饲料袋系在马头上，让马的食欲被富含能量的美味谷物轻易填饱后，留给这只动物的是吃得太撑的肚皮、闲着没事做的蹄子和牙齿，还有大把的时间——你猜这个组合会催生出什么事？

无聊是诱发刻板行为的危险因子，因此，动物园的动物行为学家开发出一整套方法来对付无聊。稍早之前我们曾提到，环境丰富化鼓励动物去做它们在野外自然展现的行为，从而使动物在心理与生理上得到满足。[44] 动物管理员会用球状冷冻血液与它们最爱的猎物气味刺激食肉动物。环境丰富化很简单，可以只是一座可供探索的新土堆，供把玩的圆木、羽毛和松果，还有不同的声音。①

当兽医注意到动物出现刻板行为时，他们会增加或变换环境的丰富度。凤凰城动物园（Phoenix Zoo）的郊狼（coyote）训练师观察到两只郊狼用四肢紧绷、双耳朝后下压的步态循着相同路径来回

① 1985 年，美国农业部（U. S. Department of Agriculture）指出影响圈养动物心理健康的六大关键要素：社群、居住结构与基础（指笼子和笼子的地板材料、睡卧区域与栖息处等）、搜寻粮食的机会、玩具或可操作的东西、对五种感官的刺激，以及训练。[45]

踱步时，就会提供冷冻的血液棒冰给它们玩，将鸽子翅膀悬挂在树枝上，鼓励它们跳跃，把长颈鹿和斑马的尿液洒在灌木丛周围，怂恿它们离开那条固定路径，在粗麻布制成的管状物中填满花生酱，让它们设法吃到零食。经过几个星期后，这两头郊狼会恢复立耳、平静地快步行走。[46]

训练师会给马各式各样的玩具，但是防止这种习惯群居的动物觉得无聊、紧张不安，最有效的对策是给它一群同伴。[47] 毕竟，马儿已经演化成群居动物。除非马群当中有匹马保持清醒，负责站岗，否则它们通常连觉都睡不安稳。也难怪独自生活会对它们造成偌大的压力。

承认人类与其他动物关系密切，一来能将我们已知的一切放入一个新的脉络中，二来可提出治疗这类问题的新方法，或许能对人类自戕这个议题做出某种说明。它带领我们走进由大猩猩、口香糖与指甲油构成的故事中。

建立生活目标

多年前，在伯明翰动物园（Birmingham Zoo）微微反光的白色医疗室中，有一群兽医身穿手术服，戴着口罩，低着头全神贯注地围住一头雄性山地大猩猩。巴贝克（Babec）患有郁血性心脏衰竭（congestive heart failure），这是一种我几乎每天都得面对、为人类患者治疗的心脏疾病。它会让人类和猿类变得虚弱嗜睡。在最严重的人类病例中，患者会觉得呼吸困难，就连从事最简单的活动（比如从床边走到浴室、穿衣服，甚至是讲话）都会感到筋疲力尽。病重的心脏衰竭患者没有食欲，肌肉萎缩，体重也会下降。巴贝克就是这样，它吃得越来越少，体重只剩 145 公斤，相较于过去 180 公斤重的它，单薄得像是一抹影子。这头生病的大猩猩体内即将被装上一台高科技的心脏起搏器，它跟放进心脏衰竭的病人体内的装置是一样的。

当技师为巴贝克麻醉插管时，兽医仔细清洁自己的手，在它的胸膛抹上消毒剂，剃除它心脏附近的银灰色毛发，露出一大块长方形的皮肤。在麻醉后，大猩猩看起来跟人一模一样。它们如皮革般强韧的手掌上有眼熟的涡纹状指纹，掌心朝上摊放在身体两侧。壮硕的身躯与明显隆起的额头，在它们清醒时如此吓人，但此刻在麻醉下却似乎无助、多愁善感甚至有思考能力。

兽医用一把消过毒的手术刀小心划开一个切口，安装心脏起搏器。这场用时六小时的手术进行得很顺利。兽医缝合创口，用绷带包扎，并且清理手术室，为巴贝克的苏醒做准备。

不过在手术过程中，有几件事可能会让人类手术室的当班资深护士抓狂。手术进行到一半时，有位助理为巴贝克修指甲，把它原本浅黑色的指甲涂成鲜艳的法拉利红色。另一名动物园职员则剃除巴贝克脚上的几处毛发，还在远离伤口的皮肤上缝出松散的“诱饵”线痕。同时，有几名兽医做了一件在人类手术室被严格禁止的事。他们的嘴在口罩后不断嚼着大块的口香糖，而且每隔一会儿就鬼鬼祟祟地吐出一块弹珠大小的口香糖，接着莫名其妙地把它们粘在巴贝克的毛发上。

主治兽医后来向我解释，这些违反人类健康规范的操作其实是照料患者的聪明策略。具体来说，这些措施都用来保护巴贝克胸膛上真正切口的纤细缝合线，因为只要一不留神，巴贝克就能在几分钟内把起搏器拉出体外。可是该怎么保护它呢？经过一番劝说哄骗，人类患者通常会忍住这股冲动，至少在术后 36 小时内不去乱动伤口的缝合线，让疤痕组织有时间形成。可惜费尽唇舌也无法阻止一头大猩猩扯开自己身上的伤口一探究竟。于是这些兽医想出一套巧妙的障眼法，通过转移这名患者的注意力来保护缝合线。他们利用的，正是与驱使这头大猩猩抠伤口一样的本能欲望——梳理的冲动。

巴贝克的兽医告诉我，手术后，它醒来的情形跟我的人类患者通常产生的状况一样：迷迷糊糊、失去判断力，并且浑身不舒服。它环视四周，开始举起手，准备朝胸膛移动，但手到了半空中却停住了，法拉利红的指甲像水果糖般微微闪烁着，抓住它的注意力好几分钟。等到它的手继续朝胸膛移动时，它发现了一坨口香糖，于是又挖又捏又拉地对付这坨烦人的东西，好不容易使劲拽下它之后，手指头又摸到另一团口香糖（这些兽医在咀嚼后，为了杀死病菌，已对口香糖进行了热处理）。它脚踝上的假缝合线是下一个目标。每回它完成了一项任务，就有另一项等着吸引它的注意力。这一切都是为了让它分心，发现不了最重要的事：胸口的缝合线。

这是人类医学与动物医学已然会合之处，尽管两者当中的任一方都没有发觉这件事。有些治疗师会建议自戕者在想割伤、烫伤或撞伤自己的强烈冲动涌现时，尝试采用侵入性较少、能分散注意力的疼痛“冲击”作为代替。[48] 比如把手指戳进一桶冰淇淋中、用力挤压冰块，或者用橡皮筋弹自己的手腕，这些行为有时足以达到预期效果。那些渴望获得鲜血滴流的切割者，可以在他们想要切割的部位用红色签字笔，而不是刀片，画出一道道痕迹。接着用红色食用色素制成的冰块在皮肤上拖曳，制造出令人满意的绯红色细流。或者，他们可以使用指甲油猛涂选定的肉体“画布”（这样还有个额外的好处，就是干了以后会呈现出一种令人满意的结痂，第二天就能用手抠除）。这些分散注意力的做法都能实现释放-轻松的反应，只不过安全多了。

不过兽医也指出，动物需要的不只是短期分散对自己身体的注意力，也需要较长期的社会改变——换句话说，它们需要能解决其压力、孤独和无聊的对策。只要动脑筋想一下，你就会发现这可能也适用于人类。在我们老祖宗的那个年代，年轻人根本没有像现代美国人这样的闲暇与唾手可得的富足。典型的中产阶级青少年有点像独自待在马厩里的马，日常所需的绝大多数事物（尤其是食物，连娱乐和身体活动也是如此）早就有人准备好，还贴心地处理成容易消化的分量。留给他的，是大量的多余时间和极少数努力求生存般鼓舞人心的活动。

当科技不仅能娱乐，还能传播信息时，它会进一步孤立你我，使问题变得愈发严重。就连喜爱看电视、玩电动游戏、独自在房间上“社群”网络的我们都知道，这些活动会让我们与真实的人互不往来。一项比较各种闲暇活动与满足感的调查发现，让不分年龄、社会地位的人一致感到不开心的唯一一种消遣，就是看电视。[49]虽然鸟儿主人与其他遇到困扰的人能在网上聚会，从遭遇相同问题的人那里得到安慰，互相取暖，但这个现象有其阴郁的一面。网络为割腕者（还有那些置身于其他自戕次文化的人，如厌食症患者）提供了错误的团体——这些伙伴让割腕变得实际可行，他们支持这种行为，并提供“改善技巧”的诀窍，发表赞扬它的诗文，同时描述隐藏它的各种手法。

动物管理员设法让动物主动觅食。也许我们该试着让青少年参与培育、为自己准备食物，因为这种活动不只带来平静与满足，还能提供生活目标。就像动物的刻板行为在有了同伴后会大幅减少一样，宠物能陪伴人，使人有责任感，迫使人活动筋骨并带来娱乐。就像一匹孤独的马被再次加入某个马群中，离群索居的割腕者应该被鼓励去寻找他们自己的群体。无论是主流的消遣活动（运动、戏剧、音乐、义务服务）还是小众的嗜好（中世纪战役模拟、YouTube 影片制作、拼字游戏），拥有一群有血有肉的真实人类做伴、互相依靠，能带来强烈的归属感。

心理治疗是处理极端自戕案例的传统治疗法（通常非常有效），它也许可以结合兽医治疗自戕动物的方法使用。支持性咨询辅导可以作为割腕者加入群体的起点：在那里有人会和自己说话，坐得很近，而且得负起责任（在约定的时间到场出席）。心理治疗也被视为一种社交梳理的形式，它能通过声音、语言、回应与出席，让另一个人心情镇定且“得到感动”。触碰与按摩疗法让治疗师与患者间进行直接身体接触（重复的触觉刺激），或许也是释放孤独与紧张感，然后放轻松的有效方法。

可是，人兽同源学针对人类的自戕行为也提出了一个更深层的问题。有人用香烟烫伤自己，我们当然必须加以制止。不过，我们能够接受或容忍不那么极端的自戕形式吗？我们该这么做吗？其实我们早已这么做了。

近来自戕案件数目的增加恰巧与某种有节制的身体伤害的普及同时发生。当我仔细端详患者自己切割出来的伤疤时，我忍不住问起她从头到脚的刺青。她告诉我，这些刺青大多是在她停止割腕的那五年间刺的。现在她两种都来。“我想，我会做这么多刺青的理由是我真的想要割伤自己。”她告诉我，“大家都说刺青不会痛，但不痛才怪。”

不用说，刺青和自戕是两回事。刺青不但由来已久，在许多地方更是一种庄严的文化艺术形式。但它也是一种梳理，和我们灵长类亲戚的举止有许多相似之处。它是两个个体间的一种亲密互动。刺青往往能赋予人社会地位。刺青时的疼痛会促使身体释放脑内啡。

自戕是一种过度梳理的表现，这个人兽同源学的观点为我们开启了一种崭新的方式，去观看社会中越来越疼痛、越来越侵入的精心打扮仪式，包括全身除毛、给生殖器漂白、果酸换肤、反复进行电灼除痔、去角质、牙齿矫正、紫外线牙齿美白、激光净肤，还有风行整个好莱坞的肉毒杆菌注射。

无论工具是他们的刺青师傅的刺青枪、整形外科医生的针头、割腕者的剃刀刀片，还是它们的利爪与尖喙，有时候，人类和动物就是跨越了界限。一旦跨越了这条线，健康的自我照顾就会变成明显的自戕。我们或许无法定义这条线确切开始的地方，不过只要有人越界，我们一眼就看得出来。

从不折不扣的割腕者到秘密的拔头发者、啃指甲者，所有人都和动物共有难以抗拒的梳理冲动。梳理是一种与生俱来的驱动力，历经数百万年来的演化，带有让我们保持清洁、与社群保持密切往来的正向利益。

当出现压力、孤独和无聊时，父母、同伴、医生和兽医都该多加注意。运用戏剧团体的彼此提携、后院园艺带来的原始乐趣，或者清理精心放置的口香糖来对抗这些触发诱因，这些做法不只创造出让人分心的事情，更是可以运用演化工具来修复因演化而出现的短路。

第 9 章

进食的恐惧：动物王国的厌食症

一家精神科医院的饮食失调（eating disorders）部门，每天到了晚上 6 点左右就会弥漫一种紧张的气氛，此时，骨瘦如柴的病人们脚步虚浮地走进用餐区。他们穿着一套看不出身材的制服——宽大松垮的运动裤和尺寸过大的衬衫，袖子长到只露出指尖。他们小心翼翼地环顾四周，用眼神打量彼此，偷偷嗅闻飘荡在空中的气味，企图预测今晚要挑战吞下的食物。这些餐点经过特别设计，不但将卡路里降到最低，还用尽心思装饰，设法挑动这些不情愿进食者的胃口。亲切谨慎的护士、医生和病房助手（其中也包括警卫）集体提高警觉，严防那些不碰食物、把食物藏起来，还有吃完跑去清除的人。有时候，他们会在用餐开始前锁上浴室的门，以便确保没有人能在用餐中途溜进去催吐。

20 世纪 80 年代晚期，当时我是精神科医生，有六个月的时间轮调到加州大学洛杉矶分校神经精神医学中心的饮食失调部门学习。我记得和其中一位特殊患者一起用餐的经历。这名 14 岁的女孩叫作“安珀”（化名），既苍白又枯瘦，我们在一张仿木圆桌旁毗邻而坐，她注视着自己面前的那个绿色塑料盘，上面有个普通的火鸡三明治和一个红苹果。她盯着食物，仔细凝视它们，最后抬起头看我。我很讶异地发现她流露出惊恐的神情。“我做不到。”她轻声低语道，“我真的没办法，这些食物让我好害怕。”

害怕进食。我还记得当时我心想，这可真是精神错乱啊，多么不正常。早在我变得习惯用一种比较的态度看待人类疾病之前，我就会想，这种心理疾病完全与演化原则对立。在野外，动物若蓄意让自己挨饿，肯定早晚会灭绝。

然而，大约每两百个美国女性中就有一人出现这种叫作“神经性厌食症”（anorexia nervosa，或译为“心因性厌食症”）的自愿挨饿行为。[1] 它的危险性出乎意料地高，约有一成患者因此丧命。[2] 厌食症被认为是对年轻女性最致命的精神疾病。而每千名女性中有 10～15 人会在一生中的某个时间点受到著名的清除型暴食症（binge-purge disorder），也就是神经性暴食症（bulimia nervosa，或译为“心因性暴食症”）的侵袭，同时每千名男性当中也有 5 人罹患此病。[3] 此外，还有许多迅速扩展、光怪陆离的饮食失调，这些全被归并到一个广泛的诊断类别当中，称为“饮食失调”（disordered eating）。它含括了暴食（binge eating）、夜食（night eating）、偷食（secret eating）和囤积食物（food hoarding）等棘手的行为。

饮食失调以往被视为情节轻微甚至无关紧要的，是有钱有权者的苦恼而不予理会。但由于它们在全球盛行，世界卫生组织（WHO）已宣告其为必须被优先处理的疾病。正如斯坦福的精神病学家斯图尔特·阿格拉斯（W. Stewart Agras）在《牛津饮食疾患指南》（*The Oxford Handbook of Eating Disorders*）一书中指出，所有类型的饮食失调患者数目在全世界有增加的趋势。[4]

从我诊治安珀起的这 20 年来，精神病学家对于容易罹患饮食失调者的特质和原因有了更多的了解。[5] 荷尔蒙的状态和大脑的化学作用在其中担当了重要角色。由于饮食失调有在家人间流窜的现象，因此遗传也被认为是关键因素之一。[6] 特定的人格类型尤其容易受到影响。受害者多半容易担心和焦虑，尤其对体重增加和发胖感到非常烦恼。[7] 神经性厌食症经常会和焦虑症一起被诊断出来。某些患有厌食症的人承认自己是完美主义者，或想要惩罚自己。许多人表示他们对食物上瘾，也有人沉溺于在挨饿过程中体会到的幸福感而无法自拔。他们描述自己很享受对食物与体态行使控制权，以及观看自己的状况给周围人带来的影响。[8] 精神病学的解释也指出，童年的经历和家人间的关系可能是诱发原因。

饮食失调既错综复杂又微妙难以捉摸，似乎是属于人类的疾病。就我们所知，其他物种并不像我们这样关心身体形象和自我价值感——这些事激起人类患者危险的饮食失调。还有，病人不安稳的人际关系和摆脱不了变胖的念头，无疑是深植在由文化、社会压力、媒体信息与迷因① 构成的一种只有人类才有的脉络中。

然而若进一步仔细审视兽医学数据，就会在不同物种中找出某些惊人的、重叠的饮食行为。在动物界，暴食、偷食、夜食和囤积食物都很常见。神经性厌食症和神经性暴食症（或相当于这些极端病症的表现）确实会在特定压力环境下出现在特定动物身上。虽然动物与人类患有这些疾病时的“心理状态”不尽相同，但是就神经生物学的角度而言，可能是相同的。人兽同源学的方法让我得知动物有时就像安珀一样，也会害怕进食。事实上，许多野生与驯养动物对每一餐的感觉，就像安珀的三明治带给她的

① meme，指文化信息传承的基本单位。由理查德·道金斯于 1976 年出版《自私的基因》一书时提出，以生物演化来比拟文化的传承。迷因和基因一样，能通过复制、变异与自然选择产生演化。——译者注

感觉一样——充满危险。

要了解这个意思，我们必须将两种差别非常大的研究领域放在一起。一个是当代精神病学与扑朔迷离、定义不明，但数量增长的饮食失调诊断；另一个是野生动物学与动物每日猎食时的奇想与不幸。

恐惧的生态学

黄石国家公园荒野的清晨可能是这样的：一只花栗鼠从它的洞穴探出长着胡须的鼻子，急匆匆地跑出去捡散落了一地的松果。它用前爪捧着松果，连着啃食了好几颗。然后它偷偷地将松果塞进腮帮子里，迅速回到自己的窝，将这些存粮藏进秘密地窖中。接下来，它又跑出来，朝食物迈进。它倏地竖直耳朵，睁大双眼，停下脚步，扫视四周。它注视着松果，没留意到草丛里沙沙作响的声音。突然间，一记细碎的爆裂声响。这个声音完全不同——它想逃回自己的巢穴，但为时已晚。猛扑！用力挥击！一只山猫朝这只花栗鼠的脖子狠狠咬下去，然后叼着它软绵绵的身体走开了。

在附近高大的草丛中，山猫没注意到那儿蜷缩着一只安静的野兔——它的心跳加速，肌肉绷紧，为全速冲刺到避难所做准备，不过现在已派不上用场了。它保持纹丝不动好一阵子，直到感觉安全了才恢复进食。不过，在闻到山猫气味前，它原本打算去吃的那片草地已不能再去，即使只要再往前多跳几步就能抵达也太危险了。吃几簇羽扇豆（lupine）就好，虽然没什么营养，不过也足够了。这只野兔下巴不断磨动，心脏仍急速运转，将身边容易取得的植物塞进自己嘴里。

在这只野兔放弃的草地深处，一只蚱蜢一动不动。它感觉到，但看不到一只饥饿的蜘蛛埋伏在附近。突然间，它停止咀嚼富含蛋白质的草叶，谨慎地移动到另一株新的植物上——饱含糖分的黄花（goldenrod），上颚开始在黏糊糊的花朵上迅速翻动。

在河畔的白杨丛中，麋鹿看似镇定地吃着嫩叶。它们抽动的耳朵与撑大的鼻孔，是当它们监控着悄悄靠近幼鹿的狼群时，唯一泄露出压力激素在血管中流动的线索。

在这条河湍急的水流底下，一条年轻的山鳟（cutthroat trout）藏在岩石的裂缝中。在它身旁漂流着蜉蝣若虫、蚋和其他佳肴。可惜这条鱼太年轻、阅历太浅，无法在这片开放水域中称职地扮演掠食者的角色，它谨慎地待在原地，用伪装来保护自己——牺牲了食物换得安全。

隼和雕在高空中盘旋，它们的胃充满了饥饿激素（hunger hormone）。它们追捕的猎物——从灌丛刺鬣蜥（sagebrush lizard）、鹧鸪和牛蛇（bull snake），到囊鼠（gopher）、鹿鼠（deer mice）和臭鼬等住在这片黄绿色灌木丛的警戒居民——全都要时常权衡进食的风险。究竟该在虎视眈眈的空中掠食者眼皮底下吃东西好，还是饿着肚子继续躲藏保命好呢？

当太阳开始西沉，这些动物变得更加警觉。有些动物受到饥饿驱使，很想在天黑之前捕获猎物；有些动物则从自己的食品贮藏室挑选食物，或从邻居的贮藏室偷出食物来大快朵颐；有些动物在太阳落山后醒来，趁着月光，开始危险的觅食行动。

在荒野用餐，有一件事你可以很确定——绝不无聊。每一口都涉及生死攸关的两件事：取得食物和避免自己成为食物。假如一只动物无法找到并确保自己有足够的食物，它终将死于饥饿；但它如果不够警觉，就会沦为盘中餐。在大自然中，吃饭这件事儿充满了冒险、压力和恐惧。

话说回来，假设不看黄石公园的动物，而是凝视昏暗的厨房与餐厅、已经锁门的办公室和贴着隔热纸的车窗呢？假如那些永远在匆忙奔跑、贮存食物、躲避敌人和小口吞食的动物是人类呢？假如花了一整个早上找食物，对食物着迷，为了得到或避免成为食物而改变自己行为的动物是人类呢？那么，整个局面可能会完全改变。事实上，如果这些行为是由某个 21 世纪的人所展现的，可能会让我的精神科同事非常头痛。

今天，我们不再视自己为畏缩的猎物。毕竟，人类是地球有史以来最可怕的掠食者。我们高居食物链顶端，身处文明开化的舒适生活中，绝大多数人终其一生从未直面来自非人类掠食者的现实威胁。我们当然对此满怀庆幸，可是它掩盖了一个事实，那就是我们 DNA 的记忆时间很长。

在不久之前，我们每天都得面对成为他人午餐的真实威胁。我们遗传而得的求生能力，有赖于祖先历经百万年演化发展出来的出色本能，这种本能让他们得以存活，避免落入其他生物的腹中。如今，当我们拿着一杯拿铁走出星巴克时，不会有大众汽车大小的老鹰顺势落在我们身上。不过，卑鄙阴暗的办公室政治、充满暴力的娱乐消遣，甚至是青涩的成长过程，都能触发像我们的动物祖先被饿极了的肉食动物钉上时，那种强有力的生理反应。

我们和其他动物，以及我们自己的动物祖先有一个明显的共通之处：都得吃东西。而仿效我们动物祖先的进食策略——受到恐惧、焦虑和压力影响——可能直到今天仍以古老、经遗传而得的饮食神经回路与行为残存在你我身上。这表示我们每一个人身上可能都埋伏着一个“错乱失调的”动物饮食者。

我和安珀的每日会谈选在医院或加州大学洛杉矶分校校园内的不同地点进行，有时在长椅上，有时在树下。我们搜索她的童年记忆（尽管没什么重要的，毕竟她才 14 岁）、她的想法，以及她对未来的想象——全都是为了了解她害怕进食的心理动力核心。

研究动物的生态学家无法进行这类对话，原因非常明显。就像心理治疗师一样，生态学家永远不会想去了解单独一只动物脱离自己所处世界后的饮食行为。事实上，研究动物饮食的科学家知道，一只动物因为食性表现出来的许多行为，取决于它完全无法控制的各种因素。天气、食物供给、权势高低与社会阶层——这些全都可能代表肚子饱足和肚子空空的差异。而且在野外，最大的饮食决定因子是掠食者的出现，生物学家称之为“恐惧的生态学”（ecology of fear）。

为了研究这个想法，耶鲁的科学家发明了用网状物和玻璃纤维构成的田间网笼，用它罩住一片草原，将野生蚱蜢和它们的主要食物来源（自然生长的植物）罩住。[9] 在一些围场，蚱蜢能安安静静地进食，它们多半会津津有味地咀嚼富含蛋白质的青草；可是另一群蚱蜢得和一种讨厌的不速之客——食肉性蜘蛛共处。为了保护这些蚱蜢，蜘蛛的口器被粘起来了。

蛛形纲动物的出现带来某种明显且出乎意料的效果。被迫与自己的天敌共处，让蚱蜢放弃了吃草。不过它们并没有完全放弃进食，它们选择的替代品是黄花，一种富含碳水化合物的开花植物。当重复实验，而蚱蜢必须在高糖饼干与高蛋白质棒之间做出选择时，同样也会出现偏好糖类胜过蛋白质的状况。设计这项实验的生态学家德罗尔·霍乐内（Dror Hawlena）说，这代表一件非常有趣的事：当蚱蜢因蜘蛛的出现而感到有压力时，会狂吃糖类或碳水化合物食物。[10]

掠食的威胁会加速许多生物的新陈代谢，使它们准备好随时对危险做出反应。[11] 加速引擎得燃烧血液与肌肉中的燃料，为了保持引擎加速，这些动物需要易燃的燃料。结构单一的糖类或碳水化合物最合适，它们的化学键比多叶绿色植物的长链脂肪酸或蛋白质的复杂分子更容易分解，所以它们在肠道中无须经过许多处理，身体就能迅速利用它们的能量。①

研究饮食失调的精神病学家注意到，容易饥饿的暴食者很少会过量摄取蛋白质或绿色叶菜。[12] 跟蚱蜢一样，他们大吃大嚼的东西——有时几乎到了着魔的地步——全都是糖类或简单的碳水化合物（因压力而大吃大喝，随后不会呕吐或利用泻药来抵消的人，有时会戒除这种专挑糖类或碳水化合物下手的习惯）。

在耶鲁大学的一项研究中，蚱蜢的食物选择受到它们无法控制的外部因素所驱使，换句话说，就是恐惧的生态学。当掠食威胁出现时，它们选择能加速逃跑的食物。这些动物的例子为研究人类暴食者的食物选择提供了一种鲜少被探讨的可能性。它们指出一个演化的由来。一个饱受压力的人决定放弃午餐中的鸡胸肉和蔬菜，改吃单独包装的块状糖果，可能看似毫无意义、软弱，甚至是自我毁灭。但是知道其他动物在恐惧下会偏好高糖食物，有助于让因压力而大吃大喝的人更加了解自己为何猛吃糖果。虽然他知道这么做对自己的腰围、血糖和牙齿都不好，但这种难以抵挡的冲动可能源自我们对威胁与生俱来的反应，而这种反应从古至今不知拯救过多少动物的性命。

当然，大学生在期末考那周的深夜吃掉许多糖果，经理人出差前一口气吃下大量饼干，和上述蚱蜢无论就遗传、大脑、文化与自觉而言，都是截然不同的两回事。不过身为动物，克服压力的生理

---

① 霍乐内向我解释，蛋白质也富含氮。动物必须排泄出大部分的氮，才能避免其毒性。备感压力的蚱蜢和其他动物会避免选择蛋白质，因为处理氮所需的能量若用在更紧急的活动（比如逃跑）上，会更有效益。

策略可能是相同的，其中一项也许就是在压力下会受到能为逃跑补充能量的糖类所吸引。

此外，恐惧的生态学影响的不仅仅是动物对吃的选择，也影响动物进食的时间。光暗周期会影响动物的安全感。对某些动物来说，光线可以抑制饮食；对其他动物而言，光线则能增进食欲。以一项关于沙鼠（gerbil）的研究为例，研究人员发现，在漆黑的夜里，这些啮齿动物的食量会显著增多。[13] 满月照亮大地的夜晚，它们较容易被掠食者发现，就吃得比较少。另一项针对达尔文叶耳鼠（Darwin's leaf-eared mouse）进行的研究发现，照进笼子的一道光线，就足以让它们将进食时间减半，[14] 它们吃得比平常少将近15%，体重因而减轻。蝎子也会对明亮的夜晚有类似的厌恶反应，[15] 月亮越大，它们就吃得越少。已知明亮光线疗法（light therapy）能降低某些人类暴食者对食物的渴望和过度摄取，动物的例子能帮助理解。[16] 民间传说想要粉碎深夜洗劫冰箱的冲动，只要打开电灯，让厨房充满明亮光线就行了，这背后其实是有演化根据的。

恐惧的生态学可以完全改变动物进食的方法，甚至不只是进食量和进食时间的选择。科学记者戴维·巴伦（David Baron）在以山狮（mountain lion）为主角的书《庭院中的野兽》（*The Beast in the Garden*）中提到一个有趣的故事。大约从20世纪中叶起，科罗拉多州博尔德（Boulder）附近黑尾鹿（mule deer）的举止开始变得怪异。过去它们总在黎明与黄昏时谨慎地从藏身处走出来觅食，现在却开始在大白天于博尔德一带苍翠繁茂的人工草坪上进食、闲逛，甚至分娩。这种懒散的行为，恰好与附近区域的掠食者数量异常减少同时发生——狼群在20世纪被猎捕得几近灭绝，而山狮族群也遭到大量杀戮。巴伦写道："随着大型食肉动物消失，博尔德的植食动物蓬勃繁衍。"[17]

大约在同一时间，黄石公园也发生了类似的事情。50年来，这片土地完全找不到狼这种可怕的掠食者，[18] 这对黄石公园的麋鹿产生了有趣的重大影响。它们松懈而悠闲，开始到深谷、溪流、空旷的草地等没有树木掩护的地方吃草。过去狼群就在附近时，麋鹿绝对不敢踏入这些危险、难以脱逃的地方。等到不必担心会突然遭受攻击后，它们就能有长一点连续的时间啃食嫩叶芽，去发现新菜单上的美妙滋味。除了原本常吃的青草之外，它们还吃光了三角叶杨（cottonwood）和柳树的枝叶。它们吃得比平常更多，长得更胖，还生下更多后代。

不过，这一切全都在1995年发生了变化。那年冬天，美国国家公园署（National Park Service）和美国渔业与野生生物局（U. S. Fish and Wildlife Service）将20匹灰狼放到黄石公园中他们精挑细选的地点。这些狼的出现立刻对麋鹿产生了影响。麋鹿变得更为警觉，再三抬头扫描四周，占据了它们吃嫩枝树叶的重要时间。它们改变了进食地点，在有掩蔽的森林而非空旷的低草地上吃草。当麋鹿被猎人追捕时，也会遵循这种模式。

现在约有100只灰狼巡守在黄石公园，让麋鹿紧张不安。恐惧的作用让它们恢复了在荒野中常见的谨慎和在限定区域饮食的模式。生态学家已经确定，全球各地的动物为了适应掠食者的恫吓会吃得较少、限制食物选择，并缩短进食时间。例如，澳大利亚鲨鱼湾（Shark Bay）的鼬鲨（tiger shark）在附近徘徊时，儒艮会牺牲前往水底海草床用餐的机会。住在新英格兰南部潮池中的蜗牛，感觉到食肉绿蟹在邻近出没时，会减少藤壶与藻类的摄取量。当饥肠辘辘的狮子和猎豹埋伏在附近时，黑斑羚与牛羚（wildebeest）会提高警惕。

事情非常清楚，当恐惧感升高，动物会缩小自己的活动范围，限制进食时间和食物。等到警报解除，饮食行为才会放宽。恐惧和进食的古老联结，能让医生用全新的方式去认识饮食失调。生态学家称谨慎的动物会出现“避免会面”（encounter avoidance）与“提高警觉”（enhanced vigilance）等反应，也许和人类患者的“社交恐惧症”（social phobia）与“完美主义”（perfectionism）有精神病学上的重叠。

在野外，恫吓与恐惧有许多不同表现，通常会涉及大钳、毒牙、利爪与尖齿。不过有一种威胁不使用武器，也不运用肢体，就能让动物提心吊胆。虽然没人说动物会有意识地去烦恼，但是挨饿确实是荒野中另一种常见的威胁。

焦虑的两极表现

一家现代化超市，可能拥有跟黄石公园的荒野饮食风景迥然不同的环境：笔直的走道，装满物品的货架，还有恒温空调。坦白说，除了花栗鼠将松果塞进地下[19]、啄木鸟在老树上打造“粮仓”[20]，以及蜜蜂振翅四处忙碌、酿造共有的蜂蜜之外，我从来没有思考过动物贮存食物的习惯。不过，这些行为背后的驱动力和荒野中最不祥的进食恐惧——饥饿绝对有关。

动物的食品贮藏室就在我们周围各个地方，从树顶到树根，树枝到草地、岩石、灌木丛、栅栏木桩和屋檐。数量远比我想象的多，形式也远比想象的精巧，里面贮存的不只是种子与松果，还有嫩枝、地衣、蕈、动物尸体、花蜜与花粉等其他美味佳肴。

有的鼹鼠会在自己住的洞穴墙壁打造“蚯蚓农场”，以便保持这些蚯蚓的新鲜度，方便随时食用。当它们逮到一条蚯蚓，会把蚯蚓的头咬掉，再将蚯蚓的身体埋进地道中特殊区域的冰凉土壤底下。由于只要有蚯蚓可抓，鼹鼠就会持续贮藏蚯蚓，因此这些所谓的堡垒可以扩充到相当大的程度。我阅读的数据显示，一个堡垒的重量可以超过 1.8 公斤，长度达 1.4 米，藏有一千多条蚯蚓和蛆。某些幸运的蚯蚓能在此获得重生的机会：假如它们在重新长出自己失去的头之前没被鼹鼠吃掉，就有可能逃走；尤其在春天，当土壤变得暖和，逃生机会就会大增。

在夜晚的进食时间，太平洋西北地区的山狸（mountain beaver）会将蕨类与其他绿色植物剪成小段，并将它们处理成一小捆一小捆的，藏在圆木下或堆在岩石上，甚至悬挂在低矮的枝丫与灌木丛上。随后山狸会将这些成捆的枯萎绿色植物移到自己巢穴附近特别阴凉的贮存室中，在一整年里靠这些“迷你冰箱”喂饱自己。富含水分的植物很快就会发霉，所以山狸每周都会检查存货并更换库存。你大概也会时不时地查看冰箱的保鲜贮藏格，并且丢弃那些出水腐烂的蔬菜吧。

为了不让你认为只有素食者或啮齿动物才会贮藏食物，下面要介绍其他动物为人熟知的“过量杀戮”与贮藏食物行为。研究发现，有只美洲红隼（American kestrel）曾捕杀了 7 只老鼠，并将它们的尸体藏在相邻的两丛草中；一只鸣角鸮发现一座谷仓里有处空的架子，于是它将 22 只初生小鸡的尸体搁在上面；熊、狐狸和山狮会将动物尸体藏在树叶和泥土底下，以便晚一点再吃；蜘蛛习惯猎杀超出自己食量的昆虫，并且会用蜘蛛丝将它们打包成方便外带的形式，等到晚一点再来享用；胡狼会在夜晚回到泥浆池，取回它们在白天藏在池中的肉条。

在安全隐秘的私人食品贮藏室中独自进食，能大幅减少动物处于危险、易遭猎捕的概率，而且囤积者可将多余的能量和时间用来求偶和交配。不过，囤积食物能对抗挨饿，这个好处才是真正的奖赏。

拥有足以对抗未来饥荒的粮食后，囤积食物的动物等于拥有一张安全网，保护自己安然度过食物短缺的危险期。囤积行为确实能让动物安全无虞。无论是谨慎放进紧急救难包中的干豆子与奶粉、一间堆满鲔鱼罐头的食品贮藏室，还是一台塞满鸡胸肉的冰箱，在人类世界中，安全与食物囤积也脱不了干系。

不过精神病学家认为，某些囤积行为是行为者内心忧虑不安的征兆。例如，有严重依附障碍（attachment disorder）的养子女时常会出现食物囤积行为，因为这些孩子的早期安全感被毁坏了。[21]就连囤积非食物的东西也跟恐惧的生态学有关。堆放杂志、塑料袋和收据的行为能让某些人感到安心，与这些珍藏的物品分离会让他们觉得痛苦、恐惧、焦虑。

无论囤积的是吃的、用的，还是活生生的宠物，一般都将强迫性囤积症（compulsive hoarding）视为一种强迫症。[22]强迫症和几种精神异常有关，其中包括焦虑和饮食疾病。[23]临床医生知道，绝大多数患有神经性厌食症的病人都为焦虑症所苦，其中包括强迫症与社交恐惧症。恐惧与进食的关联性是跨越物种的，在人类、焦虑的麋鹿、紧张的蚱蜢和小心翼翼的沙鼠身上，都能看见两者的关系。恐惧的生态学也是另一种动物症候群的起因，这种症候群和人类患者的表现有极高的相似性。

这很讽刺，不过，能解救罹患厌食症患者的答案，也许就藏在他们从没想过，也不想看的一个地方：养猪场。在社会压力条件下，就算身旁的其他同伴正常吃喝，有的母猪还是会自发性限制自己的饮食。它们的体重会持续减少，直到消瘦憔悴。你可以通过突起的脊椎骨一眼认出它们。就像人类厌食者的头发会变得脆弱且稀疏，患有过瘦母猪症候群（thin sow syndrome）的猪只会长出异常粗糙且长的毛发。患有厌食症的女性往往会停经（事实上，这是神经性厌食症严格定义的一部分），过瘦的母猪也会停止发情。这两种患者都可能继续让自己挨饿，至死方休。

两者的相似之处不仅止于生理学的表现。精神病学家珍妮特·崔久（Janet Treasure）和农业学教授约翰·欧文（John Owen）在他们发表的文章《动物行为与神经性厌食症之间的神秘联结》（“Intriguing Links Between Animal Behavior and Anore xia Nervosa”）中解释道，“染病的动物会限制自己摄取正常的食物……但有部分动物会吃下大量的麦秆儿”[24]。跟人类厌食症患者的某种老把戏很像，他们会避开富含营养（及热量）的食物，转而选择莴苣和芹菜等能填饱肚子，但热量低的填充性食物。更有趣的是，崔久与欧文在观察欧洲各地养猪场的猪后，发现了一件事，就像禁食的大鼠只能在笼内滚轮上不断奔跑，人类厌食症患者会在跑步机上投入一个又一个小时，而患有过瘦母猪症候群的猪非常焦躁不安，完全静不下来。崔久与欧文写道，他们在希腊规模最大的养猪场观察那些病猪后（该养猪场有三成的母猪染病），发现过瘦的母猪“花很多时间进行跟营养无关、活动过度的行为……它们会沿着自己的畜栏不停地移动”[25]。

尝试找出为什么及什么时候某些猪患有瘦母猪症候群的风险较大，研究人员开始搜寻背后的基因序列，而这番搜寻找出了一个很有趣的嫌犯。近几十年来，消费者不爱吃比较肥的肉，吃猪肉的人希望他们的猪排和腰肉是精瘦无脂肪的，就连培根都变瘦了。为了回应市场的需求，畜牧业者只好改为培育精瘦的猪，而这正是问题冒头的地方。崔久与欧文描述：“猪，尤其是那些被培育成极度精瘦的猪，很可能会发生不可逆的绝食和消瘦状况。”[26]

这里的问题是，针对瘦所进行的选拔育种（selective breeding）

"导致产生极端行为的隐性性状被发掘出来"[27]。不过几代的时间，这些性状就在猪身上显现，使得崔久与欧文怀疑，无论是猪还是人，甚至其他动物身上的神经性厌食症，也许具有"某种类似的遗传基础"[28]。① 这暗示了带有制造瘦肉编码的基因序列虽然在繁殖不受人为控制的野生族群身上退居幕后，且基本上是未活化的，但是这些基因序列可能存在于许多动物体内。

当我们观察人类时，也会看见类似的状况。针对双胞胎和不同世代的家族成员所做的研究显示，神经性厌食症的遗传力非常高。[29] 寻找"厌食基因"（anorexia gene）的同时，不免让人好奇厌食症出现的原因。演化心理学家提出了几种不同的理论，来解释为什么神经性厌食症会被筛选出来，留在我们人类祖先身上。他们的假设包括适应饥荒、社会阶层效应，以及男性偏好特定体型（丰满与纤瘦两者皆有）。

加州大学洛杉矶分校精神病学与生物行为科学系教授迈克尔·斯卓博（Michael Strober），同时也是《国际饮食障碍期刊》（*International Journal of Eating Disorders*）的总编辑，他说最有可能的是，将厌食症按照族谱一代代传承下去的基因序列跟焦虑结合在一起。焦虑、高度压力和恐惧反应，是斯卓博每天在他的加州大学办公室里诊治厌食症与其他饮食失调患者时，看见的主要特征。他告诉我："患有神经性厌食症的人，在所处环境发生变化或出现任何新奇事物时，会紧张不安。"[30]

同样，变化也会让过瘦的母猪备感压力。就算假定母猪有某种遗传倾向，需要注意的是这些母猪最易遭受这种症候群侵袭的时

① 偏好精瘦肉品的风气不仅限于猪肉。由于育种时会选择不利于脂肪多的性状，所以比如出现双层肌肉（double-muscle）的牛这类代谢怪事会突然出现在其他农场动物身上。

间和原因。研究发现，此病最常攻击的时机，是母猪生完小猪到幼崽离乳这段分娩（farrowing）期，这几个星期，在社交和身体上都很吃力、很辛苦。[31] 而且并不是只有紧张害怕的新手猪妈妈的饮食会受到影响，离乳对小猪来说也是格外脆弱、容易受惊吓的阶段。[32] 事实上，那是幼崽容易罹患猪消耗性症候群（wasting pig syndrome）这种性别差异不明显的疾病的时机。跟染上过瘦母猪症候群的母猪一样，罹患猪消耗性症候群的小猪拒绝进食，可能会变得瘦骨嶙峋，甚至死亡。年轻公猪跟年轻母猪同样容易受到此病的影响，而且发病时间多半在它们离开母猪的保护、正要进入竞争世界的那个惴惴不安的决定性时期。

一般供应猪肉商品的养猪场并不是个充满诗情画意的地方，跟你从《夏洛特的网》（*Charlotte's Web*）一书中得到的印象大相径庭。适用于荒野中猪群的严厉、与生俱来的社会阶层，导致猪群在养猪场拥挤的环境下出现了支配行为，尤其是在进食的时候。从第一天抢吸乳头，到后来在食槽旁的竞争，猪都必须为了食物奋战，而且它们会啃咬彼此的尾巴和耳朵，以夺取最早吃饭的机会。优胜者会吃得越来越肥，变得越来越健康；胆小害羞的，则注定要失败。在这样的环境下，带有会过度表现焦虑（特别是社交焦虑）基因的猪，很容易受到某种方式的伤害，而这种现象是每个中学教师与辅导老师都能一眼认出的：霸凌。猪农会注意自己饲养的畜群中有无霸凌现象，因为他们知道这会导致过瘦母猪症候群。[33] 精神病学家也逐渐认识到，神经性厌食症的成因除了较传统的解释，包括失调的性心理发展、受到干扰的家庭动力、完美主义，以及身体意象扭曲之外，与饮食障碍、焦虑和疾病也有重要关系。

知道了这一点，我们能在猪舍中找到治疗人类神经性厌食症的线索吗？假如猪农面对自己饲养的母猪和小猪绝食只是袖手旁观，他们的收入肯定会受到影响。在发现恐惧与饮食行为有关联后，有一项研究显示，服用缓解焦虑药物的小猪确实能克服绝食的倾向，并且恢复进食，从而达到正常的体重。[34] 不过，缓解焦虑药物对于染上过瘦母猪症候群与猪消耗性症候群的成猪效果不佳，它们的食欲仍然不好。有个兽医网站斩钉截铁地说："这完全无法医治。"[35] 精神病学家也许会同意，他们尚未找到一种持续有效的药物能对付已经生根的神经性厌食症。

但还是有补救的方法。猪农建议提高染病猪的畜栏温度，并且给予更多睡卧用的垫草，让它们保持温暖。[36] 同样，研究啮齿动物的科学家发现，较温暖的环境能大幅减少禁食大鼠在滚轮上奔跑的频率，甚至能扭转它们体重下降的状况。[37] 这可能是下视丘（hypothalamus）这个大脑中微小的构造产生的作用。下视丘位于脑下垂体后方，脑干上方，负责调节体温、摄食量和代谢，在刺激和抑制食欲上也扮演了重要的角色。确实，下视丘（及其他大脑构造）的早期创伤可能会导致后来出现神经性厌食症；反过来说，神经性厌食症本身可能会导致下视丘功能失常。

猪农也建议立刻增加整个猪群而非只是染病猪的喂食配给量。[38] 不管这么做能否降低夺取食物的竞争，或赶在染病猪完全落入此病魔掌之前拉它一把，它似乎真能改善整个猪群的健康。

这些方法能帮助人类厌食症患者吗？尽管那些已经发展成神经性厌食症的患者肯定需要更完整的治疗，①但出现这种疾病早期征兆的人有可能在充满压力时从调高温度这么简单的措施当中获得改善吗？从兽医与猪农的智慧中得知，医生与家人在关键的生命转折时

---

① 有项研究让某家诊所的 10 名厌食症患者每天穿上保暖背心 3 小时，结果对体重没有任何影响。

期（青春期与初为人母时）应该注意有无霸凌与社交竞争的情形发生，防范处境危险的人患神经性厌食症。

强大的社交压力

精神病学家说，有些饮食障碍会在一群易受影响的人中传播开来。[39] 只要有一个“意见领袖”，就能将失调的饮食行为传播给群体中的多数人。今天，热切的暴食症患者与厌食症患者能从诸多促进神经性厌食症（anorexia-nervosa-promoting），又叫作“专业的厌食症患者”（pro-ana）网站中学会各种花招。[40] 骨瘦如柴的名人照充斥整个网站，提供访客“瘦之启发”（thinspiration）。[41] 评论意见与博客提供了世界各地原本各自孤立的厌食症患者与暴食症患者网络支持团体，让他们在那里夸耀自己的胜利：少吃一餐、骗过父母、吐出巧克力棒与面条、超越预定的运动目标等。这些在线伙伴会对患有轻泻剂不耐症（laxative intolerance），还有在明察秋毫的父母或配偶监视下不得不假装吃下家常菜等状况表示同情。他们还分享得逞的小秘诀，包括如何在催吐后掩饰口气，以及如何在年度体检时，利用口袋中沉重的硬币骗过体重秤的指针。对这些网站的爱好者而言，自觉遭到迫害与守口如瓶，为他们带来额外的兴奋刺激。这类网站是网络管理者与家长们欲除之而后快的目标，因此经常被撤销封锁，但它们总能在其他网站或服务器上“春风吹又生”。

不过，这些拥护“厌食症生活风格”的受骗者——更别提饱受暴食症之苦的男人或大学拉拉队员——可能会大吃一惊，没想到他们竟然和当地动物园的大猩猩或水族馆的白鲸有很多相似之处。因为这些动物的部分成员也有一种让人苦恼不已（而且多半是暗地里）的习惯。动物园兽医称它“反复呕吐–摄食行为”（regurgitation and reingestion，R and R）。

反复呕吐–摄食行为的严格定义是："通过有意识的方式，将食物或液体从食道或胃反向送到口中的行为。"[42] 一只染病的大猩猩会设法呕出一团食物到口中或手中，甚至有时会吐在地上。[43] 它在这么做之前，会做某些预备动作。有人看到这些大猩猩用力戳打自己的胃、在地上清出一块特别的地方、弓起身趴在地上，或是前后摇动身体并摇头晃脑。等到那一口呕吐物涌上喉头——吐在地板上或手中，或留在嘴里——这些大猩猩会再次吞下它。它们会运用自己的手指，或直接舔食，或者再次咀嚼并咽下已经在它们口中的东西。有时候，这个过程会再三反复，将同样的"食物"呕出、吃下好几次。①

就像人类神经性暴食症，反复呕吐–摄食行为一旦开始出现在群体中某个成员身上，就会散播开来。举例来说，当猩猩群中的年长者出现这种行为，幼儿就会随之着迷，偷偷尾随那些银背大猩猩和雌性成年大猩猩，伺机偷取它们吐出来的东西。在某个猩猩群中，年轻的大猩猩在观看成年大猩猩反复呕吐–摄食后，就会学习它们弯腰屈身的姿势。这些年幼的动物会吐口水，再将自己的唾液吞进肚里，研究人员说这种行为"就算不是学来的，也会通过社会行为被强化"[44]。

许多人相信野生动物不会发生反复呕吐–摄食行为，至少研究人员尚未观察到这样的现象。[45] 无论陆地还是水生动物，这种行为在圈养环境中都极为常见。黑猩猩、海豚和白鲸这些和人类一样具有高等认知能力的动物，在非野外的环境中都曾被观察到出现反

① 动物会展现从反复呕吐–摄食到反刍咀嚼等一系列不同的呕吐行为。对许多动物来说，这是它们消化过程中寻常的一部分。反复呕吐–摄食行为之所以是暴食症的一种迷人的自然动物模式，是因为动物出现这种行为时，多半承受了莫大的压力。

复呕吐-摄食行为。一位海洋哺乳动物专家形容，有一次她看见一头白鲸呕出一道盘旋的带状白色液体，接着它像跳芭蕾舞般，优雅又郑重地将它吞进肚里。当时它正被放在水槽中展示，让水族馆的游客见证了整个令人反胃的过程。

当兽医注意到反复呕吐-摄食行为，他们做的第一件事是评估这个个体的社会环境。就像猪农一样，这些兽医会仔细监控群体的互动，看看压力源和恐惧可能来自何方，同时将群体中其他成员学得反复呕吐-摄食行为的机会减到最低。[①]

兽医很谨慎地指出，反复呕吐-摄食行为在某几个方面和人类暴食症不尽相同。事实上，反复呕吐-摄食行为反而和另一种名为“反刍症”（rumination disorder）的人类疾病有雷同之处。患有反刍症的人会反复让食物从胃部回流到口腔，然后咀嚼、吐掉或重新咽下肚。有一种兽医学理论认为，反复呕吐-摄食行为是动物让自己镇定下来或延长进食愉悦感的手法。这可能是真的，不过许多反刍症人类患者却同时患有驱动这类行为的精神疾病。

考虑到反复呕吐-摄食行为和焦虑之间的关系，这种呕吐行为会不会也和恐惧的生态学有关呢？我认为有关。尽管反复呕吐-摄

① 他们也可能会调整动物的饮食内容。牛乳制品跟人类暴食症及动物反复呕吐-摄食行为都有关。在佐治亚州，亚特兰大动物园（Atlanta Zoo）的管理员注意到，反复呕吐-摄食行为的高峰每天都出现在刚用完晚餐后。那时正是园方为了补充营养，给每只动物一杯牛奶的时候。因为想减少反复呕吐-摄食行为的发生，亚特兰大动物园的大猩猩小组从大猩猩的饮食中试验性地移除了牛奶。后来，反复呕吐-摄食行为的模式有了显著的改变。这些大猩猩还是会呕出食物，可是它们再咽下它的频率大幅降低了。在牛奶从菜单上被删除后，大猩猩转而花很多时间吃干草——这是比较适合它们的食物。有趣的是，这些大猩猩的反复呕吐-摄食行为是有季节差异的。这种行为在冬季较为盛行；到了夏季，大猩猩会比较活跃，也较少故意呕吐。乳制品虽然是可能引发呕吐的刺激性食物，但是大猿家族里有另一个成员也偏好这类食物。迈克尔·斯卓博写道：“酸奶是饮食失调患者最喜欢的食物之一。他们比较喜欢酸奶……要求他们列出自己钟爱的食物时，他们很可能会选择酸奶。”

食行为背后的恐惧不是被猎杀，而是既危险又压抑的社交压力。

拥有能因情绪而活化的消化道，对一只惊恐的动物来说，是它防卫军火库中强有力的武器。得州中部的麦金莱瀑布州立公园（McKinney Falls State Park）的黑色秃鹰是声名狼藉的呕吐者，当受到人类或其他动物的威胁，就会“激烈地呕吐”。[46] 鳞翅类昆虫学家表示，某些毛毛虫也以呕吐闻名，[47] 它们只要遇到哪怕最轻微的挑衅，也会反射性地呕吐。其他毛毛虫则会坚忍地顶住一个又一个的压力源，直到最后忍不住也开始呕吐。让我们看看消化道的另一端：有些动物会用排便作为赶走掠食者或帮助自己逃走的策略，也有些动物（包括许多哺乳动物在内）则是用排便回应恐惧或威胁。[48] 也许在一场重要的发布会之前，或者在一次充满压力的社交会面中，你也曾感觉到一股想要排空肠胃的冲动——无论是从消化道的哪一端。

我在人类文献中找不到对应的词来描述它，不过野生动物学家倒是有个很棒的名词，他们把受到威胁时的呕吐叫作“防御性呕吐”（defensive regurgitation）。虽然背后的心理机制截然不同，但是压力激素对肠道的作用可能非常相似。把神经性暴食症想成“防御性呕吐”，也许有助于医生重新考虑他们该如何着手处理、治疗这种疾病。同时，它也可能有助于患者重新勾勒这种疾病。

后来我并没有找出安珀心中恐惧的真相。不过，几个星期后，她离开了饮食失调部门，她瘦小的身体添了几磅，心中的焦虑也少了几分。之后几年，我不时在校园里看见正要从学校回家的她。她已经康复了，而且看起来很健康。

然而，假如能回到一起坐在用餐区，当她表示自己害怕三明治的那个时刻，我想改变的是，在厘清她恐惧（害怕变胖、害怕食物、害怕改变）的同时，帮助她理解自己对进食的恐惧是一种保护性生理机能误入歧途的现象。我会告诉她有关恐惧的生态学，跟她分享黄石公园麋鹿的故事。当狼群数量很多时，麋鹿是如何严格限制自己的饮食；等到掠食者离开后，它们又是如何扩充自己的饮食。我们会一同努力，协助她找出生命里的狼群，让她的恐惧与进食脱钩。安珀跟冒险走出巢穴、洞窟和地道的其他脆弱动物十分相似。威胁并非来自他们吃的食物，而是来自他们吃喝食物时置身的那个不确定且危险的世界。

第 10 章

考拉与淋病：感染的隐秘威力

2009 年，大火肆虐吞噬澳大利亚南部，毁坏无数屋舍，造成近两百人死亡。一张照片呈现了这场人类与大自然作对，造成脆弱生物进退两难局面的景象。[1] 照片中烟尘密布，一名身穿亮黄色制服的消防员忍住疲累，强打精神，蹲伏在焦黑的土地上，正在喂一只筋疲力尽的考拉喝水。这只考拉伸出自己的前掌，紧握这名救火队员的手。他的脸上满是煤烟，头发蓬乱，但专心地凝视眼前这只动物——这幅动人的影像透露出怜悯与跨越物种的互助合作。

无孔不入的细菌

全球各地的人无不焦急地持续关注这则考拉与消防员的感人故事。这只母考拉还得到了“山姆”这个绰号，它身上的烧伤在庇护所得到了救治，脚掌用绷带包扎了起来。这只被人从灰烬中救出的澳大利亚国宝象征着身处逆境中的坚强，与其说它是只有袋动物，不如用“浴火凤凰”来形容它更为贴切。

然而六个月后，山姆再度登上众多博客。[2] 这次故事没有快乐的结局，山姆死了。杀死它的并不是烧伤，而是由披衣菌（chlamydia）① 引起的并发症。它得了性传染病（sexually transmitted diseases，STD）。大家这时才知道，澳大利亚野生考拉染上披衣菌这种流行性传染病的比率之高，很有可能造成这种偶像级野生动物的灭绝。

披衣菌与考拉，这个组合就像路还走不稳的小孩儿得了心脏病一样突兀。小型有袋动物看上去很天真、俏皮可爱。至于性病，老实说，它跟任何美好的形容词可是一点也沾不上边。就算是对人体样貌和气味习以为常的医生，也很难对性病产生好感。有项针对医生进行的国际调查，将各种疾病按照名声好坏排序。[4] 脑瘤、心脏病和白血病荣登前三名，而侵袭腰部以下的疾病则全都敬陪末座。

此外，过去半个世纪以来的医学进步让我们容易扭过头，不去正视性传染疾病。在发达国家，大多数人将性病视为可治愈的；或者在最糟的状况下，是可治疗但必须每日服药的慢性疾病［想想为了治疗疱疹而使用的抗病毒药物，或者在某个更极端的案例中，为了治疗人类免疫缺陷病毒（HIV）而采用的鸡尾酒疗法］。更重要的是，普遍且有成效的"安全性行为"教育散布强有力的信息（对某些案例而言是正确的），说避孕和禁欲能让你免于性病的威胁。

可惜对动物来说，并没有"安全性行为"可供选择。其实你仔细想想，没做防护措施的性行为是非人类动物的唯一选择。没有使用保险套的机会和禁欲誓言，更别提抗生素和疫苗，无论遭遇什

---

① 严格说来，侵袭考拉的疾病是嗜衣体属（*Chlamydophila*），通常是肺炎披衣菌（*C. pneumoniae*）或反刍动物披衣菌（*C. pecorum*）。[3] 嗜衣体属的基因组，比极相近的披衣菌属（*Chlamydia*）的基因组略大一些，这正是披衣菌科分为这两属的依据。我虽然承认这个差别，但我将会采用披衣菌这个词来描述这种考拉的传染病，因为兽医也这么用。同样，虽然淋病（clap）是个特定的习惯用法，指的是淋病双球菌（*Neisseria gonorrhoeae*），但我仍用它指称一般的性病。

么传染病的阻碍，非人类动物都必须设法克服，并且活下去，以完成繁衍后代的重大责任。设想在一处仅三平方公里的荒野中，一天24小时里不知有多少“不安全”性交正在发生，你肯定会同意如果动物没有陆续染上性病、全部中镖，才值得称奇。

兽医跟医生一样，相较于其他健康问题，通常更容易忽略性病。野生动物兽医不会在帮小天鹅戴上无线电颈圈以便进行迁徙调查时，定期数它们阴茎上的生殖疣；更不会在加拿大育空地区做北美驯鹿的年度族群追踪时，一边聊天一边为母鹿做阴道内视镜检查。就连动物园为了育种而迁移园内动物时，多半也不会固定筛检性传染疾病。在生物学界，少数讨论动物性病的专业学术机构彼此并无紧密联系，而且他们零星散布在世界各地。[5]

就像大多数病人和医生的反应一样，我并非大声疾呼希望多听到有关性病的消息。我们全都应该关心它，因为性病是非常致命的疾病。人类免疫缺陷病毒（HIV）/ 后天免疫缺陷症候群（AIDS，俗称艾滋病）是全球第六大致死原因。[6] 假如将这些数字和人类乳突病毒（human papilloma virus，HPV）、乙肝与丙肝等经过性行为传染病毒而导致的癌症死亡加在一起，死亡率还会攀升。性病顽强、久远、致命，而且它们持续用计谋瓦解人类为控制它们所做的种种尝试。也许人类医生可以从某个他们从未想过要去查看的地方为人类性病患者找到解答：非人类动物的生殖器。

想想下列状况：大西洋瓶鼻海豚（Atlantic bottlenose dolphin）长出了子宫颈疣和阴茎疣，狒狒染上生殖器疱疹，交尾的鲸、驴、牛羚、火鸡和北极狐携带并传播疣、疱疹、传染性脓疱阴唇阴道炎（infectious pustular vulvovaginitis）、生殖器痘（venereal pox）和披衣菌。[7] 通过性行为传染的布鲁氏杆菌病（brucellosis）、钩端螺旋体病（leptospirosis）和滴虫病（trichomoniasis），会造成牛反复流产、降低泌乳量。[8] 一整窝小猪可能会被母猪交配时染上的细菌感染死亡。[9] 养殖的鹅若患有性病，即便不死，也会降低产蛋率。[10] 马匹的传染性子宫炎（metritis）会破坏母马的生育力，因此每匹进口到美国的生殖年龄种马都必须经过最少三周的隔离检疫，确保它不是病毒带原者。[11] 犬类性病可能会导致流产和分娩失败。[12]

刚开始认识动物性病时，我很惊讶竟有这么多种动物会受到感染。不过，要描绘出老鼠、马或大象的性交机制并不难，也可以想象生殖器接触导致传染病散播。真正令我眼界大开的是，性病病菌所偏好的阴暗宜人环境并不仅限于温血动物。珍宝蟹（Dungeness crab）很容易感染某种虫，这种虫会在螃蟹交配时由公蟹传染给母蟹。[13] 侵袭母蟹后，会寻找母蟹黏附受精卵的部位。一旦找到这个地方，这些虫就会开始吃受精卵，减少螃蟹后代发育的数量。

就连昆虫微小的生殖器也能带有性病。两点瓢虫（two-dot ladybug）这种地球上最淫乱的生物有可能通过性行为感染某种螨而导致无法生育。[14] 一只性交后的饥饿家蝇停在刚煮好的珍宝蟹浓汤上，这家伙的生殖器上可能带有某种霉菌，也是由交尾得来的。[15] 惊人的是，某些昆虫传染给我们人类的疾病，比如蚊子传播的圣路易斯脑炎（St. Louis encephalitis）、壁虱散布的斑疹热（spotted fever）在昆虫中其实是性传染疾病（假如你从没见过瓢虫、壁虱或家蝇如何性交，你可以花 20 分钟到网上搜寻相关图片。[16] 大多数昆虫采用的是有生殖器接触的插入式性交，而且它们多半偏好后背式）。

确实，在鱼类、爬虫类、鸟类和哺乳动物，甚至是植物中，都能发现性病活跃的身影。[17] 说它普遍存在于所有有性活动的族群中，肯定不会引起争议。专家同意，这类感染的数量极多。不过你也许会自言自语地说：那又怎样？没错，我们希望动物减少生病受苦；可是就人类健康而言，我们为什么要花时间去思考动物生殖器的疾病呢？老实说，既然我们不会跟这些动物性交，又何必在乎考拉得了淋病？

答案很简单，也很让人不安：因为病原体永远在找新的传播途径，而且它们发动攻击时，对人与动物一视同仁。举例来说，兔梅毒曾一度传播给英国东约克郡设陷阱捕兽的人，这些人在接触兔子后，手上长出了疮。[18] 他们和兔子并没有性接触，可是梅毒病原体才不管呢，它们开心地跨越物种屏障，通过人们手上的伤口，蜷曲在温暖潮湿的身体里。

想想布鲁氏杆菌属（brucella）的例子。这些难缠的细菌会造成雌性家畜在怀孕晚期流产，同时会让雄性的睾丸肿胀流血。[19] 其中最无情的当数布鲁氏杆菌属对生殖系统的攻击，这种常见的种类叫作流产布鲁氏杆菌（Brucella abortus）。不过，最具启发的是布鲁氏杆菌属的传播方式。牛、猪、狗通过性交传染，野兔、山羊和绵羊也是如此。[20] 但所有动物也可以通过非性交的方式——吃来感染它。在适当条件下，布鲁氏杆菌属细菌可以在许多最后动物接触的东西表面存活数月之久：饲料、水、器械和衣物，更别说是粪肥、干草、血液、尿液和乳汁了。

在多种动物身上，同样的病原体能够找到两种不同进入体内的途径——性行为和口腔。人类染上布鲁氏杆菌属细菌通常也是经口腔传染——吃下被污染的肉、未经低温杀菌的乳汁，或软质干酪。通过这种方式从动物传染给人类的布鲁氏杆菌病（brucellosis）是重要的公共卫生议题，尤其在发展中国家，每年有数千个病例爆发（它在发达国家变得较为罕见，主要归功于兽医为动物注射疫苗并监控疾病的传播）。[21]

跟家畜一样，人类感染布鲁氏杆菌属细菌的途径不止一种。染上梅毒的猎人不过是触摸过生病的兔子；日本的动物园管理员在为一头染病的麋鹿宝宝接生时，接触到胎盘与母鹿的阴道分泌物，就感染了布鲁氏杆菌病。[22]

尽管人传人的案例很少，但确实存在，传播途径包括血液、乳汁、骨髓，以及性交。[23]

同样的病原体，不同的传染途径。当我们将某种疾病归类为“性传染病”时，有没有可能因此限制了我们看待和了解这种病的方式呢？毕竟无论它们侵入生物体内的方式如何，病菌就是病菌。A 型链球菌（Stre ptococcus A）这种人类常见的致病原，会引起链球菌咽喉炎、猩红热，以及风湿性心脏病。它会通过多种途径侵入人体，最常见的是呼吸道。某人咳嗽或打喷嚏的飞沫携带细菌，另一个人会通过吸入或从球形门把、银制餐具上面获得它。不过 A 型链球菌也能通过口腔和生殖器的接触传染，导致阴茎发炎且产生脓状分泌物。人们可以通过与感染者发生性行为或舔食手指上生的饼干面团染上沙门氏菌（salmonella），不管通过哪种方式染病，都会被 40 摄氏度的高烧、可怕的腹泻和疲惫击倒。甲型肝炎（Hepatitis A）还能通过性行为，或者在一家主厨没有注意“便后洗手”指示的餐厅里用餐而散播。无论病原体运用哪个渠道侵入身体，都会带来可怕的症状：发烧、无力，以及黄芥末酱般的肤色，最后说不定还要进行肝脏移植。

研究动物性病提醒我们，病原体就像任何生物一样，也会不断演化。适合存活在身体某个部位的病种，会逐渐开发出适合居住与蓬勃繁衍的新区域。以阴道滴虫（*Trichomonas vaginalis*）为例，它是最没有特点却最常见的性病。[24] 它会使女性患者分泌一种带有鱼腥味、泡沫般的黄绿色阴道分泌物。感染滴虫的男性患者阴茎通常会有轻微的发炎或灼热感，别无其他症状。不过，阴道滴虫过去并非一直是住在生殖器上的卑微居民。[25] 古代阴道滴虫住在白蚁的消化道中，也就是说，它本来是个胃肠病菌。[26] 然而，经过数兆世代（及数百万年）的变化后，它的势力从白蚁的肠道扩充到其他动物的身体裂缝中。最后，其中一种阴道滴虫找到了方法侵入人类阴道（并且在 2007 年登上《科学》杂志封面，成为“封面病菌”）。

今天，阴道滴虫的亲戚（住在白蚁肠道的古代阴道滴虫的后裔）并不将自己局限于人类的阴茎与阴道中。其他种类的滴虫在人体与动物的不同部位找到舒适的家，比如口腔鞭毛滴虫（*T. tenax*）在蛀牙阴暗、潮湿的裂缝中繁衍[27]；牛滴虫（*T. foetus*）会引起猫咪的慢性腹泻，并且破坏牛的生育力；[28] 鸡滴虫（*T. gallinae*）实际上是许多鸟类口中特有的流行病，饥不择食的猛禽与生性和平的鸽子都不能幸免。[29]

事实上，鸡滴虫（或其近亲）将鸟类的祖先开拓成殖民地的历史非常悠久。近来对霸王龙“苏”[Sue，现存于芝加哥菲尔德博物馆（Field Museum）] 的研究显示，它可能死于滴虫感染，病菌钻洞贯穿其下颚，最后让它无法咀嚼、吞咽食物。[30]

它的感染并非通过性行为传播，这说明经过数百万个世代后，这些微生物已经灵巧地适应了新环境。像大型家族企业集团里一个儿子掌控了房地产控股公司，另一个儿子握有纺织业，还有一个儿子专注于医疗仪器业，滴虫已分化成许多种，每一种滴虫都特化成适合在特定身体区域成长繁衍。不过无论它们侵入的渠道或钟爱的环境现场是什么，它们都是同一个滴虫属的成员。因此，不管它是从某个大学新人的子宫颈被擦抹下来，还是从鹰的上食道采集而来，在显微镜下，滴虫就是滴虫。类似的病原体，不同的传播途径。

今天通过肠道传染，明天改由生殖器官散播。古老病原体的家族相册，展现了它们在我们的身上多次迁徙的证据。举例来说，数百年前，梅毒（syphilis）曾发生重大进化。[31] 这种病原体找到了一种新的传播途径。在发现目前偏好的人类生殖道这个途径之前，当今梅毒螺旋体的祖先在过去会引发一种叫作“热带莓疹”（yaws）的恐怖皮肤病。[32] 它是一种儿童传染病，通过皮肤接触感染传播（热带莓疹现今依然存在，多半发生在未开发的热带区域）。不过在近数千年中的某个时点，热带莓疹不知怎地找到了门路，侵入成人的泌尿生殖道。等它驶上这条性的高速公路后，摇身一变就成了我们所谓的性传染疾病。可是，引起梅毒这种性病的那个螺旋体仍然保留了它热带莓疹祖先的谱系，而那基本上只是种皮肤病。

假如一种病原体能用许多方法传播，而且能从一个胃肠居民突变成一个尿道专家，接着再摇身一变成为一个咽喉住户，那么我们为什么只能看见性这个传播途径呢？毕竟，许多生物能通过不同的途径侵袭我们。

这是人类医生和兽医有时会忽略的事，也是我们该关心动物性病的一个原因。因为病原体并不会区别被它们选择成为家的温暖、潮湿、营养的环境，而且它们经常突变，所以今天的动物性传染病可能会变成明天的人类食物媒介传染病。只要有机会接触人类生殖器官，而且有时间能在那儿演化，那些食物媒介传染病就有可能会突变成下一波人类性传染病。

这并不是毫无根据的理论，它正是目前在地球四处蔓延的最致命性病的写照。目前公认“人类免疫缺陷病毒”（HIV）是从“猿猴免疫缺陷病毒”（simian immunodeficiency virus，SIV）演化而来的，后者是一种存在于黑猩猩、大猩猩和其他灵长动物身上的病原体。性行为与母乳是“猿猴免疫缺陷病毒”在灵长动物族群中的主要传染途径。[33] 既然人类不与黑猩猩发生性行为，也不会让大猩猩做奶妈，那么“猿猴免疫缺陷病毒”是怎么跳到人类身上的呢？

答案是跟布鲁氏杆菌感染人类一样，也是通过摄食。这个理论是，西非的猎人在过去几十年或几百年间的某个时刻，因为吃了受感染的猴肉与猿肉，或者沾染了受感染动物的血液或其他体液，而形成“猿猴免疫缺陷病毒”的传染窝。[34] 过了许多年且历经多代宿主后，“猿猴免疫缺陷病毒”突变成“人类免疫缺陷病毒”，接着，它便利用过去在非人类灵长动物间使用的途径——性来传播。这就是一种动物疾病演化成可以人传人的传染病的过程。但是，性当然不是“人类免疫缺陷病毒”唯一的传播方式。它也可以通过血液、乳汁，还有在很罕见的状况下，通过移植感染组织与器官。考虑到病原体会利用许多途径侵入宿主，假如有另一种动物优先食用受到“人类免疫缺陷病毒”感染的人肉，这个病毒有可能会跳到那种动物身上，而且最后会修改成为适合那个族群的性行为传播疾病。

不过，当这些狡猾的微小侵略者对黏膜和其他脆弱的身体入口发动攻击时，动物（包括人类在内）可不会坐以待毙。我们也会演化出各种对抗感染的武器：白血球、抗体、发烧、黏稠的黏液和厚实的皮肤。而且有趣的是，我们不只有身体的防御措施，还会演化出许多降低感染风险的行为。咳嗽、打喷嚏、抓挠（甚至是理毛行为，像是摘取、摩擦和梳理）本质上都带有某种对抗寄生虫的效果。而且我们人类还会做出更有针对性的行为：洗手、预防接种、消毒碗盘和戴避孕套。

有些行为反应在病原体入侵我们的领空或攻破我们的城墙时发挥作用，保护我们。然而细菌、病毒、霉菌和寄生虫不必侵入我们体内，就能影响我们的生活。想想下列无意识的行为：和电梯里流鼻涕的小孩保持距离；将已开封的牛奶倒进我们的早餐前，先闻闻有无酸臭气味；倒着离开公共厕所，避免抓握球形门把。只要想到寄生虫感染，就能加速激活我们的行为策略和免疫反应。（来，让我帮你：臭虫，头虱，红眼症。怎么样，你感觉有反应了吗？）

在这些反应中，真正怪异的行为看似与对抗疾病无关，而且结果证明它们真的无关。因为这些传染病本身可能操纵了我们的行为。虽然听起来很像僵尸电影可笑的前提，但是这些微小生物影响大型动物的能力，却来自一场进行了十亿年之久，层级逐步升高、类似猫与鼠共同演化的竞赛。

奸诈的性病微生物

我见过最诡异的事是一部关于一名狂犬病患者想要喝水的影片。如果不说，从外观实在看不出这个人生了病。他没有像电影演的那样口吐白沫，也没有像只疯狗般咆哮，或者在医院病床上翻滚扭动，面露疯狂神色。这个男人看起来非常镇定，精神正常。直到有个护士拿了杯水给他，他的手突然开始颤抖。他想把杯子举到唇边，却办不到。当那杯水接近他的嘴时，他的头左右狂甩，看起来就像有人用遥控器操纵他一样。

恐水症（hydrophobia）是感染狂犬病的典型症状之一。[35] 气流恐惧症（aerophobia）也是，随着病情进展，会发展出一种控制不住的啃咬冲动。这些看似乱来的行为其实源自病毒给宿主的中枢神经系统带来的变化，而且它们对病毒本身具有意外的附加作用。这些举动实际上有助于病毒将自己传播到新的受害者身上。由于狂犬病病毒是通过唾液来传播的，因此类似引发啃咬冲动有可能是一种有效的微生物“策略”。然而截至目前，专攻传染疾病的兽医还没有找到引发恐水或气流恐惧的适应性目的。

我们不妨看看蛲虫（pinworm，学名 *Enterobius vermicularis*）。这种常见的儿童传染病会改变患者行为，诱使患者双手远离具生产力的活动（比如写家庭作业，或者在用餐前摆放餐具），转而猛烈抓挠肛门。这种抓挠对蛲虫有两大好处：它能弄破怀孕母蛲虫的身体，释放出上万颗虫卵；还有助于那些刚产下的卵卡在患童的指甲缝中，等到患童下一次吸吮手指或啃咬拇指时，它们就能进入宿主的口腔，进入胃肠道，接着在那里繁衍。

再看看弓形虫（*Toxoplasma gondii*）。[36] 感染这种原虫会给啮齿动物带来不寻常的影响，这种病会让它们变得不怕猫。从啮齿动物的角度来看，这当然非常可怕，因为这让它们成了自动送上门的猎物。可是从弓形虫的观点来说，这可是再聪明不过的手法。因为地球上唯一适合弓形虫繁衍的场所，就是猫科动物的肠道。通过让啮齿动物无所畏惧，这种寄生虫等于将自己包装成礼物，送进猫咪的尖牙利爪下……如此一来，就能确保自己生生不息。

对弓形虫而言，人类是“死胡同”，它无法在我们身上繁衍。[37] 不过当我们吃下或碰触受感染的肉、泥土或猫排泄物，这些寄生虫还是可以侵入我们体内。一旦侵袭我们的脑部，弓形虫会“囊体化”（encyst），处于休眠状态，直到有机会重新回到猫的身上。致病原并不知道它置身于小鼠还是邮差身上，也分不清自己是在大鼠还是接线员体内。不过它会持续制造化学物质，从我们的血液与组织中取得养分。事实上，我们中的许多人都感染了这些囊体化的弓形虫，而且这种微生物会影响我们的行为。子宫感染弓形虫，可能是日后发展出人类精神分裂症这种极具破坏力疾病的促成因素之一。[38]

有记录显示，脑线虫（brainworm）与其他寄生虫会使蚂蚁在聚落里大开杀戒，还会让蟋蟀与蚱蜢自杀。[39] 某种寄生蜂（wasp）会感染倒霉的毛毛虫，让毛毛虫运用头部强有力的摆动击退这种寄生蜂的天敌——椿象。虽然弓形虫、蛲虫与狂犬病都不是性病，不过也有些性传播疾病会努力提高自己对宿主的操控。人类免疫缺陷病毒和梅毒这两种性病恶名昭彰，会引发末期感染患者产生极端行为，会危及判断力与记忆力。梅毒晚期患者具有自大、冲动、丧失抑制能力等特征，这些不只导致知名的梅毒患者如美国黑帮老大阿尔·卡彭（Al Capone）、军事家拿破仑（Napoleon Bonaparte）和乌干达独裁者伊迪·阿明（Idi Amin）声名狼藉的性欲望，同时也助长了他们种种独裁行径。虽然晚期梅毒患者已不再具有传染性，也无法散播这种疾病，但的确有其他性传染疾病能引发行为改变，以促进感染能力。

这是我们能向动物性病学习的另一种方法。许多微生物依赖性行为进行传播，因此如果有可能，这些微生物会诱发有利于性交的巧妙行为。

不过，奸诈的性病微生物要怎么让两个人跳上床呢？也许它会改良男性的搭讪台词，或是让男性产生误会，将拒绝理解为"来吧"；也许它会让女性变得更具魅力；也许通过提高性欲或削弱抑制力以促成更多的性行为。

这可能是感染性病的许多不同动物的真实写照。雄性的短翅灶蟋（*Gryllodes sigillatus*）会摩擦两只后腿，发出复杂精细的和声吸引母蟋蟀。[40] 感染了某种寄生虫的蟋蟀，其歌声与未受感染的蟋蟀略有不同，这种细微的变化增加了公蟋蟀的吸引力，使它们赢得更多母蟋蟀的青睐。

玉米螟蛉（corn earworm moth）母蛾感染了 Hz-2V 性病病毒后，会开始制造过量的性信息素——大约是未受感染母蛾分泌量的二到三倍。[41] 这种额外的催情香水会吸引更多的公蛾，从而协助散播这种病毒。有趣的是，这些受感染的母蛾还会展现出一种"说'不'等于'同意'"行为。显然它们没有意识到这么做有多么不正确，但是它们抵抗的举动似乎进一步激起伴侣的性兴奋。

性交传染会鼓励某些动物一厢情愿地寻求性行为。感染了某种性传染螨的雄性沼泽马利筋瓢虫（swamp milkweed beetle）会挑衅式地干预在附近交配的成对瓢虫，打断其性交，并将另一只公瓢虫推开。[42] 如果附近找不到母瓢虫，这些受感染的公瓢虫会接近同性，并试图与之交配。

性传染疾病甚至还会改变植物的“行为”。跟所有生物一样，植物也需要繁殖。对开花植物而言，充满精子的花粉从雄蕊移动到雌蕊的卵上。要完成植物的“性交”，其中一个方法是趁着鸟、蜂与蝙蝠到处吸食花蜜时的起飞与降落，将花粉从这朵花带到那朵花，四处散播。然而，许多花的花粉里充满了微小的霉菌、病毒与寄生虫，它们全都想方设法要将自己传送到新宿主那里。动物授粉者从一朵花里爬出来，腰腹和腿全都沾满了“花的精液”，此时这些微小的病原体通常也会搭顺风车。当这只蜜蜂或蜂鸟造访下一朵花的时候，它会放下花粉，同时放下一堆花的性病病菌。

但真正让人着迷的是，这些疾病会让植物变得行为放荡（抱歉，我找不到更好的词了）。例如，白色剪秋罗属植物（white campion）的花容易受到“花药黑穗病”（anther smut）这种命名很贴切的霉菌侵袭。[43] 杜克大学（Duke University）植物病理生态学家彼得·思罗尔（Peter Thrall）发现，感染花药黑穗病的植物多半会开出更大的花，[44] 未受感染的植物开的花比较小。靠着又大又卖弄的花朵，受感染的花轻佻地迎接（而且能容纳）更多授粉追求者更加频繁地来访。通过强迫植物开出更大、更显眼的花朵，这种霉菌从生理方面改变宿主，让它变得对那些授粉动物更具有吸引力。

锥虫（trypanosome）也会采用类似策略，引发一种叫作“马媾疫”（dourine）的马类疾病。[45] 染病的马、骡和斑马会发烧、生殖器肿大、缺乏协调性、麻痹，甚至因而丧命。尽管这种疾病在今天的北美洲和欧洲已非常罕见，但马媾疫曾席卷奥匈帝国的骑兵队，几乎消灭了南俄与北非的所有马群。在20世纪早期的加拿大，马媾疫杀死了绝大多数印第安小马马群。

马媾疫会在动物交配时传播。有意思的是，科学家和兽医曾从趣闻的角度记述，当马媾疫出现在马群中，种马的性欲似乎会特别高昂。[46]

马媾疫的传染方式可能和花药黑穗病如何影响花的“行为”非常相似。充分发展的马媾疫会大肆破坏受感染动物的身体，但是感染的早期征兆非常微妙。一匹母马可能看似无比健康，除了少许的阴道分泌物让它尾巴根周边显得有些潮湿外，别无其他症状。感染马媾疫的母马通常会将尾巴略微上扬，推测是为了减轻潮湿感带来的不适。然而母马扬起尾巴也是愿意接受交配的暗号。此外，每个育马者都很熟悉的另一个动作也有同样的意思，尤其是当尾巴扬起时，这个动作再清楚不过，它被称为阴户“眨眼”(winking)。这动作由阴户的收缩与放松造成，通常会出现在母马发情时。可是身体不舒服、感染了马媾疫的母马不但尾巴扬起，阴户因有分泌物而湿漉漉的，同时也许因为阴户不适而频频“眨眼”，偏偏这些由性病引发的假宣传会煽动好色的种马。虽然种马可能会为这个错误吃苦头，但病原体却能尝到甜头。

有时候，感染与行为之间的联系可能非常曲折。许多性病最令人费解的终点是摧毁宿主的生育力。出于两个理由，你会认为这是个糟糕透顶的计谋。假如一个族群无法繁衍后代，这就代表这个病菌玩完了。少了新一批宿主，病菌的后代住在哪儿呢？此外还有另一个问题：无法生育的动物怎么会有动力进行性行为呢？

可是，病菌的成功系于它们宿主交配的频率，而非它们宿主繁殖的频率（年过五十的人染上性病的概率日渐升高，这说明性病感染需要的是性行为活跃的宿主，未必是繁殖力强的宿主[47]）。一头生育困难的雌性动物实际上可能会比已经怀孕的雌性动物更努力尝试——也就是说，更频繁地从事性行为。假如某个病原体能够通过诱发流产或避免受孕来干扰宿主的怀孕周期，就很可能因宿主增加交配而获益。性病有无可能通过妨碍繁殖，从而驱使它们的宿主从事更多性交呢？

事实上，有些兽医文献支持这个观点。例如，鹿等有蹄类动物的某种性病会让染病的雌性永远处于发情期，因此愿意接受雄性求欢。[48] 当流产布鲁氏杆菌导致一头母牛流产后，它会让它准备好迎接新的繁殖循环——流产能让它比足月分娩小牛更快进入新的循环。[49] 这个意想不到的新发现使人联想到无临床症状的感染（指那些实际上很活跃，却未主动引发症状的感染），甚至是尚未确认的病原体，也许在原因不明的人类不孕与反复流产中，扮演了比我们目前怀疑的更重要的角色。

换句话说，就算是低度感染也可能改变性功能与性行为。性传染疾病尤其擅长秘密活动，一旦侵入某个生物体内，就会毫不张扬地将它开拓为殖民地，只显露极少数公开症状。无论这些感染是小规模且受到控制，还是广泛散布且无临床症状，这些微生物确实会以看不见的方式影响我们的身体与心智。

我在加州大学旧金山分校攻读医学时，正值当地的艾滋病流行高峰，我奉命积极建议病人从事安全的性行为。就算病人只是因为耳朵痛来就诊，我也会主动把性这个议题带进问诊中。我会推荐病人使用避孕套，并且避免与多重伴侣性交。（还记得 1984 年那句经典话语吗？“当你和某人发生性关系，和你一起上床的，是曾与对方发生性关系的每个人。”）我劝告病人向潜在的性伴侣提问（“你曾经和男人发生过关系吗？”“你使用静脉注射药物吗？”）。兽医无法提醒自己的患者戴避孕套，或是在进展到“一垒”之前先来个面试。不过，我过去常推荐的预防技巧中，有一个适用于动物。我会劝告病人在和可能的对象从事性行为之前，先检查彼此的生殖器，看看有无溃疡或病变。

这个技巧的动物版本可以在鸟类身上观察到。它叫作“泄殖腔轻啄”（cloacal pecking）①，也就是公鸟在骑乘母鸟前，会好奇地轻啄母鸟的阴道开口。[50] 有些研究人员推测，许多鸟的泄殖腔开口周围长着蓬松的白羽毛或突起的“唇状物”，这是评估性伴侣健康的小帮手，因为外寄生虫和病变在浅色背景衬托下将无所遁形。假如被腹泻的粪便或其他体液弄脏，这些组织也会警告潜在追求者，这是一只不健康的鸟。②

实验室研究也显示，性交后的清洁能提供适度的保护。交合后被阻止梳理生殖器的大鼠，比起它们干净的同伴有较高的性病感染率。[52] 许多鸟在交尾后会积极地整理自己的羽毛，某些研究人员指出，这种行为可能有助于杀死想要搭顺风车的病菌。[53] 在人类案例中，用力冲洗生殖器并不能保护自己免受病毒引起的性病侵袭，但它或许对细菌感染有些许作用。[54] 一项关于南非地松鼠（Cape ground squirrel）的研究显示，性交次数最多的南非地松鼠，其自慰频率也最高。研究者推测，自慰可能是交媾后为了防止性病感染，借此冲洗的一种方法。[55]

最近有项研究显示，光是看病人的照片，就能让一些人的免疫系统进入备战状态。[56] 确实，动物也许有其他方法能依靠视觉推测伴侣的健康状况。举例而言，无论是榛鸡（grouse）的肉冠、美

---

① 鸟类具有一条合并了生殖与排泄功能的信道，叫作泄殖腔（cloaca）。

② 泄殖腔轻啄可能也有助于鸟类的精子竞争，比如篱雀（dunnock）的交合前表演有啄刺激环节，这个动作会诱使母鸟排出先前其他公鸟遗留的精子。[51]

洲家雀（house finch）的羽毛，还是孔雀鱼的体色，雄性动物身上的红色可能表明了它的适应力高低。[57] 这些动物的身体无法自行制造这样的红色，为了展现出明亮的红色，它们必须足够健康，找到并吃下蔬果或贝类当中的大量红色类胡萝卜素。与这些雄性闪电约会的任何雌性都能轻易据此辨别对方是否健康，而寄生虫则会影响这些色素的吸收。因此，动物特征的颜色若较淡，等于宣告自己的健康状况不佳。

但是，如果一想到看不见的生物菌落侵入你的身体并且控制你的行为，你就忍不住伸手去拿消炎药的话，那你就错了。和微生物的军备竞赛，最佳对策未必是焦土战。

我们会不会太干净了？

在 20 世纪 80 年代，一个英国科学家抛出了一个骇人听闻的问题，撼动了微生物学界：我们会不会太干净了？戴维·斯特罗恩（David Strachan）当时正在仔细研究花粉热是否与卫生和家庭大小有关。[58] 几年后，德国科学家艾莉卡·冯穆蒂乌斯（Erika von Mutius）着手调查儿童的哮喘问题。[59] 没想到，调查结果令她困扰。数据一致显示，哮喘最为盛行的地方并不是收入低、污染严重的东德，而是较富裕、环境整洁的西德。于是，所谓的卫生假说（hygiene hypothesis）开始流行，它主张若消灭太多长久以来占领我们体内和地球的微生物，将会带来严重的后果。它指出，过度使用杀虫剂、抗菌剂和抗生素，会在杀死有害病菌的同时，一并肃清“好”菌。这个理论还指出，老派的完美家务标准与过度仔细的食物检查，反而创造了微生物的死亡地带。这些无菌环境剥夺了我们免疫系统每天与入侵者对抗的能力，而且在丧失了可对抗的外部生物后，数亿年来不断精进的免疫系统有时会发动内部攻击。闲置的免疫系统，有时会开始攻击自己。

尽管卫生假说仍未有定论，但现在它不只被用来解释哮喘、过敏和其他呼吸道疾病，像胃肠道疾病、心血管疾病、自体免疫疾病，甚至某些癌症病例的激增也被归于这个假说。然而，没有人曾认真察看过外生殖器所处的环境，以及它是否也深受“太干净”之苦。

这指向了一个很有趣的想法：某些病原体是不是可能有益于性行为呢？大多数动物有多个性伴侣，这代表来自许多不同雄性的精子必须设法让自己在阴道、子宫与输卵管中击败群雄，脱颖而出，方能赢得这场受孕大赛。[60] 受孕可不是一种彬彬有礼、温和的消遣，它是一场激烈无情的团队竞技活动。夺冠的泳者有时会得到微小功臣的协助——这种能增强精子能力的微生物存活于精液中，可能会从阴茎转移到阴道，再转移到阴茎，接着又转移到阴道。抽插的性行为可能会将精液推进阴道，但是接下来就得靠被射出的精子和它的微生物帮忙阻挠与消灭竞争的精子了。这些病原体有的会增加精子的运动性，有的则会负责阻挡并杀死竞争对手的精虫。假如这还不够，这些团队还必须成功越过混合了接受型与防卫型微生物丛的阴道。

这代表了住在一只动物子宫或阴道里的微生物可以决定怀孕能否成功。或者当雄性伴侣不止一个的时候，它能决定哪个雄性的精子可以赢得最终的大奖：受精，让它的 DNA 获得进入下一回合生存竞赛的机会。①

这不禁让我好奇，说不定努力追求无菌的外生殖器环境其实是

---

① 关于跨物种的精子竞争战略（也就是终极生存战役），请参考马特·里德利（Matt Ridley）的杰作《红色皇后：性与人性的演化》（*The Red Queen*），该书对此有极为生动的描述。

有害的（更别提进行了抗生素疗法后会出现著名的阴道霉菌感染）。人类的免疫系统会在 11 岁到 25 岁间完全成熟，此时也正是性活动进入火力全开的时期，会为它带来一连串陌生的新微生物群。卫生假说证明了鲜少接触呼吸与消化系统病菌会有什么风险。有没有可能存在着某种生殖器版本的卫生假说呢？也许在你的生殖器上有种“恰好正确的”混合微生物，能增进你怀孕的概率，或者帮忙为你即将怀上的孩子挑选最高质量的精子？也许有个地方能让辅助怀孕的益生菌产品发挥作用，就像类似产品能改善肠微生物群系的消化力那样？或者，也许会出现某种有趣的对立面：比如研究动物身上的微小杀精病菌有没有可能导致新避孕药的诞生？

在此我必须强调，考虑到性传染疾病对人类健康的威胁，这个观点并非支持不安全的性行为。避孕套拯救了无数生命。医生和教育人员必须彻底持续强调安全性行为的绝对必要性。只不过医生应该加入兽医的行列，一起从长期的生态观点思考治疗方法，并且对于预带来不太可能发生或意外的结果保持开放的态度。

弗吉尼亚大学（University of Virginia）的疾病生物学家贾尼斯·安东诺维奇（Janis Antonovics）告诉我：“在自然族群中，治疗疾病是没有必要的。因为疾病是自然的！”[61] 医生的首要职责是治疗个别患者。但是像安东诺维奇这样的生态学家，则从病原体的角度看待感染这件事。他向我解释，每一次通过消灭或阻止措施扰动某个系统，总会出现反扑。一个人可能会看到使用一次抗生素后立刻产生的好处，可是千篇一律地、必然要杀光那些生物，会引发某些预料之外的不良反应，也许直接作用在使用抗生素的那个人身上，也可能作用在使用抗生素的所有人身上。有时候，它会用一种非常狠毒的形式重新流行起来。感染（以及创造它的所有病毒、寄生虫、细菌与其他生物）是张错综复杂、互相连接、多重面向的网，牵一发而动全身，不可不慎啊。

如果考拉山姆能晚几年出生，或许它不仅能在消防员的协助下躲过大火，还能在生物学家彼得·蒂姆斯（Peter Timms）的帮忙下逃离疫病的侵袭。蒂姆斯和他昆士兰科技大学（Queensland University of Technology）的同事合力研发了一种对抗考拉披衣菌的疫苗。[62] 这支疫苗的临床试验能略微削减感染率，也能减弱这个疾病的毒性。蒂姆斯期望有一天他的研究不只能拯救考拉，还能催生人类披衣菌疫苗。

很难想象在澳大利亚有人会反对为他们的国宝注射疫苗，对抗一种会引起目盲、不孕，还有死亡的疾病。染上这种恰巧由性行为传播，却会要了它们小命的疾病，怎么看都不是考拉的错。可是，发展对抗披衣菌、人类乳突病毒和人类免疫缺陷病毒等人类性病的疫苗，却遭到某些团体的阻挠，因为他们认为，保护罹患这种病的人，等同于鼓励散播这些性病的“不道德行为”。

不过，这正是人兽同源学观点能助一臂之力的地方。看到这些疾病发生在动物身上，让我们认识到传染就是传染——跟途径没有关系。想到染上披衣菌的人会让我们不以为然或尴尬脸红，但想到染上披衣菌的考拉却可能让我们感到无比同情。我们多半不会用一只考拉的性倾向去评断它。减少对性病的污名化，有助于改善性病的治疗。

采取演化的态度有可能激发临床对策。正如前面所提到的，研究感染的历史，能让流行病学家在识别那些已准备好跳到其他传播途径上的病菌时，拥有抢先起步的优势。就像某些“好”菌能维持肠道健康，也许有“好”菌通过性行为传播，能维持生殖器官的健康。

最后，研究动物性病能启发我们，超越原本从这些病菌造成不孕和死亡的角度来看待这类疾病。性接触感染虽然只能从显微镜里看见，却在演化生物学中扮演了重要的角色。虽然考拉山姆因披衣菌而丧命，但是它的所有性伴侣却未必都落得同样下场。事实上，尽管它们的性行为毫无防护措施，在场者均可自由参加，但是有一小部分考拉却从来没有感染过披衣菌。遗传变异让它们能抵抗感染。每一次卵子与精子的相遇都会创造出全新且独特的遗传物质组合。每隔一阵子，拥有这种新组合的生物会得到抵抗感染的优势。这就是为什么虽然“人类免疫缺陷病毒”对绝大多数人类而言既棘手又致命，但研究人员却发现，约有 1% 的人（主要是瑞典人）似乎对这种病免疫。① [64]

在无性繁殖的族群中，族群成员都带有完全相同的基因，只要遇上单一病毒、细菌、霉菌或寄生虫，整个族群就会被消灭殆尽。可是，当族群中的每个个体各自拥有略微不同的遗传组成，某些成员能存活下来的概率就会急遽增加。没有别的行为能像有性生殖这么可预期且有效地提供多样性。

对演化生物学家、传染性疾病专家和性生活活跃的人来说，以上说法还包含着一个重要的反讽含义：如今人类致力于保护自己不受性所害，但是在演化进程中保护我们的却正是性本身。

---

① 最近有个通过遗传物质对抗“人类免疫缺陷病毒”感染的戏剧性病例：一个患有艾滋病的美国人定居于德国，又罹患了白血病。为了治疗他的白血病，这位“柏林病人”接受了骨髓移植，捐赠者的 CCR5 分子基因编码带有突变。由于 CCR5 通常位于细胞表面，被艾滋病病毒用来当作进入并感染细胞的“大门”。因此，假如 CCR5 发生故障（也就是发生突变），艾滋病病毒也就无从入侵了。带有这种突变的人根本不会感染“人类免疫缺陷病毒”。这种遗传缺失主要发生在欧洲人身上。[63] 据估计，约有 1% 的北欧后裔完全免于艾滋感染，而瑞典人是最有可能受到保护的。有种理论指出，这类突变最初在斯堪的纳维亚半岛形成，后来随着维京人逐渐往南移动。

第 11 章

离巢独立：动物的青春期与成长大冒险

在南加州海岸线的一段弯曲处，隐藏着一片柔软的白沙滩。海浪闪烁着微光，温暖宜人。适合放风筝、带着海洋气息的微风阵阵吹拂，空中的一群海鸟轻松飞翔掠过岸边的碎浪。

开始吧。在孩子身上涂抹一层厚厚的防晒霜，强迫他们穿上游泳衫[①]，提醒他们在视野范围内玩耍。可是在他们飞快奔跑，浮板在背后不停地弹跳，一路冲进水中之前，我得先警告你一件事，几英里外，从旧金山南部延伸到法拉隆群岛（Farallon Islands）的这片水域中，有个地方被海獭研究人员称为“死亡三角”（Triangle of Death）。

大白鲨在冰冷的水域中来回巡行。疯狗浪、激流和变化莫测的底流迅速掠过海滨。贫瘠的海底无法支持植物生长，所以缺乏提供掩蔽、保护作用的大海带林。北边和南边的海岸区域都有成片的大海带林，唯独这里没有。这片水域深处充满了高于寻常密度的弓浆

① swim shirts，一种宽松的上衣，长短袖皆有。主要目的是在使用防晒用品外，增添另一层物理性防护。——译者注

虫（*Toxoplasmosis gondii*），这是一种令人害怕，能引发传染病的微生物，通常会在猫的排泄物和未煮熟的肉中发现其踪迹。

你不会在这片危险的水域看见母海獭，小海獭也不会上那儿去。[1] 强势的公海獭深明事理，知道不该冒险进入这片水域，所以很少这么做。就连受雇于美国地质调查所，利用无线电追踪海獭行踪的潜水员都拒绝潜入这片凶险的水域。

尽管鲨鱼攻击和原因不明的失踪在这里见怪不怪，但还是有一种大胆的海獭经常短暂造访死亡三角。它们是青春期的公海獭，海獭世界里的亡命之徒。

动物青春期这个概念可能会让你大吃一惊，就像它带给我的冲击那样。我们无疑都见识过刚刚脱离幼犬期、身材瘦长的年轻犬，它们还不能让自己不太纯熟的运动技巧配得上尺寸过大的脚掌。不过，青少年生活中的那些戏剧性事件、笨拙与危险似乎是人类所独有的。假如你把青少年无与伦比的能耐——用特异的翻白眼伤害自己的父母，或用阴郁懒散的模样毁了一张全家合照——和青春期联结在一起，没错，它可能是独一无二的。虽然细节可能不尽相同，但一个更普遍的事实将人类青少年与绝大多数其他动物联结在一起。他们全都必须经历一段紧张不安的过渡时期：一段夹在脱离成人照料与蜕变为成人中间的时期。①

我们通常称青春期为青少年时期，原因很明显，因为这个过渡时期差不多符合人类寿命当中的那个片段。在其他动物身上，从儿童逐渐转变为成人的时期可能从家蝇的一周左右到大象的 15 年，

① 亲代扶养在不同种类的生物中有不同的形式。[2] 人类采用的形式也能在许多鸟类、哺乳动物等其他动物身上看见。对鱼类与其他卵生动物而言，则是通过提供保护涂层、巢穴，或营养丰富的卵达成亲代投资，因为它们产卵后就会弃之不顾。昆虫也实行类似的策略。

长短不一。[3] 斑胸草雀（zebra finch）的青春期从它们孵化后的40天起，持续大约两个月的时间。[4] 绿猴（vervet monkey）的这趟旅程始于它们待在母猴身边，直到自己成为母亲（或父亲）为止，为时大约四年。[5] 就连低等的单细胞草履虫（paramecia）也有青春期——一眨眼就会不小心错过在短短的15～24小时内，它们的细胞核和原生质与行为一样产生的变化。[6]

医生应付处于这段时期特殊且伤脑筋的麻烦人物的手法，就跟我们处理特别复杂的器官或疾病一样——创造一个新的科别。“青春期医学”（adolescent medicine）[7] 适合这个尴尬的族群：负责诊治那些已经长大，不适合再看儿科，却又还没准备好踏入内科的病人。它处理青春期的荷尔蒙变化和性欲初萌带来的生理挑战。这个新生领域的医生无不时时留心，不容许一长串令人胆战心惊的威胁接近这些年轻人：交通事故、性病、酗酒、吸毒、重大外伤、未成年怀孕、约会强暴、抑郁症和自杀。我们多半会将青春期与行为改变联系在一起，但是近来的研究常聚焦于大脑的变化，希望有助于解释那些行为——乐于冒险、寻求感官刺激，以及想方设法融入群体的那种难以压抑的强烈欲望。

当然，所有动物在穿越这段历程，从性征尚未成熟、脆弱的儿童变成有能力繁殖、发育成熟的成人时，各有不同的事要学习。以人类为例，要学的事包括更进步的语言谈话技巧和批判性思考。不过，有一种特质能贯穿不同物种（从秃鹰到卷尾猴，乃至于大学新人），用以定义青春期。这是一段他们在冒险中学习，难免犯错的时光。

青春的勇气

一个惊人且令人沮丧的事实是，仅是身为人类青少年（尤其是男孩），就是件非常危险、稍有不慎就会丢了小命的事。在美国，儿童一旦度过婴儿期和学步早期，大多数会度过一段相对安全的短暂时光，直到他们 13 岁为止。① [8] 从这一刻起，死亡率会陡然攀升，多是因为重大外伤。美国疾病控制预防中心指出："12～19 岁的青少年，岁数每增加 1 岁，死亡率就会跟着提高，在男性身上尤其强烈。" [9] 等到 25 岁左右，在青春期十分常见的致命外伤比率会逐渐减少。[10] 成年后，主要的健康风险多为癌症、心脏病，以及其他长期疾病。

这些清楚的统计数字跟动物世界的死亡趋势很相似。加州大学戴维斯分校生物学家、《鸟类与哺乳动物对抗掠食者的防卫手段》（*Antipredator Defenses in Birds and Mammals*）一书作者蒂姆·卡罗（Tim Caro）指出："年轻动物死于掠食者摧残的比率远高于成年者。" [11] 死亡率在幼兽度过早期挑战后会逐渐降低。不过，当动物的身体茁壮成长，开始发生变化时，危险也有类似的发展。想象一头青春期疣猪没有母亲保护，第一次外出觅食的情景。由于它缺乏完整的獠牙与厚实的毛发等装备，也没有成年疣猪跑得比掠食者又快又远的能力，假如一头猎豹袭击它，它的存活机会可能很低。因为它们跑得不够快，无法像成年疣猪那样巧妙利用其他方法击退、躲避威胁，所以比成年疣猪更容易沦为掠食者的腹中佳肴。[12] 由于经验不足，它们容易误判情势，不慎闯入险地。

当然一般说来，现代人类青少年不会像我们远古的祖先被山狮或其他饥饿的掠食者猎捕，但在许多国家，青少年死于一种致命威胁的比例特别高：汽车。[13] 美国疾病控制预防中心指出，在美国，

① 在世界各地，人类婴儿期是格外危险的时期。同样，动物新生儿的死亡率也比较高，死因主要有猎杀、挨饿或意外受伤。

12～19 岁年龄群体中有 35% 死于交通事故。[14]

其他突发、暴力死因也严重威胁着青少年。世界卫生组织指出，暴力冲突每天夺走上百条 10～24 岁年轻人的生命。[15] 此外，枪击、意外、自杀、谋杀、溺水、火烧、坠楼和战争，也是全球青春期人类的杀手。①

成人对这类行为一清二楚，所以在立法与理应有远见的家庭教育中，这一点被奉为圭臬。这就是为什么你在 25 岁前比较难租到车、年轻驾驶人的汽车保险费比较高，以及设定合法饮酒年龄与合法驾驶年龄的原因。某些州和场所会规定一辆汽车允许乘坐几个青少年。新泽西州禁止所有青少年，不只是驾驶人，在车内使用电子设备。此外还要求他们必须在车牌左上角贴上一小块鲜红色的长方形标签，清楚表示他们是年轻的驾驶人。[17]

某些父母偏好自行控管孩子的安全，设立宵禁，在自家客厅塞满吸引青少年的诱饵——电子游戏、垃圾食品，甚至酒精饮料。这一派的想法认为："如果他要喝酒，我宁愿他安全地在家里喝。"

还有所谓的选择派。有一派青少年风险管理策略的核心，聚焦于教导青少年做出"聪明的选择"。但是大量的新神经学研究显示，在这个年纪，爱冒险并不是一种"选择"。[18] 青春期的大脑发生了巨大的变化，让冲动的行为压过了谨慎的克制。转变中的青少年对新奇事物总是感到兴奋又激动，他们会受到同伴的吸引，且比成人更热衷于寻找方法刺激感官，情绪反应也比较极端。

请放心，假如青春期的大鼠会开车，它们也会被收取超高的保险费。罗马高等健康研究所（Istituto Superiore di Sanita）的研究者让一群不同年龄的大鼠走迷宫，而迷宫的终点放着一份美味的零

---

① 人类免疫缺陷病毒和艾滋病在有些地区是所有年龄层人群的头号死因。[16]

食。[19] 为了拿到这份奖励，这些大鼠必须快速经过一片狭窄的木板，它高悬在一个开放空间，旁边没有任何保护的侧墙。

有一半的受试大鼠完全拒绝进入迷宫的这个区域；而另一半胆敢挑战的，都是青春期的大鼠。没有幼鼠或年长的大鼠想冒这个险。

青春期的大鼠还展现出其他常见的行为。[20] 置身新环境时，它们的焦虑程度低于其他年龄群；它们对于接近不熟悉的物体表现得比较冲动；它们不只对新奇的东西感兴趣，还会主动寻找新鲜事。

同样，当灵长动物学者把陌生的物品摆在绿猴附近，青春期的绿猴是最快冲过去的。[21] 不管那些物品是单纯中性的（一个纸箱）、不寻常但没有威胁性的（用灯泡和金属箔丝装饰的一棵树），还是带有某种程度的危险（一只假的毛蜘蛛或蛇玩偶），青春期的绿猴都积极地接近、打手势、发出警告的叫声，以及尝试去触摸。

即使得冒着相当大的生命风险，青春期的动物似乎还是很喜爱探索新事物。成年之前的斑胸草雀会接近人类，甚至停在人的手指上[22]；处于成长过渡期的海獭开始冒险进入新的地盘，比如死亡三角地带[23]。动物行为学家和人类神经学家都同意，不管在人类还是非人类动物身上，这种突然降低恐惧门槛行为都源自特定的大脑变化。

换个方式来说：爱冒险是正常的。

这不只是正常的，还是不可或缺的，因为它能产生非常特殊的作用。举例而言，为了独立生存，动物需要知道如何辨认出掠食者。虽说发现威胁的能力在某种程度上是天生的，但其中一部分必须在青春期才学得到。对动物来说，“知彼”包括了研究敌人如何嗅闻、躲藏、奔跑和攻击。而获得这种知识的一个重要方法，就是接近敌人，观看其一举一动。

想要了解掠食者，一种看似自寻死路、实则非常有效的方法是，直接朝对方跑去、游去或飞去……然后存活下来。加州大学戴维斯分校的生物学家卡罗在《鸟类与哺乳动物对抗掠食者的防卫手段》中写道："年轻的动物看见掠食者时，可能会趋前接近，察看对方，也许借此认识它的特性，包括它的动机与行为。"[24]

以汤氏瞪羚（Thomson's gazelles）为例，未成年的汤氏瞪羚时常缓步走向正在觅食的猎豹与狮子，而不是立刻躲起来。[25] 有时候，这些年轻瞪羚会尾随"猎人"一小时或更久，仿佛这些大猫是它的猎物。而且惊人的是，这些计划被打乱的掠食者常常会偷偷摸摸地溜走；如果这些青春期瞪羚还没看够或闻够这头某天可能会杀了自己的生物，就不会让对方走。

但是这种行为是以生命作为代价的。剑桥大学研究人员在坦桑尼亚进行的一项研究指出，每 417 次接近掠食者的行动中，会有 1 只好奇的年轻瞪羚死于大猫的獠牙下（相较于成年瞪羚每 5000 只才有 1 只丧命）。动物行为学家所说的"掠食者侦察"（predator inspection）广泛见于孔雀鱼、海鸥和其他鱼类与鸟类。虽然掠食者侦察往往会持续到成年后，但是这种学习始于动物的青春期，只不过缺乏经验会让这件事变得更加危险。

幸运的是，人类不是唯一一种成年者向年轻一辈示范说明的动物。研究人员将鸟类、鱼类和哺乳动物广泛采用的一种普遍教学技巧称为"群体攻击"（mobbing）。它是指一整群动物（包括有经验的成年者和成长中的青少年）成群行动，同时发出威吓的声音，可以迫使掠食者转向他处另觅食物。群体攻击是一种有效的御敌策略。[26] 不过，加州大学戴维斯分校的动物行为专家朱迪·斯坦普（Judy Stamps）指出，它还有另一种重要却经常被忽略的功能。

"群体攻击是一种让整个群体牢记'某种危险事物就在附近'的方法，"她告诉我，"假如整个群体制造出响亮的吵闹声，就有助于年轻动物记住掠食者的模样。”群体攻击比单独侦察安全，因为年轻的动物“不善于躲避掠食者”。在成年者领导的群体保护下朝危险移动，能为年轻者提供一种既安全又富教育性的近距离观察机会。

当年我念高中时，经历了一场标准的成年礼：学开车。几十年后，操控方向盘、扫描路况、打转向灯等身体技能，已深植在我的肌肉记忆中，我真的不记得当年曾经学过这些。不过，驾训课程的某个部分还烙印在我心中。和加州世世代代的新手一样，我被要求观看一部名为《红色沥青》（*Red Asphalt*）的宣传片。这是由加州高速公路巡警局（California Highway Patrol）制播的影片，全是车祸发生后血淋淋的景象：鲜血汩汩流进排水沟中，扭曲的人体躺在车底下，摩托车骑士的断肢残臂血肉模糊地散落在路面上。在其他地区度过年少时光的驾驶人可能也记得被其他宣传片吓得魂飞魄散的经历，比如《最后的舞会》（*The Last Prom*）中路边那朵被轧坏并沾满鲜血的胸花特写，或是片名充满警告意味的《轮下悲剧》（*Wheels of Tragedy*）、《机械化的死亡》（*Mechanized Death*）、《高速公路濒死挣扎》（*Highways of Agony*）等。

几十年来，这些电影被用来恫吓青少年。从动物行为学家的观点来看，它们不过是成人创造的一种工具，迫使青少年去侦察他们的头号杀手：汽车。

虽然由汽车造成的威胁是前所未有的，但《红色沥青》采用的手法则是由来已久的。从树林里藏了吓人鬼火的故事到3D环绕音效的血腥影片，人类文化总是惯用凶杀与危险的故事来吓人，接着说教。这套手法不仅由来已久，而且还很受欢迎。猜猜谁会受到这种手法的吸引？没错，就是青少年。住在好莱坞的有钱制作人知道青少年就像年轻的动物，会成群结队地去看恐怖片或投入游戏竞赛，那是他们父母因成长而放弃的世界。迅速瞥一眼等候云霄飞车的人龙，你马上就会知道，哪个年龄群体会受到这种模拟危险游戏的吸引，喜欢体验迅速俯冲时促发肾上腺素激增的化学反应。我们可能不会认为这些大众娱乐和其他动物的御敌策略有演化上的关联性，可是就像成年动物用群体攻击掠食者来教导年轻动物，成年人会杜撰故事、拍摄电影，以及制造云霄飞车——利用青少年与生俱来追求计划性风险的生理渴望大发横财。

关于威胁，不只要学会正面迎击，还要学习何时以及如何躲避。因孩子不愿与自己对视而深感挫折的父母不妨想一想，在荒野中，目光直接交会代表什么。它往往意味着你被锁定为目标了。虽然幼兽时常凝视自己身旁的每件事物，可是青春期的动物必须知道，对上了错误的眼眸，很可能会丧命。这种看向别处的反应在许多动物身上演化形成，从鼠狐猴（mouse lemur）到宝石鱼（jewel fish）都是如此。[27] 盯着鸡和蜥蜴看，会让它们定住不动。麻雀若感觉到有眼光落在自己身上，就会迅速飞走。[28] 动物出现逃避眼神凝视（gaze aversion）的行为始于幼儿到成年的过渡时期。相关研究显示，人类则在青春期前和青春期开始大量出现这种反应。[29]

虽然年轻动物正在学习如何保持警戒，但是它们偶尔会过度敏感，在什么也没有发生的情况下认定存在威胁。某些动物会对每一片树叶沙沙作响、隐隐约约的影子或奇怪的气味产生过度反应。我曾经亲眼看到一群大约 30 头的海獭被一阵响亮的喧闹声吓了一大跳，最后证明那是个假警报。当受到惊吓的动物忙着逃到潟湖的另一头时，那些青春期的海獭一马当先地跃入海中，全速抄近路逃走。而那些从容不迫地殿后，小心保持自己头部干燥的，都是跟真实危险有过较多交手经验的成年海獭。

为了测试自己的危险侦察技能，经验不足但急于学习的绿猴、海狸和草原土拨鼠时常会大喊大叫，发出不必要的警戒叫声。[30]

群体中的年长者对这些年轻成员的鬼吼鬼叫出乎意料地宽容，多半会用让对方安心的叫声回应，或者干脆忽略这些错误信号。

可是，学习辨识与躲避掠食者，其实是为绝大多数年轻动物生命中一个极为重要且更加危险的时刻做准备，那就是离巢独立。

许多生物的年轻成员会在青春期离开家人，有时踏上一段短暂的发现之旅，有时则永远离开。离家，也就是行为学家口中的“散布”（dispersal）历程，依不同种类、不同性别而有所变化。但不论是一条毛毛虫还是一匹斑马，这都是生命中无比危险的时期。

绿猴是个很有趣的例子，因为它的成长演变和许多年轻男人外出闯荡、证明自己的经典故事很相似。[31] 这些聪明的、猫般大小的灵长动物生活在非洲撒哈拉沙漠以南地区，以及加勒比海群岛的圣基茨岛（St. Kitts）与巴巴多斯岛（Barbados）。它们有灰绿色的背毛、微白色的腹部、黑色的脸孔，以及充满灵性的棕色大眼睛。绿猴的童年状况在许多人类父母听来会觉得很耳熟。在为期大约一年的婴儿期，幼猴会紧紧地黏着自己的母亲。到了一岁的时候，幼猴的活动圈子会扩展到猴群中的成年成员，它们会不分性别地参与喧闹的追逐与角力比赛。

等到年满两岁（相当于人类的8～10岁），小公猴玩的游戏会变得更加狂热和激烈，但是小母猴不再参与这些活动，它们的注意力突然被另一种娱乐吸引过去：和刚出生的幼猴玩耍，以及了解自己所属群体的社会地位阶层。母绿猴不会离开自己的原生猴群。

小公猴走的则是一条不同的路：必须抛下一切，另立门户。亲戚和朋友，熟悉的觅食地盘，猴群与成年成员会保护自己不受掠食者伤害……这些都得留下，靠自己的力量出去闯天下。

可是，危险不仅来自孤独和沿途的掠食者，也来自它们正要踏入的社会雷区（social minefield）。它们必须加入一个新的猴群。与接近并融入一个绿猴猴群相比，我们申请大学或争取第一份工作时那种难受的经历，显得轻而易举。它孤单和独立，这只青春期公猴首先必须找出一群陌生的猴子接近它们。接着，它必须威胁、挑战，最后还得跟这个猴群的优势阶层成年公猴打架。不过，外交手腕才是关键。假如它表现得太强势，就会失去猴群中众母猴的尊敬与容忍。这可能会使它功亏一篑，因为绿猴是母系群体，而握有真正权力的母绿猴可不会在受到威胁时忍气吞声；惊吓幼猴也是严格忌讳的事。因此，当这只新来的青春期公猴试图胁迫群内原有公猴时，它必须同时对母猴施展魅力。

加州大学洛杉矶分校精神病学与生物行为科学系教授琳恩·费尔班克斯（Lynn Fairbanks）花了 30 多年，来研究野生与圈养的绿猴族群。她告诉我，在耗时几周的过渡期中，公猴承受的压力无比沉重，然而这段时间非常关键。[32] 这只年轻公猴的表现将会影响它在猴群当中的地位，以及它往后接近伴侣、进食和歇息的权利。有趣的是，费尔班克斯发现过渡得最成功的公猴都会展现出一种愿意“冒险一试”的特殊态度。

她告诉我，在绿猴的世界里，某种程度的冲动是“必要的”。它会刺激公猴离家、承担挑战，并冒险加入新猴群。

虽然大多数绿猴移民必须勉强接受二等地位，但是变成猴群领袖的公猴都具备另一种共通的特质。它们的自以为是会在青春期强烈地展现出来，但不会永远维持在最高的强度。等到它们登上主宰地位后，冲动性会减弱到比较稳健的程度。费尔班克斯写道，她的发现支持了“青春期特有的高度冲动性并非一种病，而是跟日后的社会成功有关”[33] 这个看法。换句话说，你在青少年时表现得有点臭屁，并不代表你会变成一个无法无天的成人，它说不定还会把你推上更高的社会阶层。

同样，降低风险门槛——其实是一种冒险的新乐趣——很可能会激励快要长大的鸟儿离巢，驱策土狼离开共有的巢穴，敦促海豚、大象、马和海獭进入群体，以及鼓励人类青少年走进购物中心和大学宿舍。就像前面提过的，拥有一颗让你感觉不那么害怕的大脑，能让你（也许是鼓励你）正面迎战对你未来的安全与成功至关重要的威胁和竞争者。降低恐惧、增加对新鲜事物的兴趣、冲动的生物学，在许多生物身上全都管用。事实上，在青春期只有一件比冒险还危险的事，那就是不冒险。

宾厄姆顿的纽约州立大学（State University of New York）心理系教授琳达·斯皮尔（Linda Spear）著有《青春期的行为神经科学》（*The Behavioral Neuro science of Adolescence*）一书，她同意这个看法。在研究其他生物与人类神经学的那些年，她观察到“特定年龄的行为特征”[34]。她解释道，虽然我们注意到的是发生在人类“文化”脉络中的行为，但青春期的转变具有生物学基础，而且它“深植于我们过去的演化中”[35]。

换句话说，人类青少年独有的行为，其实可能有共同的生理机能在起作用。但无可否认，人类在增强危险这件事情上确实匠心独具。当一只青春期的大鼠或绿猴冲动地冒出想要探索新鲜事的念头时，不会同时还驾驶着一辆两吨重的载满了朋友的车。一头瞪羚因为尾随一只猎豹而兴奋不已时，不会同时服用了最新的“策划药”①。

对人类父母来说，知道大脑和身体的转变会引发可预期的普遍行为，并不能减轻他们的担忧，也无法缓和他们看见原本循规蹈矩

---

① designer drug，是为了逃避法律管制，利用调整现成合法成瘾药物的化学结构而制成的新型毒品。——译者注

的儿女在脚踝上刺青的苦恼，更无法平息因为看似极端或不必要的危险而失去孩子的那种悲痛。不过，若将青春期的冲动不只视为常态，更视为生理与演化的必然，也许能让那些糊涂的行为变得稍能容忍。

青春的冲撞

“死亡三角”以南几英里外，在莫斯兰丁（Moss Landing）发电厂和沼泽附近，有一处隐蔽的潟湖。独木舟新手经常来这里练习划桨，生态旅游者可以搭乘露天游艇观赏港湾里的海豹和鹈鹕。不过最吸引游客的，是一群50头左右的海獭，它们在这片平静的水域从容地漂浮、理毛、觅食、睡觉，偶尔扭打在一起。

在一个多云的8月清晨，我和姬恩·本托尔（Gena Bentall）观察着这群莫斯兰丁海獭。本托尔是蒙特雷湾水族馆（Monterey Bay Aquarium）“海獭研究与保育计划”（Sea Otter Research and Conservation Program）的生物学家，她花了数千个小时记录这些海洋哺乳动物的行为。当她饲养的小猎犬哈利从她驾驶的载货卡车后方看着我们时，本托尔和我讨论着这个海獭群体最特殊的特点：全是公的。它们的年龄老少不一，从毛色油亮微黑的青少年到毛色灰白的成年，这些公海獭将莫斯兰丁当作休息区。沿着加州海岸游过漫长距离去交配、探索其他地盘或挑战其他同性后，公海獭会游进莫斯兰丁潟湖。有些在此地长住，有些只在夜里才会现身。对海獭来说，莫斯兰丁是个非全日制庇护所：食物充足，掠食者极少。这是一处能让这些有强烈领域意识的雄性暂时舍弃领域意识，而年轻雄性向长者学习的场所。这个群体散发的悠闲情谊让我想起男性更衣间——一处让成长中的男子与成熟男人聚集、修容、吃喝、午睡、社交和比赛的地方，在这里，谁也不必为了女性争风吃醋。

处于青春期的雄性海豚、大象、狮子、马，以及许多灵长动物，会在离开出生地到创立自己家庭的这段时期，加入这样的“单身汉俱乐部”（bachelor group）。以正值青春期的非洲象为例，它们会利用这种场合与和自己年龄相仿的公象切磋过招，为“两雄对决的仪式性习惯”做准备。[36] 英国布里斯托大学（University of Bristol）的两位生物学家凯特·埃万斯（Kate E. Evans）和斯蒂芬·哈里斯（Stephen Harris）指出，青春期对这些年轻的厚皮动物来说是“重要的学习时期”，是从“具有高度结构性的繁殖群”（breeding herd）转变为“更具流动性的成年公象社会体系”。公象的假意对战，是青春期公象决定谁在那一刻占上风，借以学习“公象社会”规则的方式。

相较于年长公象群体，年轻公象组成的群体格外友善。[37] 它们会用鼻管交缠、扇动耳朵、吼叫和开心地排粪等肢体动作打招呼。本托尔则记录了海獭群类似的行为，如推挤、抚摸、用鼻子擦拱和嗅闻。[38] 公野马和斑马也会在它们离开自己的原生马群后，在大约两岁或三岁时，移居到成员全为雄性的群体中，[39] 用打闹和戏闹式撒尿来团结彼此。①

埃万斯和哈里斯认出在青春期象群中有些值得注意的闯入者：年长公象。[41] 不过，这些年轻公象并没有将这些年长公象视为不受欢迎的监护人，反而似乎喜欢它们的陪伴。埃万斯和哈里斯写道，这些年长公象会扮演导师的角色，与这些年轻公象交际往来，帮助它们学会“不必摆出竞争的威胁姿态，也能成为举足轻重的雄

---

① 母野马也会离开自己的原生马群——也许出于自己的选择，或是被自己的父亲逐出马群。[40] 尽管如此，这些成年前的母马并不会形成全是母马的群体，而是设法融入附近的马群。由于它们是后加入马群的成员，所以地位也较低。

性”。他们也指出，在某些案例中，这些成熟公象的出现似乎抑制了年轻象群中受到睾固酮驱使的好战状况。①

海獭的单身汉俱乐部包括不同年纪的公海獭。虽然本托尔没有臆测年长雄性的出现是否影响了年轻雄性的荷尔蒙，但她说莫斯兰丁的年轻海獭能来到这处隐秘的潟湖，一开始就是跟随着一头年长的公海獭才找到的。

在将加州兀鹫（California condor）这个濒危物种从灭绝边缘拉回来这件事情上，导师扮演了关键角色。[43] 1982 年，这种巨大鸟类在全世界仅存 22 只，生物学家采取紧急措施，加速育种计划。通过小心搜集刚生下来的蛋，科学家建立起一个圈养的族群。到 1992 年，野生动物保育小组已经准备好将这些兀鹫重新引入它们在加州红木林与山区的自然栖地。

可是他们遇上了一个没有想到的问题。这项工作以几年前成功重新引入北美游隼（peregrine falcon）的释放计划为范本，在此计划中，生物学家放出大量刚会飞的雏鸟（fledgling），它们已经长得够强壮，能飞，但尚未发育至性成熟，这些雏鸟正处于从仍需父母照料转变为有能力供养自己的过渡时期。这些转变中的青春期游隼很顺利地迁入附近区域，而且没过多久便开始交配，使得整个族群逐渐恢复生机。

没想到兀鹫的状况完全不同。

洛杉矶动物园“加州兀鹫繁殖计划”（California Condor Propagation Program）的主持人迈克尔·克拉克（Michael Clark）向

① 在成年公象群中，因显著增多的睾固酮分泌而造成危险行为的恶名昭彰时期被称为“狂暴期”（musth）。[42] 狂暴期的生理特征是从眼睛旁边的颞腺分泌出恶臭、柏油般泥状物的颞腺液。年轻的公象有可能经历“甜蜜狂暴期”（honey musth），这是成年狂暴期登场前比较温和的序幕，此时分泌的颞腺液颜色较淡，略带甜味。

我说明，加州兀鹫不像游隼那样独立，而是极端社会性的动物。[44]它们在成长过程中会经历很长的成年前阶段，在这个时期通过模仿榜样，学会复杂的习俗，包括从觅食与进食到休息与筑巢等一切事物。这个学习历程的关键在于和不同年龄的成员一起过群体生活，年轻的兀鹫能观察年长导师的行为，并且加以模仿。由于这批兀鹫雏鸟是在保温箱里孵化的，由人类抚养长大，所以它们没有这种经历。释放这些社会化不足的雏鸟，就创造出了克拉克所说的“《蝇王》（*Lord of the Flies*）情境”[45]。缺乏经验的雏鸟孤立无援地来到外面的世界，完全不知道自己该做些什么。有些雏鸟以垃圾为食，结果因为营养失调或中毒而生病；有些雏鸟不够聪明，选择停在电线杆上，结果触电致死；许多雏鸟在释放地点徘徊不去，后来才慢慢迁入新的地区。然而，最辛酸的莫过于因为缺乏能干的成年领导者，雏鸟竟跟随任何会飞的东西，管它是老鹰还是滑翔机。有只年轻兀鹫在一天内从大峡谷飞到怀俄明州，因为它忠实地追随了一个错误的导师，结果在一天将尽时，来到了离家千里远的地方。①

团体生活为动物提供了许多长期的好处，但是有时候将个别青少年拉进团体当中的，却是短期的大脑报偿。耶鲁大学心理学系教授艾伦·凯兹丁（Alan Kazdin）同时也是耶鲁教养中心与儿童行为门诊中心（Parenting Center and Child Conduct Clinic）的主任，他告诉我，研究显示，光是坐在同龄人的旁边和他们一起活动，就能活化多巴胺和其他与报偿有关的神经化学物质信道。[47]

---

① 感谢洛杉矶动物园、圣迭戈动物园和野生动物公园，以及墨西哥的查普尔特佩克动物园（Chapultepec Zoo），加州兀鹫的复育从开始到今天已有了长足的进展。[46]人工饲育的兀鹫雏鸟现在能在混龄团体中接触成年导师，在准备释放前也会得到充分的社会化教导。现在野生的加州兀鹫族群数目大约有两百只，分布地点遍及加州、亚利桑那州，以及下加利福尼亚（Baja California）的北部。

“有同伴在身边是一种奖励，身边少了同伴，感觉完全相反。这能解释你那14岁的小孩在家里乖戾、喜怒无常、心不在焉的行为。”[48] 他在《石板》(*Slate*) 在线杂志略带幽默地写道。

尽管单身汉俱乐部的现象普遍存在于许多物种之中，但青春期动物所组成的团体未必永远只有单一性别。转变中的信天翁会在长出飞羽到开始建立自己家庭间的这几个月，形成名叫“联欢”(gam) 的两性混合团体，异性相互往来，却不会交配。斑胸草雀也会聚集成混合两性的伙伴团体，[49] 公鸟会调整它们唱给母鸟听的求偶歌曲，同时努力唱得比其他公鸟动听。年轻的公鸟和母鸟会一起用喙理毛。有时这个团体会解散，让这些年轻鸟儿飞回父母的巢穴讨食物吃——人类父母对这个行为应该不陌生。

远古的青少年动物也会形成团体。[50] 在蒙古一处9000万年前的沉积地层发现了一群恐龙化石，它们的年纪为1～7岁，距离这种恐龙的性成熟期（通常出现在10岁）还有几年的时间。古生物学家认为，这些两足行走的植食性恐龙可能没有成年者监督，它们形成社交性群体，一起四处流浪。

粉红鲑 (pink salmon) 的成长完全没有父母警惕的眼神守护。[51] 孵化后没几天，它们便会离开自己出生的砂砾巢穴，在黑暗的掩护下，开始往下游的外海移动。然而，在潜入北太平洋辽阔的水域之前，这些年轻的鲑鱼会在出海口附近平静的浅水水域停留一两个星期。在这个安全的环境中，这些成年前的鲑鱼开始学习如何维持鱼群队形游泳。首先，它们会三三两两集合成群；几天之后，群体成员会变成五或六条；到最后，结合成一个很大的团队。它们的每日课表跟人类青少年的极为相似。早上与下午都待在鱼群中，夜晚来临时团体解散，单个成员漂浮在水面附近，直到第二天早上再度集合为止。当这些鲑鱼学习鱼群队形变换及其鱼类生活的规矩时，它们也同时了解了自己在整个鲑鱼社会阶层中的位置。没有成年鲑鱼示范理想行为，这些年轻鲑鱼靠着本能和不断摸索找到最佳的进食地点，并确保自己成年后的优势地位。我从来没有想过鱼类需要学习“成群游动”（schooling）这种极具代表性的同步游泳队形，或是某条鱼会比其他鱼更擅长这种技能。

成群游动、成群移动、成群飞行——隶属于某个群体且在群体中移动——给脱离婴幼儿时期的个体提供适当的保护。群体代表着更多的警戒、更多双眼睛、更多能发出危险警报的声音。可是，这是有代价的。个体聚集在一起形成一个群体，就必须学会让自己不引人注目。一只鱼鳍伸向某个古怪方向，整个群体向右急转时却出现一个向左急转的，所有同伴都换上灰色外观时唯独一个亮出白毛或白羽——任何奇特或突出的表现，都会让这只动物在掠食者眼中变得无比显眼。青春期的这堂交融协调课程，对动物未来的生活大有用处。

我们人类不会成群游动、成群移动，或成群飞行。也许假如我们足够仔细去聆听人类青少年想要融入的要求，就能发现某种演化历史的微弱回声也曾指出惹人注意会招来危险。也许这说明在父母责备孩子极度渴望“赶潮流的”耐克运动鞋或牛仔裤是虚荣拜金，或是过度跟风之前，他们应该考虑一个不同的观点：青少年想要融入群体的强大驱动力，可能代表了某种珍贵且远古的保护性演化遗迹。

无论是莫斯兰丁的海豹突然爆发混战，还是坦桑尼亚的大猩猩在一场“抓鬼游戏”中互殴，或是粉红鲑学习成群游动，同伴团体都给予青春期动物练习社交行为和评估自己在群体中所处位置的机会。就像高中生摸清楚自己究竟是运动员还是拉拉队员，是沉溺戏剧的爱好者还是数学竞赛高手，动物也会经历相似的分类过程。它们对自己将要参与的竞赛和所属社群形成某种想法，知道融入和成为赢家需要付出什么代价。

不过，群体也有棘手的对立面。虽然它们可以是安全、愉快和必要的，但它并不是被动的庇护所，单纯庇护年轻的人和动物，直到他们准备好踏入成年的世界。群体是复杂的社会实验室，是让年轻动物练习成年行为的场所。而且对社会性动物，尤其是长寿的社会性动物而言，它们最想弄清楚的、最重要的事，就是社会地位。

有时候，青春期动物面对的最大风险并非来自外部掠食者，而是内部成员。苏珊·佩里（Susan Perry）写了一本很有趣的书，记述了她在哥斯达黎加的森林中研究卷尾猴的岁月。[52] 佩里在这部名为《操纵的猴子》（*Manipulative Monkeys*）的书中写道："卷尾猴的主要死因是与其他卷尾猴发生冲突。"竞争的帮派会争夺地盘、伴侣，以及各种资源，多数暴力都可归因于此。但是团体也会造成其他独特的危险，它们会用激将、哄骗与羞辱等手法，让对方去做它们自己落单时绝对不会做的事。她告诉我，她曾观察到几只拥有"很高的社会智力"[53] 与"高明的交际能力"的卷尾猴在加入某个单身汉俱乐部后，便沦为激烈的蓄意破坏者与暴力者。

她追踪了一只卷尾猴。这只年轻的猴子叫作"小精灵"（Gizmo），它加入了一个由年轻的公卷尾猴组成的帮派，研究小组称这个帮派为"迷失男孩"[54]。身为一只年轻的猴子，小精灵表现出适当的社会顺从，而且看似正朝一个虽然并不杰出但却稳定的卷尾猴群生活迈进。可惜在脱离童年后，小精灵开始受到危险处境的吸引。它受到它冲动的哥哥怂恿，经常与体形较大、年纪较长的公卷尾猴发生口角，最后总是遭到一顿毒打。

当小精灵身上的伤疤与碎裂的骨头越来越多时，它所属的帮派开始吸引新成员加入。很快，成员总数达到八名，身上的伤疤和失败的求爱记录一个比一个多。情况迅速失控。它们不断流浪，恐吓附近的邻居，一直无法顺利在一个混合性别、不同年龄的稳定家族群体中安顿下来。当佩里跟我谈起“迷失男孩”，她的口气就像是束手无策的高中老师，只能悲伤地看着自己的学生在不知不觉中陷入青少年犯罪中。

佩里说：“它们的问题在于，成员数目实在太多了。其他的卷尾猴群看见有八只年轻公猴想要加入，就会严肃地反对它们迁入。”佩里强调，全雄性群体的移居是一个正常且必要的生命阶段——没有保证安全的做法，然而它们全都必须经历这件事。“迷失男孩”这个案例最引人注目的是，由于它们的群体过大而被卡在过渡阶段。受到卷尾猴社会的排挤，小精灵最后以被社会遗弃者的身份死亡，永远没有机会在较大的社群中爬上有用的社会地位。

同样的事也发生在人类青少年身上。“违法与犯罪行为……较可能发生在青春期的群体中，而非他们成年后。”[55] 天普大学（Temple University）的青春期专家劳伦斯·斯坦伯格（Laurence Steinberg）这样写道。饮酒、危险驾驶、危险性行为在青少年团体中更流行、更危险，且更有可能发生。

无论是动物还是人类，依附错误的一伙人或与错误的一帮人纠缠不清，都会带来致命的结果。

青春的印记

2010 年 9 月，雷蒙德·蔡斯（Raymond Chase）、科迪·巴克（Cody J. Barker）、威廉·卢卡斯（William Lucas）、赛思·沃尔什（Seth Walsh）、泰勒·克莱门蒂（Tyler Clementi）和阿舍·布朗（Asher Brown）六名青少年，死于相同原因。[56] 虽然他们的年纪从 13 岁到

19 岁不等，住在不同州，但有一个令人悲伤的共同点：遭到霸凌后自杀身亡。

他们的死亡被加进 2010 年全美数千名青少年自杀的名单中。[57] 自杀是青春期人类的重大健康威胁，在全美 8～24 岁国民中，是第三大常见死因。

就像自杀的成人，动手结束自己生命的青少年通常患有隐晦的精神疾病，尤其是抑郁症，或具有消沉抑郁的心理环境。然而，青春期情绪速写中有个常见的部分可能会使这个年龄层的人特别容易自尽：他们与日俱增的冲动。一个冲动的青少年若能取得可以自毁的实体凶器与药品武器，就会把棘手的困境变成致命的处境。

心理解剖（psychological autopsy，在自杀发生后，由精神科医生进行大量的面谈与调查，以找出死者生前的心理状态）显示，触动青少年自杀的原因，在不同案例中竟然非常相似。首先是失落，例如好友或家人的死，挚友搬家，这些对交友甚寡的青少年打击尤其大；其次是拒绝，比如遭到女友或男友拒绝；还有强烈的难堪，比如被踢出某个团队、重要的考试没过关、遭受老师公开的羞辱训斥等。

失落，拒绝，强烈的难堪，这些能触发人类自杀的因素也会发生在动物群体中。只不过动物行为学家给它们取了不同的名字，如孤立、排斥、顺从，以及姑息、失落、拒绝、难堪，这些词汇混合描述了促成动物群体中社会地位消长变化的复杂反应与行为。

决定地位与维持地位，占据了社会性动物群体中绝大多数的活动。居优势地位的动物对群体中低阶层成员的攻击似乎很常见，海獭、海鸟、狼与黑猩猩等动物都是如此。而且社会阶层是不断变动的，高居顶端的位置永远都不牢靠。许多动物行为学家指出，找低阶层成员的麻烦是优势地位动物展现并维护其优胜者身份的一种公开、有效的方式。尽管并非每只动物都能成为领袖，但置身高位能带来重要的好处，通常包括对伴侣、食物地盘和栖身之所的专属控制权。

在人类社会，总能看见居优势地位者攻击低阶层成员，我们使用“霸凌”这个比较口语化的词汇来描述这种恃强欺弱的现象。多年来，我们总是说这些恶霸没有安全感，这些孩子对自己“感觉很差”，找别人的碴儿能短暂提高他们的自尊。可是近来的研究指出，一般说来，这些恶霸的自我感觉相当良好。[58] 他们的自尊感好得很，根本没有问题。他们往往稳坐社会食物链的顶端，被跟班、野心勃勃的人以及沉默的旁观者包围，而这些人很高兴自己不在恶霸的炮火攻击范围内。

假如动物和人类的霸凌有某些共通之处，那可能会是为了展现力量与优势，以及给想要挑战现况者杀鸡儆猴的教训。这个跨物种的观点让我们对恶霸为什么时常来自人类社会阶层顶部而非底部，有了更深入的了解。

动物能帮助我们了解人类恶霸如何选择他们的受害者。在某些动物群体中，与众不同会让个体变得比较容易受到攻击。

跟动物掠食者一样，人类恶霸会不时寻找受霸凌者和群体之间的不同之处。在北美，恶霸攻击的常见对象之一是承认自己是（或被认为是）同性恋的男孩。事实上，发生在 2010 年 9 月的六桩自杀事件除了案发时间一样之外，还有另外一个共同点。这六名青少年全都是在因为看起来像同性恋而被人不断骚扰后，结束了自己的生命。

究竟动物中发生过多少真正的“霸凌”，实在很难说得准。假如我们将霸凌定义为高层动物对低层动物的攻击行为，那么数量应该相当多。野生动物学家和兽医经常将没有发生严重伤害后果的雄性对雄性斗殴归类为“闹着玩”。确实，当你观察一群年轻动物混战式的游戏，无论对象是海獭、海豚、马、卷尾猴、兀鹫、幼猫还是幼犬，“打打闹闹”和“霸凌”之间的界限也许并不清楚。正像人类父母未必分辨得出是不是霸凌，我们看见动物群体中的某些“作势攻击”或“假战斗”，也许比我们原先以为的更激烈且更怀有恶意。

在动物之间，同伴的压迫有时来自手足的尖牙利爪。英国牛津生物学家蒂姆·克拉顿-布罗克（Tim H. Clutton-Brock）在他发表于《自然》的文章《动物社会里的虐待》（“Punishment in Animal Societies”）中，描述霸凌对蓝脚鲣鸟（blue-footed booby）造成的冲击。[59] 蓝脚鲣鸟通常一窝会生两颗蛋，第一颗孵化的蛋多半是手足中强势的那个，它会欺压第二个出生的同胞，通过啄和推挤展现自己的权威。就算较年轻的雏鸟后来体形大过它专横跋扈的手足，这种早期建立的巢内优势支配关系仍会持续终生。

近来，生物学家在另一种鸟——橙嘴蓝脸鲣鸟（Nazca booby）身上调查恃强欺弱的习性有没有可能跨越世代被传播开来。[60] 他们注意到，当这些太平洋海鸟的父母离家觅食时，没有血缘关系的年长雏鸟会飞到别人家没有防卫的巢穴里，欺负雏鸟。这些较大的鸟会用自己橘黑色的喙啄年幼雏鸟的脖子和头部，而被欺负的小雏鸟则逆来顺受地忍耐，将自己的喙藏在毛茸茸的胸膛里。生物学家观察到一个特别有意思的欺凌模式：小时候最常被攻击的雏鸟，长大后最有可能去攻击其他雏鸟。这些太平洋海鸟可说是大自然中“受害者变成加害者”的典型。

人类抑郁症和霸凌的关联也许只会为冲动的青少年带来特殊的危险性。然而，动物若对于被找碴做出无言、顺从，甚至消沉沮丧的反应，反而可能会让处境变得比较安全。在一场跨越社会阶级的暴力冲突中，输家可能足够聪明，懂得撤退，而不是硬要碰碰运气，再次上场挑战。为数众多的动物研究清楚显示，不甘于认输求饶会导致优势的一方增加攻击强度。

虽然大多数关于霸凌的电影和漫画会以受害者抵抗还击收场，而且往往能打倒恶霸，但是这类复仇幻想通常不会在动物世界中实现。偷偷溜走，到其他地方舔舐伤口，或者设法另觅其他路线，避免再遇到对方，往往会比跑回去与同一个恶霸再三打斗合理得多。

对照动物与人类的行为，并不能“解决”或“纠正”复杂人类社会的问题（比如霸凌）。不过，抱持跨物种的态度，也许能指引我们寻找对策。

据我们所知，当一只没有防卫的海鸟受到虐待，一只不受欢迎的绿猴被猴群驱逐，或者一只好奇的年轻海獭在第一次独自外出觅食时丧生，它们的父母几乎不会为此流泪——也许只有通过望远镜观察这些动物的田野生物学家会为它们洒一把同情泪。不过，亲代抚育确实存在于各种生物身上。无论是一条盲鳗游开之前在一窝蛋上分泌一层保护黏液，还是一只黑猩猩向一只年轻黑猩猩示范用白蚁钓鱼的技巧，所有的动物父母都会关心它们成长中的子女进展得顺不顺利。

就算等到子女长大，能独自生活与繁衍，某些动物在它们有能力自食其力后，仍旧会得到父母的照料。譬如克氏长臂猿（Kloss's gibbon）的父母会保卫孩子的地盘，直到它找到伴侣为止。[61] 三趾树懒（three-toed sloth）的母亲就像食叶的树栖版直升机父母①，会空出自己地盘的一小块，以协助孩子展开它的成年生活。[62]

---

① helicopter parents，指父母像直升机一样在孩子身边盘旋，时时刻刻关注孩子的需求，为孩子解除危险，过度干预孩子的成长。——译者注

当然，青春期的独角鲸、园丁鸟或海獭的父母和它们互动的方式，和人类父母的手法大不相同——无论你的风格是日本式的贤惠、俄罗斯式的英勇，还是北美的“虎妈”。大脑、社会结构、发展、基因和环境不同，所属物种也不同。不过，从人兽同源学的角度思考家长的身份，倒是揭露了一项深植于所有物种父母的事实：父母的基因能否顺利传承下去，得视其子女能否存活且成功繁衍后代而定。

对某些运气很差的人类父母而言，青春期的冒险与冲动可能会导致悲剧。他们的孩子太早接触酒精与毒品，会踏上伤害、意外死亡与成瘾之路。[63] 此外，他们的孩子必须通过的社会雷区，可能会造成以严重抑郁症或自杀形式出现的伤亡。

假如你已为人父母，当你尝试压抑因孩子错过宵禁迟归的怒气时，这种知识无法缩小哽在你喉咙中的那份不快；当你忍不住动手拨开青春期孩子脸上那一绺遮住眼睛的头发时，它可能无法让你住手；当你打开一封包含你家孩子大学入学考试成绩的电子邮件时，它恐怕无法平息你加速的心跳；当你家孩子在体育比赛中的最后几秒获得胜利，它也不大可能镇住你口中发出不由自主的兴奋尖叫。

不过，当你发现自己因为青春期孩子的行为、外貌或前途而情绪激动时，一个跨物种的建议也许能让你省下看精神科治疗师的安排。与其怪罪“文化”，或在早期童年经历中寻找让你反应过度的源头，不如花一点时间仔细凝视被遗留在演化时间轴上的东西，然后想想你养育子女的远古动物根源。

此外，罗伯的儿子查尔斯的故事或许能增强你的信心。16 岁那年，查尔斯看似走上了歧途。他觉得学校课业很无聊，也找不到念书的动力，成绩因此徘徊在退学边缘。老师说他缺乏专注精神，除非课题是他感兴趣的，否则他连碰都不想碰。雪上加霜的是，查尔斯喜欢追求冒险，例如开快车兜风和射击。等到好不容易上了大学，抽烟喝酒成了他的注册商标。

罗伯非常绝望，他多次设法让儿子认真面对自己的学业和20岁以后的人生。他设计了一个“紧急应变计划”，想挽救他儿子的未来。在某个软弱却值得怀念的时刻，他告诉查尔斯：“你会让自己和所有家人蒙羞。”[64]

不过，别为查尔斯担心，他并没有为自己的冒险、叛逆、拒绝接受这世界是长辈告诉他的那个模样而付出太多代价。事实上，他充分利用自己特立独行的天性，创造出科学史上最有名的一个成就。这个成熟的查尔斯就是查尔斯·达尔文（Charles Darwin），后来他甚至很体谅父亲当年严厉的管教，说：“我的父亲是我所知最和蔼可亲的人，我全心全意敬爱他。当年他说出这些话的时候，想必是非常生气。”[65]

以下事实或许能让现代父母稍为宽心——大多数青少年都能顺利度过青春期，或许带点小瘀青，受到些羞辱，但是他们在后面的人生旅途中会变得更加强壮。

毕竟，大多数卷尾猴不会和帮派一起浪迹天涯，然后孤独终老；大多数鲑鱼会弄明白该怎么成群游动；大多数绿猴会顺利进入一个新猴群；大多数瞪羚会学会远离狮子，并继续生儿育女。还有，大多数加州海獭能存活下去，而且将“死亡三角”远远地抛在脑后。

第 12 章
人兽同源学

1999 年的夏天，纽约市皇后区空中出现了数百只歪歪斜斜飞行的乌鸦，然后它们突然暴毙，落在人行道上。特蕾西·麦克纳马拉（Tracey McNamara）不禁感到一阵恐惧。[1] 因为很少会有单一物种染病后突发死亡，而附近的其他动物却安然无恙。几个星期后，布朗克斯动物园（Bronx Zoo）中由她负责照料的外来鸟类开始大批死亡。麦克纳马拉心里清楚，某种禽鸟杀手正逍遥法外。如果她不能马上找出凶手，这个恶徒会将动物园里的全部鸟类尽数消灭，不留活口。

麦克纳马拉是布朗克斯动物园的兽医和病理学主任，她立刻着手做两件事。身为一个负责的员工，她打电话给纽约州野生动物保育官员，向他们通报在布朗克斯动物园出现了某种令人担忧的致命传染疾病。

可是麦克纳马拉也是个正经严肃的皇后区居民，拥有康奈尔大学博士学位，以及多年在显微镜下鉴别组织的经验，对鸟类疾病见多识广。秉持着特立独行的性情与对精彩医学谜团的热爱，她自己展开了调查。凝视着放大的载玻片直到深夜，身边摆满瓶瓶罐罐的两栖动物和外来爬行动物真菌的标本，麦克纳马拉寻找着线索，试图解开什么杀死她的鸟的谜团。有件事非常明显，这个凶手动作敏捷，无情冷酷，使受害鸟类的大脑无法正常运行，并且摧毁其他器官。鸟死于脑部大量出血和心脏受损，这强烈指向由某种病毒引发的脑炎（encephalitis）。但这是哪种病毒呢？

麦克纳马拉知道三个重大嫌疑犯：引起新城病（Newcastle disease）、禽流感（avian influenza）和东方马脑炎（eastern equine encephalitis，EEE）的病毒，这三种病毒全都以攻击鸟类而臭名昭著。由于时间紧迫，麦克纳马拉开始逐一排除嫌犯。新城病和禽流感具有高度传染性，通过动物传播，它们可以立即消灭邻近的成群飞禽。但是它们不可能是犯人，因为动物园中的外来红鹳和老鹰已经奄奄一息，可是儿童动物区的鸡和火鸡都平安无事。麦克纳马拉将二者从名单上除掉。这么一来只剩下东方马脑炎了。可是麦克纳马拉很清楚，动物园中的鸸鹋（emu）没有生病，这似乎可以排除东方马脑炎。这种跟鸵鸟长得很像的大型鸟类特别容易受到这种病毒的攻击，假如凶手真是东方马脑炎，鸸鹋肯定会展现出病征。去掉三个选项后，麦克纳马拉手上的嫌犯一个也不剩。

它肯定是一个不同的致病原，一种并不通过鸟传鸟散布的病毒。麦克纳马拉突然想到蚊子。儿童动物区在太阳下山前就闭馆了，而且会在太阳高高升起后才开馆。在黎明与黄昏这两个蚊子主要的进食时间，此区的鸡和火鸡都安全地待在馆内。而红鹳、鸬鹚和猫头鹰这些外来鸟类却危在旦夕，因为它们在动物园闭园后仍待在户外。这可不是个令人欣慰的猜测。假如蚊子真的正在散播这种传染病，不管它是什么，鸟类都不会是唯一身处险境的动物。任何能为蚊子提供大餐的温血动物（像犀牛、斑马和长颈鹿）全都有危险了。这一瞬间，麦克纳马拉有种不祥的预感，那就是纽约地区的人类也将大祸临头。

时间来到8月下旬。大约一周之前，纽约附近的急诊室医生开始追踪一种突然发生在老年人身上的神秘疾病。它看似神经方面的疾病，患者会出现高烧、虚弱和精神紊乱的症状。有些病人的大脑出现肿胀——脑炎。当患者人数达到四人时，某家皇后区医院的传染病专员发出了警报，于是位于亚特兰大的美国疾病控制预防中心派出一组流行病学家前往调查。因为出现了脑炎，疾病控制预防中心也想到了"蚊子是病媒"。其中一位研究人员这样写道："假如你在夏末发现脑炎，就必须考虑病毒可能通过蚊子正在传播。"[2] 这一年对这些昆虫吸血者来说是很理想的一年，漫长而干燥的春季结束后，大量的雨水和高度的湿气创造出孕育蚊群大爆发的理想条件。

过了几天，对病人的脊髓液进行了测试后，疾病控制预防中心的官员得意扬扬地宣告他们已经解开了谜团，它是圣路易斯型脑炎（St. Louis encephalitis，SLE）。这种攻击大脑的疾病会让受害者，尤其是老年人发高烧，进而脖子僵硬，甚至死亡。这种病没有疫苗，虽然它常见于美国南部与中西部，但自20世纪70年代起便已在东岸绝迹。纽约市长鲁迪·朱利亚尼（Rudy Giuliani）迅速提出一份预算高达六百万美元的灭蚊计划，包括发放免费驱虫剂、宣传小册子，还有一架直升机负责将马拉松（malathion，一种强力杀虫剂）洒遍纽约市的每个角落。

这原本该是整个事件的结局。只不过，这个圣路易斯型脑炎的诊断有个大问题。身为兽医，麦克纳马拉对它知之甚详。引发圣路易斯型脑炎的病毒是通过蚊子叮咬受到感染的鸟，接着再叮咬人，才让人染上的。可是鸟类通常不会因为染上圣路易斯型脑炎而发病，也不会死于此病。鸟类不过是带原者、中间人。麦克纳马拉后来到加州波莫那的健康科学西部大学（Western University of Health Sciences）担任病理学教授，当我拜访她的时候，她对此直言不讳。

“动物园里有很多死鸟，用桶来盛放，”她告诉我，“不可能是圣路易斯型脑炎。”[3] 她解释说，虽然当时疾病控制预防中心已经准备要结案了，但是她仍认为这些死鸟和那些病人之间必定有所关联。而且她知道自己必须与时间赛跑，她的禽鸟死亡数目正在快速攀升，尤其是红鹳。假如没有人正确辨认杀手，那么不只动物园会失去绝大多数禽鸟，人类也会对错误的疾病发动一场徒劳无功的战役。紧接着，又有两名病人因而丧生。

直到夏天结束之前，麦克纳马拉不断推敲着街头鸟群之死、动物园禽鸟之死和人类死于可能是圣路易斯型脑炎，这三者之间存在的关系。劳动节那个周末是个极限。她的鸟群遭到严重蹂躏，在很短的时间内，接二连三地折损了一只鸬鹚、三只红鹳、一只雪鸮、一只亚洲雉和一只白头海雕。又有一个人染上圣路易斯型脑炎——在布鲁克林区，表明传染病已经散播到一个新的行政区了。麦克纳马拉停止遵循官方规程，决定自己打电话到疾病控制预防中心去。她愿意提供手上那些毛茸茸的尸体，以及这段时间以来她在实验室搜集到的所有资料。据她表示，她已经“为他们排除了嫌疑犯”——包括圣路易斯型脑炎在内。

麦克纳马拉原以为她提供的数据会得到对方的感激，因此对于接下来发生的一切毫无心理准备。在简短地交换信息后（她称之为“降格迁就”），与她交谈的这名官员很明白地告诉她，他们还是会维持原来的判断，她可以保留她的鸟和她的关注；因为疾病控制预防中心解决的问题是人，而不是动物的疫情爆发。麦克纳马拉对于猛然甩上的门感到惊讶不解（她说那位官员竟然挂断她的电话），而且对于她再次致电时得到的回绝和冷落感到困惑不已。

麦克纳马拉，以及当时整个纽约的动物与人类的健康，都成了医学界与公共卫生界中间分化对立虚伪的受害者。兽医和医生很少站在平等的地位彼此沟通。

在位于布朗克斯动物园的实验室中，麦克纳马拉被死亡的鸟尸与垂死的人类报告团团包围，但是人类医疗机构中似乎没有人愿意聆听，麦克纳马拉明显感受到人兽之间的鸿沟。她失意泄气，却决心要揭开这个致命的谜团。于是她开始着手与其他的渠道联络，并将感染的鸟类组织样本送到美国农业部（USDA）位于艾奥瓦州的一间实验室。威斯康星州的另一间实验室检验了鸟类组织，确定并非感染圣路易斯型脑炎。

接着，艾奥瓦州的实验室找到了某个具有决定性但令人恐惧的东西，麦克纳马拉说，它让她“寒毛直竖”。[4] 不管这个致病原是什么，它的直径只有 40 纳米长，这可能代表它是一种黄病毒（flavivirus），与黄热病（yellow fever）和登革热（dengue fever）有关。处理黄病毒需要特殊的防护衣、围堵与处置措施，这些在她先前于自己的实验室中处理样本时，一样也没做。“那天晚上，”她告诉我，“我回到家便提笔写下遗嘱。”实验室通知了疾病控制预防中心这项最新发现，但对方依旧令人沮丧地毫无反应。

几天后的某日清晨两点，麦克纳马拉从床上坐起来，她突然知道自己该怎么做了。她需要一间具备更高级生物安全管制体系的实验室。这间实验室里的病理学家见多识广，对各式各样的传染媒介物具有丰富的经验。“那时我灵光一现，”麦克纳马拉告诉我，“我必须打电话给军方。”[5] 第二天早上，她打电话恳求位于马里兰州德特里克堡（Fort Detrick）的美国陆军传染病实验室看一眼这些样本。在 48 小时内[6]，麦克纳马拉称之为“科学界的最佳方式”[7] 合作，这间陆军实验室确认了麦克纳马拉的推测。这不是圣路易斯型脑炎，而是一种黄病毒。

这原来是一种由蚊子传播的病原体，过去从未在美国出现，事实上从未在西半球出现过，它叫作西尼罗病毒（West Nilevirus）。疾病控制预防中心的官员终于承认自己错了。他们撤销了先前的圣路易斯型脑炎判断，同时宣告西尼罗病毒抵达北美海岸。这个病原体迅速跨越整个北美洲，在2003年抵达加州。如今，每年春夏它都会随着当年饥饿的蚊群在美国、加拿大和墨西哥重新浮出水面。

人畜共通传染病的预防

假如当年人类医疗机构愿意在一开始就听取兽医的意见，说不定很多人能因此获救。1999年的西尼罗病毒大流行夺走了7条人命，造成62个确认病例的脑炎病变。之后，造成将近3万人生病，1000多人死亡。[8] 此外也造成许多动物伤亡：数千只野生与外来鸟类以及相当数量的马，均无声无息且未被计算过地死于这种病毒之手。

不过，这个错误的判断是美国公共卫生界的一个转折点。一份提交国会的报告详细描述了疫情爆发后一年的状况[9]，美国国会总审计局［U. S. General Accounting Office，现更名为美国政府责任署（Government Accountability Office）］承认，这个经历能“作为教训的来源”，让公共卫生官员在处理“成因不明”的危机时更有准备（这份报告的日期恰好是“9·11”恐怖袭击事件发生前一年，它也指出西尼罗病毒事件足以成为如何防范生物恐怖袭击的范本）。

与呼吁各政府机关间应有更充分沟通并行的，是当时相当惹人注目的提议：“兽医学界不应被忽略。”[10] 美国疾病控制预防中心注意到政府责任署的呼吁，在2006年创建了一个新的部门：全国人畜共通、病媒感染、肠道传染疾病防治中心（National Center for Zoonotic，Vector-Borne，and Enteric Diseases）。这个单位负责监控食物安全和生物恐怖袭击，值得注意且具有象征意味的是，负责人是由一名兽医，而非医生［短短几年之后，这个羽翼未丰的单位又被并入一个名为“全国新兴及人畜共通传染疾病防治中心”（National Center for Emerging and Zoonotic Infectious Diseases）的更大单位中］。

美国和其他各国的相关团体开始采用更加跨物种的观点，观鸟人、猎人、徒步旅行者与野外地质学家全都被邀请将他们发现的生病或死亡动物上传到网络追踪系统，以便监控野生鸟类与其他动物传播的疾病。[11] 宾州大学兽医学院与医学院长久以来保持密切往来，康奈尔大学和塔夫茨大学也是如此。金丝雀数据库（Canary Database）以众所周知的煤矿哨兵（金丝雀，canary）和耶鲁医学院本部所在地（加那利，Canary）来命名，它是人畜共通传染病（zoonoses，指那些从动物传染给人的疾病，如西尼罗病毒和禽流感）、生物恐怖袭击、内分泌干扰物质与家庭有毒物质（比如铅和杀虫剂）的信息集散中心。[12] 美国国际开发署（U. S. Agency for International Development，USAID）投入数亿美元到新兴流行性威胁计划（Emerging Pandemic Threats program）中。[13] 这项计划有一个明确的宗旨：“瞄准起于动物但可能威胁人类健康的新兴疾病源头，提早采取行动应对或阻止它发生。”①

---

① 这项计划凝聚了来自学术机构、政府单位与私人企业的力量，包括加州大学戴维斯分校兽医学院、野生动物保育协会（Wildlife Conservation Society）、生态健康联盟（EcoHealth Alliance）、史密森学会（Smithsonian Institution）、全球病毒预测行动组织（Global Viral Forecasting）、发展更新公司（Development Alternatives Inc.）、明尼苏达大学（University of Minnesota）、塔夫茨大学、培训和资源集团（Training and Resources Group）、生态与环境公司（Ecology and Environment Inc.）、世界卫生组织、联合国粮农组织（United Nations Food and Agriculture Organization）、世界动物卫生组织（World Organization for Animal Health, OIE）、FHI-360、疾病控制预防中心，以及农业部。它被细分为四个方案：“预测”（监控高风险野生动物身上出现的传染媒介物）、“鉴别”（发展一套强健的实验室网络）、“预防”（专注于行为改变沟通，帮助大众避免导致动物传染疾病给人的高风险行为），以及“应对”（在发展中国家展开家庭计划服务并改善生育健康）。[14]

约娜·马泽（Jonna Mazet）是加州大学戴维斯分校的兽医，负责管理美国国际开发署这项计划的“预测”（PREDICT）方案。[15] 她拥有可以说是最令人望而却步的工作，像中情局官员监控恐怖活动那样，仔细检查来自亚马孙、刚果盆地、恒河平原和东南亚等地的全球热点病毒。“我们不知道外面有什么疾病，”马泽说，“因此，我们……必须尝试赶在它四处飞散、造成下一波大流行之前，找出未知的病原体。有些人叫我们病毒猎人。”[16]

然而，就算有来自全世界许多国家的政府和国际慈善团体的资金援助，投入预防疾病爆发与投入应急处置两者间的落差仍十分大。“过去 20 年来，超过两千亿美元被投入应对疾病的爆发。”[17] 玛格莉特·帕帕欧纽（Marguerite Pappaioanou）表示。她是流行病学家、兽医，也是美国兽医学院协会（American Association of Veterinary Medical Colleges）前执行董事。“毫无疑问，钱就在那里。问题是我们要把钱花在哪里？”换句话说，如果 1 分预防相当于 100 分的治疗，那么强化这些方案不只能大幅减少患者受苦与死亡，也能节省开销。

可是在过去几年来，有一小群、但人数逐渐增多的兽医和医生已经领悟到，无论患者是动物还是人，其健康有赖于开启常设的、双向的对话和沟通。我们无须将双方的合作留待政府的政策制定者与学术机构来安排——虽然他们的工作非常重要，我们可以在日常诊疗中采取多物种（也就是人兽同源学）的态度，治疗所有动物（包括人类在内）共有的疾病。

这种努力不需要高科技，在民间进行。近来，格林纳达（Grenada）岛上有个三年级的兽医学系学生为附近的猫狗开设了一家免费疫苗注射诊所。[18] 有一天，一个当地女人愤愤不平地质问，为什么动物能够得到免费的健康照护，但人却要自己照顾自己？

这个名叫布里塔尼·金（Brittany King）的学生知道自己没有好答案，但足智多谋的她开始着手创立一家共同健康诊所（One Health clinic）。她从附近一所医学院招募学生，开始举办活动，为人类提供免费的视力、听力、血压和乳房检查，同时提供动物疫苗注射、伤口治疗、除虫与修剪趾甲等服务。这些学生派发介绍常见人畜共通传染疾病的传单，并且鼓励大家守望相助，在发现自家动物出现相关症状时及时通报。

在麻州的塔夫茨有个计划，让患有相似心脏疾病的儿童与狗一起生活，借此开导病童及其担忧的父母。[19] 同样，装有人工尾鳍的海豚温特（Winter）是2011年的电影《重返海豚湾》（*Dolphin Tale*）中的主角，它鼓舞了无数装有人工义肢的孩子。[20]

我自己的人兽同源学旅程则彻底改变了我的行医和授课方式。我和兽医学界的先驱与领袖斯蒂芬·埃廷格（Stephen Ettinger）联手，为加州大学洛杉矶分校医学系学生开设了一门比较心脏病学的课程。最近，我的心脏科同事和我坐在台下，专心聆听埃廷格以前的一个学生讲述一桩攸关生死的心律不齐案例。这是医生很喜爱的医学之谜，其中的乐趣跟阅读一章阿图·葛文德（Atul Gawande）写的书或观赏一集精彩的《怪医豪斯》不相上下。只不过在这个案例中，患者是一只名叫“莎士比亚”的混种罗威纳犬。对于这名四脚患者，我们从实验室检验到药物治疗的诊断依据，全都跟我们向患有类似疾病的人类患者建议的完全相同。

此外，在加州大学戴维斯分校兽医学院的教职员和洛杉矶动物园多位兽医的协助下，我在2011年于加州大学洛杉矶分校医学院主办了一场会议，让照顾患有相同疾病的不同物种患者的医生和兽医齐聚一堂。有两百多位来自人兽两方的医生和学生到会参加，上午在加州大学洛杉矶分校聆听动物与人类患者染上脑瘤、分离焦虑、莱姆病（Lyme disease）和心脏衰竭的情形。下午则在洛杉矶动物园进行“现场访视”，让兽医和医生就动物患者的状况交换意见：一头犀牛患癌症后逐渐恢复健康，一头狮子从几乎致命的心脏病中被抢救回来，一只秃鹰正在对抗铅中毒，一只猴子正在接受糖尿病治疗。

今天医学界最令人兴奋的新想法之一，是我们祖先认为理所当然而我们却不知怎地忘了的事——人类和动物会罹患相同的疾病。通过并肩努力，医生和兽医也许能解决、治疗并治愈所有物种的患者。

毕竟，通过遗传和演化的连贯性去观看这个世界，会让人产生某种肃然起敬的感受——遗传与演化的连贯性几乎可说是生物学的统一场论。它提醒我们与动物共有的困境，能使我们变得更有同理心，还能拓展我们的思维能力。而且它能让我们生活得更安全。预防医学不只适用于人类，保持动物健康最终也能帮助人类保持健康。意识到这些重要的关联性，能让我们准备好面对和对抗下一波传染病。

在西尼罗病毒袭击纽约十年后，全世界的公共卫生系统都被动员起来对抗另一种人畜共通传染病：猪流感（swine flu），又名H1N1。① 在报道这场2009年病毒大流行的诸多头版头条新闻中，有条新闻讲述了一个令人不安的事实。在这个病毒巡回全球的感染旅程中，“人类”流感病毒竟然从猪流感病毒与禽流感病毒中得到了某些遗传物质。

尽管这条新闻会让普通大众吓一大跳，但是兽医和医生一点也不惊讶。流行性感冒病毒是声名狼藉的变形病原体，它们能轻易地

① 事实上，猪流感始于人类，是我们把它传染给猪，因此，严格说来它是“人源性人畜共通传染病”（reverse zoonosis）。但是因为它在传播给鸟类族群后，又通过猪传染给人，所以也被认定是一种人畜共通传染病。[21]

突变，这就是为什么每年都有新流感疫苗问世——每一个都是前一个主题的变奏。不过，流感病毒还有另外一个花招。如果有两个不同的病毒株（比如猪和人的）发现它们在同一时间占有你身体中的同一个细胞，它们就可以实实在在地彼此交换某几段遗传密码，一个全新的混种病毒就此产生。

兽医很明白（但医生或许不清楚）的是，除了猪和鸟之外，那些流感病毒还悄悄潜伏在许多动物中。狗、鲸、貂和海豹的特定病毒株全都已经被找出来了，只要一有机会它们就会和人类病毒株混合。虽然截至我撰写本书时，这些易变的病毒尚未跨越进入人类群体中，但它们还是受到兽医流行病学家的严密追踪与监控。

这场 2009 年的猪流感爆发绝不会是从丛林、工厂化农场、海滩、自家后院的喂鸟器……甚至是狗屋和垃圾桶浮现的这片疾病汪洋中的最后一波浪潮。2005 年的禽流感恐慌，2003 年的重症急性呼吸综合征（severe acute respiratory syndrome，SARS）恐慌和猴痘（monkeypox）爆发流行，1996 年的埃博拉（Ebola）病毒侵扰，还有 20 世纪 80 年代晚期横扫英国的疯牛病（mad cow）带来的恐惧——奇特的人畜共通传染病一点也不新鲜。想想某个大型传染性杀手，而它可能是人畜共通的，通过其他动物传播或窝藏。疟疾、黄热病、人类免疫缺陷病毒、狂犬病、莱姆病、弓浆虫、沙门氏菌、大肠杆菌——这些全都是始于动物，然后跳进我们族群中的疾病，某些通过昆虫（如跳蚤、蜱与蚊子）传染给我们，其他则在排泄物与生肉中四处移动。在某些案例中，致病原会离开它们的动物传染窝，突变、演化成为人传人量身打造的超级病菌。

在 2006 年污染了嫩菠菜，夺走 3 条北美人的生命，使得 200 多人生病的大肠杆菌，其源头竟是野猪的排泄物。[22] 一种名为 Q 热（Q fever）的人畜共通传染病在刚进入 21 世纪时曾重创荷兰，爆发了一场史上最猛烈的疫病。① [24] 它从附近农场受感染的山羊传染散播给人，13 人死亡，上千人因染这种细菌性传染病而觉得身体不适。

动物疾病在没有恶意或蓄意协助下，单枪匹马地在人类之间旅行所造成的威胁已足够让人紧张不安。可是，就像我们害怕核武器有一天可能会落入恐怖分子手中，人畜共通传染病也有可能会被故意用来对付人类。[25] 美国疾病控制预防中心指出，在六大“造成国家安全危机”[26] 的生物体中，有五种本来是动物疾病：炭疽病（anthrax）、肉毒中毒（botulism）、鼠疫（plague）、兔热病（tularemia）和病毒性出血热（viral hemorrhagic fever）。② 在没有生物能真正隔离，而疾病散播的速度跟喷射机飞行速度一样快的世界里，你我都是金丝雀，整个地球就是我们的煤矿场。所有物种都可以变成危险的哨兵，但前提是健康照顾的专业人员必须时时刻刻注意各种迹象。③

---

① Q 代表的是“问号”，因为这种疾病第一次在 20 世纪 30 年代发生时，它的成因是个谜。虽然后来从中发现了贝氏考克斯菌（*Coxiella burnetii*），但这个名字早已经深入人心了。[23]

② 名单上的第六种媒介物天花（smallpox）通过全球性疫苗注射计划已被连根拔除，完全被消灭。部分原因是它并非人畜共通传染病，而且它也没有动物传染窝。[27]

③ 2007 年 3 月，美国的家庭宠物发出了警报声。家犬与家猫开始生病，且大量死于肾衰竭，兽医对此严加谴责。问题出在污染的宠物食品上，于是全美各地召回大量被污染的产品。结果发现是中国的小麦麸质制造商在他们的产品中添加了化学物质三聚氰胺（melamine），以提高蛋白质浓度，并将这种小麦麸质卖给宠物食品制造商。由于得到兽医的预先警告，美国食品安全与公共卫生官员迅速对人类食物供应制定了严格的三聚氰胺检验标准（不幸的是，有些中国婴儿因为喝了受到三聚氰胺污染的配方奶粉而被夺走了生命）。[28]

对于不是传染性的威胁，动物也能扮演哨兵的角色。[29] 虐待动物与虐童、家庭暴力有非常强烈的联系。例如，英国警方发现，当某个家庭被怀疑有虐童行为时，通常会先接到虐待动物的通报。虐待动物，尤其是虐待猫，强烈预示了一个人未来的反社会行为与对他人实施的暴力行为。梅利莎·特罗林格（Melissa Trollinger）在一篇探讨虐待动物与虐待人类关联性的文章中详述，连环杀人狂“杰弗里·达默（Jeffrey Dahmer）、艾伯特·德萨佛（Albert DeSalvo，‘波士顿扼杀者’）、泰德·邦迪（Ted Bundy）和戴维·伯科威茨（David Berkowitz，‘山姆之子’）全都承认曾在年轻时切断动物的四肢、把动物钉在尖桩上、折磨与杀害动物”。

我们与动物的关系悠久且深刻。从身体到行为，从心理到社会，形成了我们日常生存奋斗的基础。医生和患者都需要让思考跨越病床，延伸至农家院、丛林、海洋和天空。因为这个世界的健康并不只取决于我们人类，而是由这星球上所有生物的生活、成长、患病与痊愈来决定。

致谢

多亏了一路上数百位兽医、野生动物学家和医生慷慨的支持和无私的分享，“人兽同源学”这项计划（包括本书、研讨会，以及研究提案）方能顺利进行。我们非常感谢每一位医生与研究人员拨冗分享这些精彩绝伦的知识，他们不仅热情款待我们，还心胸开阔地欣然接受“人兽同源学”这个想法。我们想感谢提供鼓励支持的以下兽医学界领袖：斯蒂芬·埃廷格（Stephen Ettinger）、柯蒂斯·恩（Curtis Eng）、帕特里夏·康拉德（Patricia Conrad）、谢里尔·斯科特（Cheryl Scott）。同时也要感谢以下诸位兽医：梅利莎·贝恩（Melissa Bain）、斯蒂芬·巴托尔德（Stephen Barthold）、菲利普·贝格曼（Philip Bergman）、罗伯特·克里普萨姆（Robert Clipsham）、维姬·克莱德（Vicki Clyde）、莉萨·康蒂（Lisa Conti）、迈克·克兰菲尔德（Mike Cranfield）、彼得·迪金森（Peter Dickinson）、尼古拉斯·杜德曼（Nicholas Dodman）、柯尔丝腾·吉拉尔迪（Kirsten Gilardi）、卡萝尔·格莱泽（Carol Glazer）、利娅·格里尔（Leah Greer）、卡尔·希尔（Carl Hill）、玛莉卡·卡钱宁（Malika Kachani）、劳拉·卡恩（Laura Kahn）、布鲁斯·卡普兰（Bruce Kaplan）、马克·基特森（Mark Kittleson）、琳达·洛温斯坦（Linda Lowenstine）、罗杰·马尔（Roger Mahr）、约娜·马泽（Jonna Mazet）、丽塔·麦克马纳蒙（Rita McManamon）、富兰克林·麦克米伦（Franklin McMillan）、特蕾西·麦克纳马拉（Tracey McNamara）、丹·马尔卡希（Dan Mulcahy）、海利·墨菲（Hayley Murphy）、苏珊·默里（Suzan Murray）、菲利普·纳尔逊（Phillip Nelson）、帕特里夏·奥尔森（Patricia Olson）、本尼·奥斯本（Bennie Osburn）、玛格莉特·帕帕欧纽（Marguerite Pappaioanou）、乔安妮·保罗-墨菲（Joanne Paul-Murphy）、保罗·皮翁（Paul Pion）、爱德华·鲍尔斯（Edward Powers）、玛丽·拉什（E. Marie Rush）、凯瑟琳·苏兹纳（Kathryn Sulzner）、珍·赛克斯（Jane Sykes）、莉萨·特尔（Lisa Tell）、埃伦·魏德纳（Ellen Weidner）、卡特·威廉斯（Cat Williams），以及让娜·温（Janna Wynne）。

对于许多人类医学界与科学界提供先进的知识与睿智的忠告，我们铭感五内：雅典娜·艾克提皮斯（C. Athena Aktipis）、艾伦·布兰达（Allan Brandt）、约翰·柴尔德（John Child）、安德鲁·德雷克斯勒（Andrew Drexler）、史蒂文·杜比聂特（Steven Dubinett）、詹姆斯·埃克诺姆（James Economou）、保罗·芬恩（Paul Finn）、艾伦·福格尔曼（Alan Fogelman）、帕特里夏·甘茨（Patricia Ganz）、阿图·葛文德（Atul Gawande）、迈克尔·吉特林（Michael Gitlin）、彼得·格卢克曼（Peter Gluckman）、戴维·希伯（David Heber）、史蒂夫·海曼（Steve Hyman）、伊拉娜·库汀斯基（Ilana Kutinsky）、安德鲁·拉伊（Andrew Lai）、约翰·刘易斯（John Lewis）、梅林琳达·朗埃克（Melinda Longaker）、迈克尔·朗埃克（Michael Longaker）、阿曼·马哈詹（Aman Mahajan）、伦道夫·内斯（Randolph Nesse）、克莱尔·帕诺吉安（Claire Panosian）、尼尔·帕克（Neil Parker）、尼

尔·舒宾（Neil Shubin）、斯蒂芬·斯特恩斯（Stephen Stearns）、莎莉·斯蒂尔曼-科比特（Shari Stillman-Corbitt）、简·蒂利希（Jan Tillisch）、尤金·华盛顿（A. Eugene Washington）、詹姆斯·魏斯（James Weiss）和道格拉斯·齐普斯（Douglas P. Zipes）。某些团体也为我们提供了使用其资源的机会，并且给予我们建议：大猿健康计划（Great Ape Health Project）、美国动物园兽医协会（American Association of Zoo Veterinarians）、加州大学戴维斯分校兽医学院、健康科学西部大学兽医学院、美国国家演化综合研究中心（National Evolutionary Synthesis Center）、加州大学洛杉矶分校大卫·格芬医学院（David Geffen School of Medicine at UCLA）、加州大学洛杉矶分校附设医院心脏科、“健康一体”计划（One Health Initiative）和“健康一体”委员会（One Health Commission）。

我们非常感谢许多朋友和同事花时间、费心力阅读本书部分章节或全书：索尼娅·博勒（Sonja Bolle）敏锐的编辑天赋撮合我们齐心为这个计划努力；丹尼尔·布朗姆斯坦（Daniel Blumstein）的专业和亲切给予我们许多支持和信心。此外，我们也很感谢戴维·巴伦（David Baron）、伯尔哈特·比尔格（Burkhard Bilger）、埃米丽·比勒（Emily Beeler）、克里斯·博纳（Chris Bonar）和迈克尔·吉斯勒（Michael Gissler），他们的洞见与亲切的建议大大改善了本书初稿。我们还想特别感谢斯特凡尼·布朗森（Stephanie Bronson）、苏珊·丹尼尔斯（Susan Daniels）、贝丝·弗里德曼（Beth Friedman）、埃里克·平克特（Eric Pinckert）、埃里克·魏纳（Eric Weiner）、德博拉·兰多（Deborah Landau）和凯瑟琳·哈利南（Kathleen Hallinan）。

我们有幸得到多位不同领域、学识渊博的专家协助仔细阅读个别章节，因而大幅提升了本书的丰富度与正确性。这些专家有卡利耶南·许夫库玛（Kalyanam Shivkumar）、马克·利特温（Mark Litwin）、汤姆·克利茨纳（Tom Klitzner）、德博拉·克拉科（Deborah Krakow）、格雷格·福纳罗（Greg Fonarow）、萝瑞·纽曼（Laraine Newman）、马克·斯可兰斯基（Mark Sklansky）、凯文·香农（Kevin Shannon）、加里·席勒（Gary Schiller）、阿迪斯·莫（Ardis Moe）、丹尼尔·乌斯兰（Daniel Uslan）、马克·狄安托尼奥（Mark D'Antonio）、迈克尔·斯卓博（Michael Strober）和罗柏·格拉斯曼（Robert Glassman）。

我们也很感谢为"第一届人兽同源学会议"孜孜不倦工作的所有小组成员，是你们让会议大获成功：朱利奥·洛佩斯（Julio Lopez）、辛西娅·钟（Cynthia Cheung）、凯特·康（Kate Kang）、韦斯利·弗里德曼（Wesley Friedman）和梅雷迪斯·马斯特斯（Meredith Masters）。同时也要感谢扎卡里·拉比诺夫（Zachary Rabiroff）、布里塔尼·恩茨曼（Brittany Enzmann）和乔丹·科尔（Jordan Cole）在研究上的支持。

此外，我们衷心感谢克诺夫（Knopf）出版社的乔丹·帕夫林（Jordan Pavlin），她是出色的编辑，在本书创作的每个阶段都大力提供帮助，用丰富的经验、可靠的编辑技艺、耐心、热情与远见呵护本书（还有我们）。在此也要特别感谢她的两位助理——卡罗琳·布勒克尔（Caroline Bleeke）和莱斯莉·列文（Leslie Levine）的体贴与热情。谢谢克诺夫出版社的保罗·伯根茨（Paul Boggards）、加布里埃尔·布鲁克斯（Gabrielle Brooks）和莉娜·卡卓里茨盖亚（Lena Khidritskaya）的创意与干劲儿，谢谢奇普·基德（Chip Kidd）为本书（英文版）设计了美丽的封面，当然还要感谢克诺夫出版社整个制作团队对于细节的坚持与关注。

当蒂娜·贝内特（Tina Bennett）成为我们的文学经纪人后，意想不到的幸运降临在我们身上。蒂娜才华横溢又善于鼓励人、思维敏捷、应对得体、风趣横生，真是这一行的佼佼者，而詹克洛与内斯比特（Jaklow and Nesbit）的其他出色团队成员斯特凡尼·科文（Stephanie Koven）和斯韦特兰娜·卡茨（Svetlana Katz）也是个中好手。

我们要特别感谢苏珊·关（Susan Kwan）接下整理附注、参考书目和网站的繁杂任务，她还一肩挑起绝大部分手稿的事实核对工作。苏珊直觉过人、富有创意且机智、擅长应变，能和她一起工作是我们的荣幸，她大大改善了文字的可读性。倘若本书内容有任何谬误，自然是我们的责任。

最后，若无家人的宽容，本书根本没有机会诞生。谢谢他们一直以来的鼓励和奉献，还有在晚餐对话时忍受话题总在昆虫交配或心脏窘迫不适的细节上打转。凯瑟琳要感谢安德鲁与埃玛·鲍尔斯（Andrew and Emma Bowers）、阿瑟与戴安·西尔维斯特（Arthur and Diane Sylvester）、卡琳·麦卡蒂（Karin McCarty）和玛乔丽·鲍尔斯（Marjorie Bowers）。芭芭拉要感谢扎卡里、珍妮弗和查尔斯·霍罗维茨（Zachary，Jennifer，and Charlie Horowitz）、艾德尔与约瑟夫·纳特森（Idell and Joseph Natterson）、卡拉与保罗·纳特森（Cara and Paul Natterson），以及埃米与史蒂夫·克罗尔（Amy and Steve Kroll）。

参考文献

本书汇集了许多不同领域的大量资料，为了方便读者查阅，我们将注释分成两大类。与内容关系紧密的介绍和译者注添加在每页文字下面；有关书中特定文字的出处，请参见以下注释。关于我们的研究、激发我们思考的书籍、期刊文章、新闻报道和访谈等完整的参考书目，请参见网站 www.zoobiquity.com。

第 1 章　当怪医豪斯遇上怪医杜立德：重新定义医学的分野

[1] A. M. Narthoorn, K. Van Der Walt, and E. Young, "Possible Therapy for Capture Myopathy in Captured Wild Animals,"*Nature* 274 (1974): p. 577.

[2] K. Tsuchihashi, K. Ueshima, T. Uchida, N. Oh-mura, K. Kimura, M. Owa, M. Yoshiyama, et al., "Transient Left Ventricular Apical Ballooning Without Coronary Artery Stenosis: A Novel Heart Syndrome Mimicking Acute Myocardial Infarction," *Journal of the American College of Cardiology* 38 (2001): pp. 11–18; Yoshiteru Abe, Makoto Kondo, Ryota Matsuoka, Makoto Araki, et al., "Assessment of Clinical Features in Transient Left Ventricular Apical Ballooning," *Journal of the American College of Cardiology* 41 (2003): pp. 737–42.

[3] Kevin A. Bybee and Abhiram Prasad, "Stress- Related Cardiomyopathy Syndromes," *Circulation* 118 (2008): pp. 397–409.

[4] Scott W. Sharkey, Denise C. Windenburg, John R. Lesser, Martin S. Maron, Robert G. Hauser, Jennifer N. Lesser, Tammy S. Haas, et al., "Natural History and Expansive Clinical Profile of Stress (Tako-Tsubo) Cardiomyopathy,"

Journal of the American College of Cardiology 55 (2010): p. 338.

[5] Linda Munson and Anneke Moresco, "Comparative Pathology of Mammary Gland Cancers in Domestic and Wild Animals," *Breast Disease* 28 (2007): pp. 7–21.

[6] Robin W. Radcliffe, Donald E. Paglia, and C. Guillermo Couto, "Acute Lymphoblastic Leukemia in a Juvenile Southern Black Rhinoceros," *Journal of Zoo and Wildlife Medicine* 31 (2000): pp. 71–76.

[7] E. Kufuor-Mensah and G. L. Watson, "Malignant Melanomas in a Penguin (Eudyptes chrysolophus) and a Red-Tailed Hawk (Buteo jamaicensis)," *Veterinary Pathology* 29 (1992): pp. 354–56.

[8] David E. Kenny, Richard C. Cambre, Thomas P. Alvarado, Allan W. Prowten, Anthony F. Allchurch, Steven K. Marks, and Jeffery R. Zuba, "Aortic Dissection: An Important Cardiovascular Disease in Captive Gorillas (Gorilla gorilla gorilla)," *Journal of Zoo and Wildlife Medicine* 25 (1994): pp.561–68.

[9] Roger William Martin and Katherine Ann Handasyde, *The Koala: Natural History, Conservation and Management*, Malabar: Krieger, 1999: p. 91.

[10] Robert D. Cardiff, Jerrold M. Ward, and Stephen W. Barthold, " 'One Medicine—One Pathology': Are Veterinary and Human Pathology Prepared? " *Laboratory Investigation* 88 (2008): pp. 18–26.

[11] Joseph V. Klauder, "Interrelations of Human and Veterinary Medicine: Discussion of Some Aspects of Comparative Dermatology," *New England Journal of Medicine* 258 (1958): p. 170.

[12] U. S. Code, "Title 7, Agriculture; Chapter 13, Agricultural and Mechanical Colleges; Subchapter I, College-Aid Land Appropriation," last modified January 5, 2009, accessed October 3, 2011. http://www.law.cornell.edu/uscode/pdf/uscode07/lii_usc_TI_07_CH_13_SC_I_SE_301.pdf.

[13] Roger Mahr telephone interview, June 23, 2011.

[14] UC Davis School of Veterinary Medicine, "Who Is Calvin Schwabe?" accessed October 3, 2011. http://www.vetmed.ucdavis.edu/onehealth/about/schwabe.cfm.

[15] One Health Commission, "One Health Summit," November 17, 2009, accessed October 4, 2011. http://www.onehealthcommission.org/summit.html.

[16] Charles Darwin, *Notebook B: [Transmutation of Species]*: 231, The Complete Work of Charles Darwin Online, accessed October 3, 2011. http://darwin-online.org.uk.

[17] Greg Lewbart, *Invertebrate Medicine*, Hoboken: Wiley-Blackwell, 2006: p. 86.
[18] Franklin D. McMillan, *Mental Health and Well-Being in Animals*, Hoboken: Blackwell, 2005.
[19] Karen L. Overall, "Natural Animal Models of Human Psychiatric Conditions: Assessment of Mechanism and Validity," *Progress in Neuropsychopharmacology and Biological Psychiatry* 24 (2000): pp. 727–76.
[20] BBC News, "The Panorama Interview," November 2005, accessed October 2, 2011. http://www.bbc.co.uk/news/special/politics97/diana/panorama.html; "Angelina Jolie Talks Self-Harm," video, 2010, retrieved October 2, 2011, from http://www.youtube.com/watch?v=IW1Ay4u5JDE; Angelina Jolie, 20/20 interview, video, 2010, retrieved October 3, 2011, from http://www.youtube.com/watch?v=rfzPhag_09E&feature=related.
[21] Ronald K. Siegel, *Intoxication: Life in Pursuit of Artificial Paradise*, New York: Pocket Books, 1989.
[22] McMillan, *Mental Health*.
[23] Houston Museum of Natural Science, "Mighty Gorgosaurus, Felled By . . . Brain Cancer? [Pete Larson]," last updated August 13, 2009, accessed March 3, 2012. http://blog.hmns.org/?p=4927.
[24] Chimpanzee Sequencing and Analysis Consortium, "Initial Sequence of the Chimpanzee Genome and Comparison with the Human Genome," *Nature* 437 (2005): pp. 69–87.
[25] Neil Shubin, Cliff Tabin, and Sean Carroll, "Fossils, Genes and the Evolution of Animal Limbs," *Nature* 388 (1997): pp. 639–48.
[26] TED, "Robert Full on Engineering and Revolution," filmed February 2002, accessed October 3, 2011. http://www.ted.com/talks/robert_full_on_engineering_and_evolution. html.

第 2 章　心脏的假动作：我们为什么会晕倒

[1] Heart Rhythm Society, "Syncope," accessed October 2, 2011. http:// www.hrsonline.org/patientinfo/symptomsdiagnosis/fainting/.
[2] "National Hospital Ambulatory Medical Care Survey: 2008 Emergency Department Summary Tables," *National Health Statistics Ambulatory Medical Survey* 7 (2008): pp. 11, 18.
[3] Blair P. Grubb, *The Fainting Phenomenon: Understanding Why People Faint*

and What to Do About It, Malden: Blackwell-Futura, 2007: p. 3.
[4] Kenneth W. Heaton, “Faints, Fits, and Fatalities from Emotion in Shakespeare’s Characters: Survey of the Canon,” *BMJ* 333 (2006): pp.1335–38.
[5] Army Casualty Program, “Army Regulation 600-8-1,” last modified April 30, 2007, accessed September 20, 2011. http://www.apd.army.mil/pdffiles/r600_8_1.pdf.
[6] Edward T. Crosby, and Stephen H. Halpern, “Epidural for Labour, and Fainting Fathers,” *Canadian Journal of Anesthesia* 36 (1989):p. 482.
[7] Paolo Alboni, Marco Alboni, and Giorgio Beterorelle, “The Origin of Vasovagal Syncope: To Protect the Heart o tion? ” *Clinical Autonomic Research* 18 (2008): pp. 170–78.
[8] Wendy Ware, “Syncope,” Waltham/OSU Symposium: Small Animal Cardiology 2002, accessed February 20, 2009. http://www.vin.com/proceedings/Proceedings.plx?CID =WALTHAMOSU2002 &PID =2992.
[9] Personal correspondence between authors and wildlife veterinarians.
[10] George L. Engel and John Romano, “Studies of Syncope: IV. Biologic Interpretation of Vasodepressor Syncope,” *Psychosomatic Medicine* 29 (1947): p. 288.
[11] Ibid.
[12] Norbert E. Smith and Robert A. Woodruff, “Fear Bradycardia in Free-Ranging Woodchucks, Marmota monax,” *Journal of Mammalogy* 61 (1980): p. 750.
[13] Ibid.
[14] Nadine K. Jacobsen, “Alarm Bradycardia in White-Tailed Deer Fawns (Odocoileus virginianus),” *Journal of Mammalogy* 60 (1979): p. 343.
[15] J. Gert van Dijk, “Fainting in Animals,” *Clinical Autonomic Research* 13 (2003): pp. 247–55.
[16] Alan B. Sargeant and Lester E. Eberhardt, “Death Feigning by Ducks in Response to Predation by Red Foxes (Vulpesfulva),” *American Midland Naturalist* 94 (1975): pp. 108–19.
[17] UCSB Department of History, “Nina Morecki: My Life, 1922–1945,” accessed August 25, 2011. http://www.history.ucsb.edu/projects/holocaust/NinasStory/letter02.htm.
[18] Anatoly Kuznetsov, *Babi Yar: A Document in the Form of a Novel*, New York: Farrar, Straus and Giroux, 1970; Mark Obmascik, “Columbine—Tragedy and Recovery: Through the Eyes of Survivors,” *Denver Post*, June 13, 1999, accessed

September 12, 2011. http://extras.denverpost.com/news/shot0613a.htm.

[19] Tim Caro, *Antipredator Defenses in Birds and Mammals*, Chicago: University of Chicago Press, 2005.

[20] Illinois State Police, "Sexual Assault Information," accessed September 6, 2011. http://www.isp.state.il.us/crime/assault.cfm.

[21] David H. Barlow, *Anxiety and Its Disorders: The Nature and Treatment of Anxiety and Panic*, New York: Guilford, 2001: p. 4; Gallup, Gordon G., Jr. "Tonic Immobility," in *Comparative Psychology: A Handbook,* edited by Gary Greenberg, 780. London: Rutledge, 1998.

[22] Goran Arnqvist and Locke Rowe, *Sexual Conflict*, Princeton: Princeton University Press, 2005.

[23] Karen Human Rights Group, "Torture of Karen Women by SLORC: An Independent Report by the Karen Human Rights Group, February 16, 1993," accessed September 30, 2011. http://www.khrg.org/khrg93/93_02_16b.html; Inquirer Wire Service, "Klaus Barbie: Women Testify of Torture at His Hand," *Philadelphia Inquirer*, March 23, 1987, accessed September 3, 2011. http://writing.upenn.edu/~afilreis/Holocaust/barbie.html; Human Rights Watch, "Egypt: Impunity for Torture Fuels Days of Rage," January 31, 2011, accessed September 30, 2011. http://www.hrw.org/news/2011/01/31/egypt-impunity-torturefuels-days-rage.

[24] David A. Ball, "The crucifixion revisited," *Journal of the Mississippi State Medical Association* 49 (2008): pp. 67–73.

[25] Aaron N. Moen, M. A. DellaFera, A. L. Hiller, and B. A. Buxton, "Heart Rates of White-Tailed Deer Fawns in Response to Recorded Wolf Howls," *Canadian Journal of Zoology* 56 (1978): pp. 1207–10.

[26] I. Yoles, M. Hod, B. Kaplan, and J. Ovadia, "Fetal 'Fright-Bradycardia' Brought On by Air-Raid Alarm in Israel," *International Journal of Gynecology Obstetrics* 40 (1993): p. 157.

[27] Ibid., pp. 157–60.

[28] Caro, *Antipredator Defenses*.

[29] Stéphan G. Reebs, "Fishes Feigning Death," howfishbehave. ca, 2007, accessed September 12, 2011. http://www.howfishbehave.ca/pdf/Feigning%20death.pdf.

[30] Karel Liem, William E. Bemis, Warren F. Walker Jr., and Lance Grande, *Functional Anatomy of the Vertebrate: An Evolutionary Perspective*, 3rd ed.,

Belmont, CA: Brooks/Cole, 2001.
[31] David Hudson Evans and James B. Clairborne, *The Physiology of Fish*, Zug, Switzerland: CRC Press, 2005.
[32] Tom Scocca, "Volvo Drivers Will No Longer Be Electronically Protected from Ax Murderers Lurking in the Back Seat," *Slate.com*, July 22, 2010, accessed October 2, 2011. http://www.slate.com/content/slate/blogs/scocca/2010/07/22/volvo_drivers_will_no_ longer_be_electronically_protected_from_ax_murderers_lurking_in_the_back_seat.html.
[33] Caro, *Antipredator Defenses*.
[34] Ibid.

第 3 章　犹太人、美洲豹与侏罗纪癌症：古老病症的新希望

[1] Centers for Disease Control and Prevention, "Achievements in Public Health, 1900–1999: Decline in Deaths from Heart Disease and Stroke—United States, 1900–1999," *MMWR Weekly* 48 (August 6, 1999): pp. 649–56.
[2] "Framingham Heart Study," accessed October 7, 2011. http://www.framinghamheartstudy.org/.
[3] Morris Animal Foundation, "Helping Dogs Enjoy a Healthier Tomorrow," accessed September 28, 2011. http://www.morrisanimalfoundation.org/ourresearch/major-health-campaigns/clhp.html.
[4] Kerstin Lindblad-Toh, Claire M. Wade, Tarjei S. Mikkelsen, Elinor K. Karlsson, David B. Jaffe, Michael Kamal, Michele Clamp, et al., "Genome Sequence, Comparative Analysis and Hap otype Structure of the Domestic Dog," *Nature* 438 (2005): pp. 803–19.
[5] Linda Hettich interview, Anaheim, CA, June 12, 2010.
[6] National Toxicology Program, U.S. Department of Health and Human Services, "Substances Listed in the Twelfth Report on Carcinogens," *Report on Carcinogens, Twelfth Edition* (2011): pp. 15–16, accessed October 7, 2011. http://ntp.niehs. nih.gov/ntp/roc/twelfth/ListedSubstancesKnown.pdf.
[7] Kathleen Sebelius, U.S. Department of Health and Human Services Secretary, *12th Report on Carcinogens*, Washington, DC: U.S. DHHS (June 10, 2011), accessed October 7, 2011. http://ntp.niehs.nih.gov/ntp/roc/twelfth/roc12.pdf; National Toxicology Program, "Substances Listed," pp. 15–16.
[8] Charles E. Rosenberg, "Disease and Social Order in America: Perceptions

and Expectations," in "AIDS: The Public Context of an Epidemic," *Milbank Quarterly* 64 (1986): p. 50.

[9] David J. Waters, and Kathleen Wildasin, "Cancer Clues from Pet Dogs: Studies of Pet Dogs with Cancer Can Offer Unique Help in the Fight Against Human Malignancies While Also Improving Care for Man's Best Friend," *Scientific American* (December 2006): pp. 94–101.

[10] American Association of Feline Practitioners, "Feline Leukemia Virus," accessed December 19, 2011. http://www.vet.cornell.edu/fhc/brochures/felv.html; PETMD, "Lymphoma in Cats," accessed December 19, 2011. http://www.petmd.com/cat/conditions/cancer/c_ct_lymphoma#.Tu_RQ1Yw28B.

[11] Giovanni P. Burrai, Sulma I. Mohammed, Margaret A. Miller, Vincenzo Marras, Salvatore Pirino, Maria F. Addis, and Sergio Uzzau, "Spontaneous Feline Mammary Intraepithelial Lesions as a Model for Human Estrogen Receptor and Progesterone Receptor-Negative Breast Lesions," *BMC Cancer* 10 (2010): p. 156.

[12] Daniel D. Smeak and Barbara A. Lightner, "Rabbit Ovariohysterectomy," Veterinary Educational Videos Collection from Dr. Banga's websites, accessed April 1, 2012. http//video.google.com/videoplay?docid=5953436041779809619.

[13] M. L. Petrak and C. E. Gilmore, "Neoplasms," *in Diseases of Cage and Aviary Birds*, ed. Margaret Petrak, pp. 606–37. Philadelphia: Lea & Febiger, 1982.

[14] Luigi L. Capasso, "Antiquity of Cancer," *International Journal of Cancer* 113 (2005): pp. 2–13; , S. V. Machotka and G. D. Whitney, "Neoplasms in Snakes: Report of a Probable Mesothelioma in a Rattlesnake and a Thorough Tabulation of Earlier Cases," in *The Comparative Pathology of Zoo Animals*, eds. R. J. Montali and G. Migaki, pp. 593–602. Washington, DC: Smithsonian Institution Press, 1980.

[15] University of Minnesota Equine Genetics and Genomics Laboratory, "Gray Horse Melanoma," accessed October 7, 2011. http://www.cvm.umn.edu/equinegenetics/ghmelanoma/home.html.

[16] Gerli Rosengren Pielberg, Anna Golovko, Elisabeth Sundstrom, Ino Curik, Johan Lennartsson, Monika H. Seltenhammer, Thomas Druml, et al., "A Cis-Acting Regulatory Mutation Causes Premature Hair Graying and Susceptibility to Melanoma in the Horse," *Nature Genetics* 40 (2008): pp. 1004– 09; S. Rieder, C. Stricker, H. Joerg, R. Dummer, and G. Stranzinger, "A Comparative

Genetic Approach for the Investigation of Ageing Grey Horse Melanoma," *Journal of Animal Breeding and Genetics* 117 (2000): pp. 73–82; Kerstin Lindblad-Toh telephone interview, July 28, 2010.

[17] Olsen Ebright, "Rhinoceros Fights Cancer at LA Zoo," *NBC Los Angeles*, November 17, 2009, accessed October 14, 2011. http://www.nbclosangeles.com /news /local /Los-Angeles-Zoo-Randa-Skin-Cancer-70212192.html.

[18] W. C. Russell, J. S. Brinks, and R. A. Kainer, "Incidence and Heritability of Ocular Squamous Cell Tumors in Hereford Cattle," *Journal of Animal Science* 43 (1976): pp. 1156–62.

[19] I. Yeruham, S. Perl, and A. Nyska, "Skin Tumours in Cattle and Sheep After Freeze- or Heat-Branding," *Journal of Comparative Pathology* 114 (1996): pp. 101– 06.

[20] Stephen J. Withrow and Chand Khanna, "Bridging the Gap Between Experimental Animals and Humans in Osteosarcoma," *Cancer Treatment and Research* 152 (2010): pp. 439–46.

[21] M. Yonezawa, H. Nakamine, T. Tanaka, and T. Miyaji, "Hodgkin's Disease in a Killer Whale (Orcinus orca)," *Journal of Comparative Pathology* 100 (1989): pp. 203– 07.

[22] G. Minkus, U. Jutting, M. Aubele, K. Rodenacker, P. Gais, W. Breuer, and W. Hermanns, "Canine Neuroendocrine Tumors of the Pancreas: A Study Using Image Analysis Techniques for the Discrimination of the Metastatic Versus Nonmetastatic Tumors," *Veterinary Pathology* 37 (1997): pp. 138–145; G. A. Andrews, N. C. Myers III, and C. Chard-Bergstrom, "Immunohistochemistry of Pancreatic Islet Cell Tumors in the Ferret (Mustela putorius furo)," *Veterinary Pathology* 34 (1997): pp. 387–93.

[23] Denise McAloose and Alisa L. Newton, "Wildlife Cancer: A Conservation Perspective," *Nature Reviews: Cancer* 9 (2009): p. 521.

[24] Ibid.

[25] R. Loh, J. Bergfeld, D. Hayes, A. O'Hara, S. Pyecroft, S. Raidal, and R. Sharpe, "The Pathology of Devil Facial Tumor Disease (DFTD) in Tasmanian Devils (*Sarcophilus harrisii*)," *Veterinary Pathology* 43 (2006): pp.890–95. McAloose and Newton, "Wildlife Cancer," pp. 517–26.

[26] The Huntington Library, Art Collection, and Botanical Gardens, "Do Plants Get Cancer? The Effects of Infecting Sunflower Seedlings with Agrobacterium

tumefaciens," accessed October 7, 2011. http://www.huntington.org/uploadedFiles/Files/PDFs/GIBDoPlantsGetCancer.pdf; John H.Doonan and Robert Sablowski, "Walls Around Tumours—Why Plants Do Not Develop Cancer," *Nature* 10 (2010): pp. 794–802.

[27] James S. Olson, *Bathsheba's Breast: Women, Cancer, and History*. Baltimore: Johns Hopkins University Press, 2002.

[28] Ibid.

[29] Mel Greaves, *Cancer: The Evolutionary Legacy*, Oxford: Oxford University Press, 2000; Capasso, "Antiquity of Cancer," pp. 2–13.

[30] Kathy A. Svitil, "Killer Cancer in the Cretaceous," *Discover Magazine*, November 3, 2003, accessed May 24, 2010. http://discovermagazine.com/2003/nov/killercancer1102.

[31] Ibid.

[32] B. M. Rothschild, D. H. Tanke, M. Helbling, and L. D. Martin, "Epidemiologic Study of Tumors in Dinosaurs," *Naturwissenschaften* 90 (2003): pp. 495–500.

[33] University of Pittsburgh Schools of the Health Sciences Media Relations, "Study of Dinosaurs and Other Fossil Part of Plan by Pitt Medical School to Graduate Better Doctors Through Unique Collaboration with Carnegie Museum of Natural History," last updated February 28, 2006, accessed March 2, 2012. http://www.upmc.com/MediaRelations/ NewsReleases/2006/Pages/StudyFossils.aspx.

[34] Bruce M. Rothschild, Brian J. Witzke, and Israel Hershkovitz, "Metastatic Cancer in the Jurassic," *Lancet* 354 (1999): p.398.

[35] G. V. R. Prasad and H. Cappetta, "Late Cretaceous Selachians from India and the Age of the Deccan Traps," *Palaeontology* 36 (1993): pp. 231–48.

[36] Tom Simkin, "Distant Effects of Volcanism—How Big and How Often? " *Science* 264 (1994): pp. 913–14.

[37] Rothschild et al., "Epidemiologic Study," pp. 495–500; Dolores R. Piperno and Hans-Dieter Sues, "Dinosaurs Dined on Grass," *Science* 310 (2005): pp. 1126–28.

[38] Greaves, *Cancer*.

[39] John D Nagy, Erin M. Victor, and Jenese H. Cropper, "Why Don't All Whales Have Cancer? A Novel Hypothesis Resolving Peto's Paradox," *Integrative and Comparative Biology* 47 (2007): pp. 317–28.

[40] R. Peto, F. J. C. Roe, P. N. Lee, L. Lev y, and J. Clack, "Cancer and Ageing in Mice and Men," *British Journal of Cancer* 32 (1975): pp. 411–26.

[41] Patricio Rivera, "Biochemical Markers and Genetic Risk Factors in Canine Tumors," doctoral thesis, Swedish University of Agricultural Sciences, Uppsala, 2010.

[42] Linda Munson and Anneke Moresco, "Comparative Pathology of Mammary Gland Cancers in Domestic and Wild Animals," *Breast Disease* 28 (2007): pp. 7–21.

[43] Christie Wilcox, "Ocean of Pseudoscience: Sharks DO get cancer!" *Science Blogs*, September 6, 2010, accessed October 13, 2011. http://scienceblogs.com/observations/2010/09/ocean_of_pseudoscience_sharks.php.

[44] Munson and Moresco, "Comparative Pathology," pp. 7–21.

[45] Xiaoping Zhang, Cheng Zhu, Haiyan Lin, Qing Yang, Qizhi Ou, Yuchun Li, Zhong Chen, et al., "Wild Fulvous Fruit Bats (Rousettus leschenaulti) Exhibit Human-Like Menstrual Cycle," *Biology of Reproduction* 77 (2007): pp. 358–64.

[46] World Health Organization, "Viral Cancers," *Initiative for Vaccine Research*, accessed October 7, 2011. http://www.who.int/vaccine_research/diseases/viral_cancers/en/index1.html.

[47] World Health Organization, "Viral Cancers."

[48] S. H. Swerdlow, E. Campo, N. L. Harris, E. S. Jaffe, S. A. Pileri, H. Stein, J. Thiele, et al., *World Health Organization Classification of Tumours of Haematopoietic and Lymphoid Tissues*, Lyon: IARC Press, 2008; Arnaud Chene, Daria Donati, Jackson Orem, Anders Bjorkman, E. R. Mbidde, Fred Kironde, Mats Wahlgren, et al., "Endemic Burkitt's Lymphoma as a Polymicrobial Disease: New Insights on the Interaction Between Plasmodium Falciparum and Epstein-Barr Virus," *Seminars in Cancer Biology* 19 (2009): pp. 411–420.

[49] Daniel Martineau, Karin Lemberger, Andre Dallaire, Phillippe Labelle, Thomas P. Lipscomb, Pascal Michel, and Igor Mikaelian, "Cancer in Wildlife, a Case Study: Beluga from the St. Lawrence Estuary, Quebec, Canada," *Environmental Health Perspectives* 110 (2002): pp. 285–92.

[50] Peter M. Rabinowitz, Matthew L. Scotch, and Lisa A. Conti, "Animals as Sentinels: Using Comparative Medicine to Move Beyond the Laboratory," *Institute for Laboratory Animal Research Journal* 51 (2010): pp. 262–67.

[51] Gina M. Ylitalo, John E. Stein, Tom Hom, Lyndal L. Johnson, Karen L.

Tilbury, Alisa J. Hall, Teri Rowles, et al., "The Role of Organochlorides in Cancer-Associated Mortality in California Sea Lions," *Marine Pollution Bulletin* 50 (2005): pp. 30–39; Ingfei Chen, "Cancer Kills Many Sea Lions, and Its Cause Remains a Mystery," *New York Times*, March 4, 2010, accessed March 8, 2010. http://www.nytimes.com/2010/03/05/science/05sfsealion.html.

[52] Peter M. Rabinowitz and Lisa A. Conti, *Human-Animal Medicine: Clinical Approaches to Zoonoses, Toxicants and Other Shared Health Risks*, Maryland Heights, MO: Saunders, 2010: p. 60.

[53] Ibid.

[54] Ibid.

[55] Ibid.

[56] Melissa Paoloni and Chand Khanna, "Translation of New Cancer Treatments from Pet Dogs to Humans," *Nature Reviews: Cancer* 8 (2008): pp. 147–56.

[57] Ibid.; Chand Khanna, Kerstin Lindblad-Toh, David Vail, Cheryl London, Philip Bergman, Lisa Barber, Matthew Breen, et al., "The Dog as a Cancer Model," letter to the editor, *Nature Biotechnology* 24 (2006): pp. 1065–66; Melissa Paoloni telephone interview, May 19, 2010, and Philip Bergman interview, Anaheim, CA, June 10, 2010.

[58] Ira Gordon, Melissa Paoloni, Christina Mazcko, and Chand Khanna, "The Comparative Oncology Trials Consortium: Using Spontaneously Occurring Cancers in Dogs to Inform the Cancer Drug Development Pathway," *PLoS Medicine* 6 (2009): p. e1000161.

[59] Ibid.

[60] George S. Mack, "Cancer Researchers Usher in Dog Days of Medicine," *Nature Medicine* 11 (2005): p. 1018; Gordon et al., "The Comparative Oncology Trials"; Paoloni interview; National Cancer Institute, "Comparative Oncology Program," accessed October 7, 2011. https://ccrod.cancer.gov/confluence/display/CCRCOPWeb/Home.

[61] Withrow and Khanna, "Bridging the Gap," pp. 439–46.; Steve Withrow telephone interview, May 17, 2010.

[62] Lindblad-Toh interview; Lindblad-Toh et al., "Genome Sequence," pp. 803–19.

[63] Paoloni and Khanna, "Translation of New Cancer Treatments," pp. 147–56.

[64] Ibid.

[65] Philip Bergman interview, Orlando, FL, January 17, 2010; Bergman interview,

June 10, 2010.

[66] Bergman interview, January 17, 2010.

[67] Bergman interview, January 17, 2010; Bergman interview, June 10, 2010; Jedd Wolchok telephone interview, June 29, 2010.

[68] Bergman interview, January 17, 2010; Bergman interview, June 10, 2010; Wolchok interview.

[69] Bergman interview, January 17, 2010.

[70] Wolchok interview.

[71] Philip J. Bergman, Joanne McKnight, Andrew Novosad, Sarah Charney, John Farrelly, Diane Craft, Michelle Wulderk, et al., "Long-Term Survival of Dogs with Advanced Malignant Melanoma After DNA Vaccination with Xenogeneic Human Tyrosinase: A Phase I Trial," *Clinical Cancer Research* 9 (2003): pp. 1284–90.

[72] Merial Limited, "Canine Oral Melanoma and ONCEPT Canine Melanoma Vaccine, DNA," *Merial Limited Media Information*, January 17, 2010.

[73] Wolchok interview.

[74] Bergman interview, January 17, 2010.

第 4 章　性高潮：人类性行为的动物指南

[1] Authors' tour of UC Davis horse barn, Davis, CA, February 12, 2011; Janet Roser telephone interview, August 30, 2011.

[2] Sandy Sargent, "Breeding Horses: Why Won't My Stallion Breed to My Mare," allexperts.com, July 19, 2009, accessed February 18, 2011. http://en.allexperts.com/q/Breeding-Horses-3331/2009/7/won-t-stallionbreed.htm.

[3] Katherine A. Houpt, *Domestic Animal Behavior for Veterinarians and Animal Scientists*, 5th ed., Ames, IA: Wiley-Blackwell, 2011: pp. 117–21.

[4] Ibid., p. 119.

[5] Ibid., pp. 91–93; Edward O. Price, "Sexual Behavior of Large Domestic Farm Animals: An Overview," *Journal of Animal Science* 61 (1985): pp. 62–72.

[6] Jessica Jahiel, "Young Stallion Won't Breed," *Jessica Jahiel's Horse-Sense*, accessed February 18, 2011. http://www.horse-sense.org/archives/2001027.php.

[7] Marlene Zuk, *Sexual Selections: What We Can and Can't Learn About Sex from Animals*, Berkeley: University of California Press, 2003; Tim Birkhead, *Promiscuity: An Evolutionary History of Sperm Competition*, Cambridge, MA:

Harvard University Press, 2002; Olivia Judson, *Dr. Tatiana's Sex Advice to All Creation: The Definitive Guide to the Evolutionary Biology of Sex*, New York: Henry Holt, 2002.

[8] Matt Ridley, *The Red Queen: Sex and the Evolution of Human Nature*, New York: Harper Perennial, 1993.

[9] Birkhead, *Promiscuity*, p. 95.

[10] David J. Siveter, Mark D. Sutton, Derek E. G. Briggs, and Derek J. Siveter, "An Ostracode Crustacean with Soft Parts from the Lower Silurian," *Science* 302 (2003): pp. 1749–51.

[11] Jason A. Dunlop, Lyall I. Anderson, Hans Kerp, and Hagen Hass, "Palaeontology: Preserved Organs of Devonian Harvestmen," *Nature* 425 (2003): p. 916.

[12] Discovery Channel Videos, "Tyrannosaurus Sex: Titanosaur Mating," Discovery Channel, accessed October 7, 2011. http://dsc.discovery.com/videos/tyrannosaurussex-titanosaur-mating.html.

[13] Nora Schultz, "Exhibitionist Spiny Anteater Rev als Bizarre Penis," *New Scientist*, October 26, 2007, accessed February 8, 2011. http://www.newscientist.com/ article/dn12838-exhibitionist-spiny-anteater.

[14] Birkhead, *Promiscuity*, p. 95.

[15] Kevin G. McCracken, "The 20-cm Spiny Penis of the Argentine Lake Duck (Oxyura vittata)," *The Auk* 117 (2000): pp. 820–25.

[16] Birkhead, *Promiscuity*, p. 99.

[17] So Kawaguchi, Robbie Kilpatrick, Lisa Roberts, Robert A. King, and Stephen Nicol. "Ocean-Bottom Krill Sex," *Journal of Plankton Research* 33 (2011): pp. 1134–38.

[18] Christopher J. Neufeld and A. Richard Palmer, "Precisely Proportioned: Intertidal Barnacles Alter Penis Form to Suit Coastal Wave Action," *Proceedings of the Royal Society B* 275 (2008): pp.1081–87.

[19] Birkhead, *Promiscuity*, p. 98.

[20] Ibid.

[21] David Grimaldi and Michael S. Engel, *Evolution of the Insects*, New York: Cambridge University Press, 2005: p. 135.

[22] So Kawaguchi, Robbie Kilpatrick, Lisa Roberts, Robert A. King, and Stephen Nicol. "Ocean-Bottom Krill Sex," *Journal of Plankton Research* 33 (2011): pp.

1134–38.
[23] Diane A. Kelly, "Penises as Variable-Volume Hydrostatic Skeletons," *Annals of the New York Academy of Sciences* 1101 (2007): pp. 453–63.
[24] D. A. Kelly, "Anatomy of the Baculum-Corpus Cavernosum Interface in the Norway Rat (Rattus norvegicus) and Implications for Force Transfer During Copulation," *Journal of Morphology* 244 (2000): pp. 69–77; correspondence with Diane A. Kelly.
[25] Birkhead, *Promiscuity*, p. 97.
[26] Kelly, "Penises," pp. 453–63; Kelly, "The Functional Morphology of Penile Erection: Tissue Designs for Increasing and Maintaining Stiffness," *Integrative and Comparative Biology* 42 (2002): pp. 216–21; Kelly, "Expansion of the Tunica Albuginae During Penile Inflation in the Nine-Banded Armadillo (Dasypus novemcinctus)," *Journal of Experimental Biology* 202 (1999): pp. 253–65.
[27] Kelly telephone interview; Kelly, "Penises," pp. 453–63; Kelly, "Functional Morphology," pp. 216–21; Kelly, "Expansion," pp. 253–65.
[28] Ion G. Motofei and David L. Rowland, "Neurophysiology of the Ejaculatory Process: Developing Perspectives," *BJU International* 96 (2005): pp. 1333–38; Jeffrey P. Wolters and Wayne J. G. Hellstrom, "Current Concepts in Ejaculatory Dysfunction," *Reviews in Urology* 8 (2006): pp. S18–25.
[29] Motofei and Rowland, "Neurophysiology," pp. 1333–38; Wolters and Hellstrom, "Current Concepts," pp. S18–25.
[30] Ibid.
[31] Kelly, "Penises," pp. 453–63.
[32] Ibid.
[33] R. Brian Langerhans, Craig A. Layman, Thomas J. DeWitt, and David B. Wake, "Male Genital Size Reflects a Tradeoff Between Attracting Mates and Avoiding Predators in Two Live-Bearing Fish Species," *Proceedings of the National Academy of Sciences* 102 (2005): pp. 7618–23.
[34] W. P. de Silva, "ABC of Sexual Health: Sexual Variations," *BMJ* 318 (1999): pp. 654–56.
[35] Kelly, "Penises," pp. 453–63.
[36] Phillip Jobling, "Autonomic Control of the Urogenital Tract," *Autonomic Neuroscience* 165 (2011): pp. 113–126.

[37] Harvey D. Cohen, Raymond C. Rosen, and Leonide Goldstein, "Electroencephalographic Laterality Changes During Human Sexual Orgasm," *Archives of Sexual Behavior* 5 (1976): pp. 189– 99.

[38] James G. Pfaus and Boris B. Gorzalka, "Opioids and Sexual Behavior," *Neuroscience & Biobehavioral Reviews* 11 (1987): pp. 1–34; James G. Pfaus and Lisa A. Scepkowski, "The Biologic Basis for Libido," *Current Sexual Health Reports* 2 (2005): pp. 95–100.

[39] Kenia P. Nunes, Marta N. Cordeiro, Michael Richardson, Marcia N. Borges, Simone O. F. Diniz, Valbert N. Cardoso, Rita Tostes, Maria Elena De Lima, et al., "Nitric Oxide-Induced Vasorelaxation in Response to PnTx2–6 Toxin from Phoneutria nigriventer Spider in Rat Cavernosal Tissue," *The Journal of Sexual Medicine* 7 (2010): pp. 3879–88.

[40] Houpt, *Domestic Animal Behavior*, p. 114; Roser interview.

[41] Houpt, *Domestic Animal Behavior*, p. 10; L. E. L. Rasmussen, "Source and Cyclic Release Pattern of (Z)-8-Dodecenyl Acetate, the Preovulatory Pheromone of the Female Asian Elephant," *Chemical Senses* 26 (2001): p. 63.

[42] Edwin Gilland and Robert Baker, "Evolutionary Patterns of Cranial Nerve Efferent Nuclei in Vertebrates," *Brain, Behavioral Evolution* 66 (2005): pp. 234–54.

[43] Uldis Roze, *The North American Porcupine*, 2nd edition. Ithaca, NY: Comstock Publishing, 2009: pp. 135–43, 231.

[44] Edward O. Price, Valerie M. Smith, and Larry S. Katz, "Stimulus Condition Influencing Self-Enurination, Genital Grooming and Flehmen in Male Goats," *Applied Animal Behaviour Science* 16 (1986): pp. 371–81.

[45] Dale E. Toweill, Jack Ward Thomas, and Daniel P. Metz, *Elk of North America: Ecology and Management, Mechanicsburg,* PA: Stackpole Books, 1982.

[46] Fiona C. Berry and Thomas Breithaupt, "To Signal or Not to Signal? Chemical Communication by Urine-Borne Signals Mirrors Sexual Conflict in Crayfish," *BMC Biology* 8 (2010): p. 25.

[47] Gil G. Rosenthal, Jessica N. Fitzsimmons, Kristina U. Woods, Gabriele Gerlach, and Heidi S. Fisher, "Tactical Release of a Sexually-Selected Pheromone in a Swordtail Fish," *PLoS One* 6 (2011): p. e16994.

[48] C. Bielert and L. A. Van der Walt, "Male Chacma Baboon (Papio ursinus)

Sexual Arousal: Mediation by Visual Cues from Female Conspecifics," *Psychoneuroendocrinology* 7 (1986): pp. 31–48; Craig Bielert, Letizia Girolami, and Connie Anderson, "Male Chacma Baboon (Papio ursinus) Sexual Arousal: Studies with Adolescent and Adult Females as Visual Stimuli," *Developmental Psychobiology* 19 (1986): pp. 369–83.

[49] E. B. Hale, "Visual Stimuli and Reproductive Behavior in Bulls," *Journal of Animal Science* 25 (1966): pp. 36–44.

[50] Adeline Loyau and Frederic Lacroix, " Watching Sexy Displays Improved Hatching Success and Offspring Growth Through Maternal Allocation," *Proceedings of the Royal Society of London B* 277 (2010): pp. 3453–60.

[51] Price, "Sexual Behavior," p. 66.

[52] Bruce Bagemihl, *Biological Exuberanc: Animal Homosexuality and Natural Diversity*, New York: St. Martin's, 1999.

[53] Dana Pfefferle, Katrin Brauch, Michael Heistermann, J. Keith Hodges, and Julia Fischer, "Female Barbary Macaque (Macaca sylvanus) Copulation Calls Do Not Reveal the Fertile Phase but Influence Mating Outcome," *Proceedings of the Royal Society of London B* 275 (2008): pp. 571–78.

[54] Houpt, *Domestic Animal Behavior*, p. 100.

[55] I. Goldstein, "Male Sexual Circuitry. Working Group for the Study of Central Mechanisms in Erectile Dysfunction," *Scientific American* 283 (2000): pp. 70–75.

[56] Wolters and Hellstrom, "Current Concepts," pp. S18–25; Arthur L. Burnett telephone interview, April 5, 2011; Jacob Rajfer telephone interview, April 29, 2011.

[57] Minnesota Men's Health Center, P.A., "Facts About Erectile Dysfunction," accessed October 8, 2011. http://www.mmhc-online.com/articles/impotency. html.

[58] Burnett interview.

[59] Lisa Gould telephone interview, April 5, 2011.

[60] Price, "Sexual Behavior," pp. 62–72; Houpt, *Domestic Animal Behavior*, p. 110.

[61] Nicholas E. Collias, "Aggressive Behavior Among Vertebrate Animals," *Physiological Zoology* 17 (1944): pp. 83–123; Houpt, *Domestic Animal Behavior*, pp. 90–93.

[62] Rajfer interview.

[63] Burnett interview.

[64] Lawrence K. Hong, "Survival of the Fastest: On the Origin of Premature Ejaculation," *Journal of Sex Research* 20 (1984): p. 113.

[65] Chris G. McMahon, Stanley E. Althof, Marcel D. Waldinger, Hartmut Porst, John Dean, Ira D. Sharlip, et al., "An Evidence-Based Definition of Lifelong Premature Ejaculation: Report of the International Society for Sexual Medicine (ISSM) Ad Hoc Committee for the Definition of Premature Ejaculation," *The Journal of Sexual Medicine* 5 (2008): pp. 1590–1606.

[66] Martin Wikelski and Silke Baurle, "Pre-Copulatory Ejaculation Solves Time Constraints During Copulations in Marine Iguanas," *Proceedings of the Royal Society of London B* 263 (1996): pp. 439–44.

[67] Rajfer interview.

[68] Mary Roach, *Bonk: The Curious Coupling of Science and Sex*, New York: Norton, 2008; Zuk, *Sexual Selections*; Birkhead, *Promiscuity*; Judson, *Dr. Tatiana's Sex Advice*; Sarah Blaffer Hrdy, *Mother Nature: Maternal Instincts and How They Shape the Human Species*. New York: Ballantine, 1999.

[69] Judson, *Dr. Tatiana's Sex Advice*, p. 246; Naturhistorisk Museum, "Homosexuality in the Animal Kingdom," accessed October 8, 2011. http://www.nhm.uio.no/besok-oss/utstillinger/skiftende/againstnature/gayanimals.html.

[70] Ed Nieuwenhuys, "Daddy-longlegs, Vibrating or Cellar Spiders," accessed October 14, 2011.http://ednieuw.home.xs4all.nl/Spiders/Pholcidae/Pholcidae.htm.

[71] Houpt, *Domestic Animal Behavior*, pp. 102, 119, 129.

[72] Min Tan, Gareth Jones, Guangjian Zhu, Jianping Ye, Tiyu Hong, Shanyi Zhou, Shuyi Zhang, et al., "Fellatio by Fruit Bats Prolongs Copulation Time," *PLoS One* 4 (2009): p. e7595.

[73] Price, "Sexual Behavior," p. 64.

[74] Bagemihl, *Biological Exuberance*, pp. 263–65.

[75] Joan Roughgarden, *Evolution's Rainbow: Diversity, Gender, and Sexuality in Nature and People*, Berkeley: University of California Press, 2004.

[76] Nathan W. Bailey and Marlene Zuk, "Same-Sex Sexual Behavior and Evolution," *Trends in Ecology and Evolution* 24 (2009): pp. 439–46.

[77] Bagemihl, *Biological Exuberance*, p. 251.

[78] Birkhead, *Promiscuity*, pp. 38–39.

[79] Zuk, *Sexual Selections*, pp. 177–78.

[80] Birkhead, *Promiscuity*.

[81] Göran Arnqvist and Locke Rowe, *Sexual Conflict: Monographs in Behavior and Ecology*, Princeton, NJ: Princeton University Press, 2005.

[82] C. W. Moeliker, "The First Case of Homosexual Necrophilia in the Mallard Anas platyrhynchos (Aves: Anatidae)," *Deinsea* 8 (2001): pp. 243–47; Irene Garcia, "Beastly Behavior," *Los Angeles Times*, February 12, 1998, accessed December 20, 2011. http://articles.latimes.com/1998/feb/12/entertainment/ca-18150.

[83] Carol M. Berman, "Kinship: Family Ties and Social Behavior," in *Primates in Perspective*, 2nd ed., eds. Christina J. Campbell, Agustin Fuentes, Katherine C. MacKinnon, Simon K. Bearder, and Rebecca M. Strumpf, p. 583. New York: Oxford University Press, 2011; Raymond Obstfeld, *Kinky Cats, Immortal Amoebas, and Nine- Armed Octopuses: Weird, Wild, and Wonderful Behaviors in the Animal World*, New York: HarperCollins, 1997: pp. 43–47; Ridley, *The Red Queen*, pp. 282–84; Judson, *Dr. Tatiana's Sex Advice*, pp. 169–86.

[84] Birkhead, *Promiscuity*.

[85] Zuk, *Sexual Selections*.

[86] Anders Ågmo, *Functional and Dysfunctional Sexual Behavior: A Synthesis of Neuroscience and Comparative Psychology*, Waltham, MA: Academic Press, 2007. Kindle edition: iii.

[87] Houpt, *Domestic Animal Behavior*, p. 8.

[88] Boguslaw Pawlowski, "Loss of Oestrus and Concealed Ovulation in Human Evolution: The Case Against the Sexual-Selection Hypothesis," *Current Anthropology* 40 (1999): pp. 257–76.

[89] Geoffrey Miller, Joshua M. Tybur, and Brent D. Jordan, "Ovulatory Cycle Effects on Tip Earnings by Lap Dancers: Economic Evidence for Human Estrus?" *Evolution and Human Behavior* 27 (2007): pp. 375–81; Debra Lieberman, Elizabeth G. Pillsworth, and Martie G. Haselton, "Kin Affiliation Across the Ovulatory Cycle: Females Avoid Fathers When Fertile," *Psychological Science* (2010): doi: 10.1177/0956797610390385; Martie G. Haselton, Mina Mortezaie, Elizabeth G. Pillsworth, April Bleske-Rechek, and David A. Frederick, "Ovulatory Shifts in Human Female Ornamentation: Near Ovulation, Women Dress to Impress," *Hormones and Behavior* 51 (2007): pp. 40–45.

[90] Miller, Tybur, and Jordan, "Ovulatory Cycle Effects," pp. 375–81.

[91] Lieberman, Pillsworth, and Haselton, "Kin Affiliation."

[92] Barry R. Komisaruk, Carlos Beyer-Flores, and Beverly Whipple, *The Science of Orgasm*, Baltimore: Johns Hopkins University Press, 2006.

[93] Kenneth V. Kardong, *Vertebrates: Comparative Anatomy, Function, Evolution*,

4th ed., New York: Tata McGraw-Hill, 2006: pp. 556, 565; Balcombe, Jonathan, *Pleasure Kingdom: Animals and the Nature of Feeling Good*, Hampshire, UK: Palgrave Macmillan, 1997.

[94] Stefan Anitei, "The Largest Clitoris in the World," Softpedia, January 26, 2007, accessed October 14, 2011. http://news.softpedia.com/news/The-Largest-Clitoris-in-the-World-45527.shtml; Balcombe, *Pleasure Kingdom*.

[95] Jan Shifren, Brigitta Monz, Patricia A. Russo, Anthony Segreti, and Catherine B. Johannes, "Sexual Problems and Distress in United States Women: Prevalence and Correlates," *Obstetrics & Gynecology* 112 (2008): pp. 970–78.

[96] J. A. Simon, "Low Sexual Desire—Is It All in Her Head? Pathophysiology, Diagnosis and Treatment of Hypoactive Sexual Desire Disorder," *Postgraduate Medicine* 122 (2010): pp. 128–36; S. Mimoun, "Hypoactive Sexual Desire Disorder, HSDD," *Gynecologie Obstetrique Fertilite* 39 (2011): pp. 28–31; Anita H. Clayton, "The Pathophysiology of Hypoactive Sexual Desire Disorder in Women," *International Journal of Gynecology and Obstetrics* 110 (2010): pp. 7–11.

[97] Clayton, "The Pathophysiology," pp. 7–11; Santiago Palacios, "Hypoactive Sexual Desire Disorder and Current Pharmacotherapeutic Options in Women," *Women's Health* 7 (2011): pp. 95–107.

[98] Clayton, "The Pathophysiology," pp. 7–11; Palacios, "Hypoactive Sexual Desire Disorder," pp. 95–107.

[99] Ralph Myerson, "Hypoactive Sexual Desire Disorder," *Healthline: Connect to Better Health*, accessed October 8, 2011. http://www.healthline.com/galecontent/hypoactivesexual-desire-disorder.

[100] Roser interview.

[101] James Pfaus telephone interview, February 23, 2011.

[102] Randy Thornhill and John Alcock, *The Evolution of Insect Mating Systems*, Cambridge: Harvard University Press, 1983: p. 469.

[103] Pfaus interview.

[104] Donald Pfaff, *Man and Woman: An Inside Story*, Oxford: Oxford University Press, 2011: p. 78; Donald W. Pfaff, *Drive: Neurobiological and Molecular Mechanisms of Sexual Motivation*, Cambridge, MA: MIT Press, 1999: pp. 76–79.

[105] D. W. Pfaff, L. M. Kow, M. D. Loose, and L. M. Flanagan-Kato, "Reverse Engineering the Lordosis Behavior Circuit," *Hormones and Behavior* 54 (2008): pp. 347–54; Pfaff, Drive, pp. 76–79.

[106] Pfaff, *Man and Woman*, p. 78.

[107] Pfaff, *Man and Woman*, p. 78; Pfaff et al., "Reverse Engineering," pp. 347–54.

[108] William F. Perrin, Bernd Wursig, and J. G. M. Thewissen, *Encyclopedia of Marine Mammals*, Waltham, p. 394. MA: Academic Press, 2002: p. 394.

[109] Pfaff, *Man and Woman*, p. 78.

[110] Pfaff, *Drive*, pp. 76–79.

[111] Pfaff, *Man and Woman*, p. 57.

[112] Houpt, *Domestic Animal Behavior*, p. 117.

[113] Ibid., pp. 125–27.

[114] Ibid., pp. 99, 117.

[115] Ibid., p. 99.

[116] Masaki Sakai and Mikihiko Kumashiro, "Copulation in the Cricket Is Performed by Chain Reaction," *Zoological Science* 21 (2004): p. 716.

[117] Bagemihl, *Biological Exuberance*, p. 208.

[118] Molly Peacock, "Have You Ever Faked an Orgasm?" in *Cornucopia: New & Selected Poems*, New York: Norton, 2002.

[119] Dreborg et al., "Evolution of Vertebrate Opiod Receptors," pp. 15487–92.

第 5 章　快感：追求兴奋与戒除上瘾

[1] Jason Dicker, "The Poppy Industry in Tasmania," Chemistry and Physics in Tasmanian Agriculture: A Resource for Science Students and Teachers, accessed July 14, 2010. http://www.launc.tased.edu.au/online/sciences/agsci/alkalo/popindus.htm.

[2] Damien Brown, "Tassie Wallabies Hopping High," *Mercury*, June 25, 2009, accessed July 14, 2010. http://www.themercury.com.au/article/2009/06/25/80825_tasmania-news.html.

[3] Ibid.

[4] National Institutes of Health, "Addiction and the Criminal Justice System," *NIH Fact Sheets*, accessed October 7, 2011. http://report.nih.gov/NIHfactsheets/ ViewFactSheet.aspx?csid=22.

[5] K. H. Berge, M. D. Seppala, and A. M. Schipper, "Chemical Dependency and the Physician," *Mayo Clinic Proceedings* 84 (2009): pp. 625–31.

[6] Emily Beeler telephone interview, October 12, 2011.

[7] Ronald K. Siegel, *Intoxication: Life in Pursuit of Artificial Paradise*, New

York: Pocket Books, 1989.

[8] Luke Salkeld, "Pictured: Fat Boy, the Pony Who Got Drunk on Fermented Apples and Fell into a Swimming Pool," *MailOnline*, October 16, 2008, accessed July 15, 2010. http://www.dailymail.co.uk/news/article-1077831/Pictured-Fat-Boy-pony-gotdrunk-fermentedapples-fell-swimming-pool.html.

[9] Siegel, *Intoxication*, pp. 51–52.

[10] Ibid., p. 130.

[11] Frank Wiens, Annette Zitzmann, Marc-Andre Lachance, Michel Yegles, Fritz Pragst, Friedrich M. Wurst, Dietrich von Holst, et al., "Chronic Intake of Fermented Floral Nectar by Wild Treeshrews," *Proceedings of the National Academy of Sciences* 105 (2008): pp. 10426–31.

[12] M. H. Ralphs, D. Graham, M. L. Galyean, and L. F. James, "Creating Aversions to Locoweed in Naive and Familiar Cattle," *Journal of Range Management* 50 (1997): pp. 361–66; Michael H. Ralphs, David Graham, and Lynn F. James, "Social Facilitation Influences Cattle to Graze Locoweed," *Journal of Range Management* 47 (1994): pp. 123–26; United States Department of Agriculture, Agricultural Research Service, "Locoweed (*astragalus and Oxytropis* spp)." Last modified February 7, 2006, accessed March 9, 2010. http://www.ars.usda.gov/services/docs.htm?docid= 9948&pf=1&cg _id= 0.

[13] Laura Mirsch, "The Dog Who Loved to Suck on Toads," *NPR*, October 24, 2006, accessed July 14, 2010. http://www.npr.org/templates/story/story.php?storyId=6376594; United States Department of Agriculture, "Locoweed."

[14] "Dogs Getting High Licking Hallucinogenic Toads!" *StrangeZoo. com,* accessed July 14, 2010. http://www.strangezoo.com/content/item/105766.html.

[15] Iain Gately, "Drunk as a Skunk...or a Wild Monkey...or a Pig," *Proof Blog, New York Times*, January 24, 2009, accessed January 27, 2009. http://proof.blogs. nytimes.com/2009/01/24/drunk-as-a-skunk-or-a-wild-monkey-or-a-pig/.

[16] Ibid.

[17] Charles Darwin, *The Descent of Man, in From So Simple a Beginning: The Four Great Books of Charles Darwin*, ed. Edward O. Wilson. New York: Norton, 2006: pp. 783–1248.

[18] Iain Gately, "Drunk as a Skunk...or a Wild Monkey...or a Pig," *Proof Blog, New York Times*, January 24, 2009, accessed January 27, 2009. http://proof.blogs. nytimes.com/2009/01/24/drunk-as-a-skunk-or-a-wild-monkey-or-a-pig/.

[19] BBC Worldwide, "Alcoholic Vervet Monkeys! Weird Nature—BBC Animals," video, 2009, retrieved October 9, 2011, http://www.youtube.com/watch?v=pSm7B cQHWXk&feature=related.

[20] Toni S. Shippenberg and George F. Koob, "Recent Advances in Animal Models of Drug Addiction," in *Neuropsychopharmacology: The Fifth Generation of Progress*, ed. K. L. Davis, D. Charney, J. T. Coyle, and C. Nemeroff, Philadelphia: Lippincott, Williams and Wilkins, 2002: pp. 1381–97; J. Wolfgramm, G. Galli, F. Thimm, and A. Heyne, "Animal Models of Addiction: Models for Therapeutic Strategies? " *Journal of Neural Transmission* 107 (2000): pp. 649–68.

[21] Andrew B. Barron, Ryszard Maleszka, Paul G. Helliwell, and Gene E. Robinson, "Effects of Cocaine on Honey Bee Dance Behaviour," *Journal of Experimental Biology* 212 (2009): pp. 163–68.

[22] S. Bretaud, Q. Li, B. L. Lockwood, K. Kobayashi, E. Lin, and S. Guo, "A Choice Behavior for Morphine Reveals Experience-Dependent Drug Preference and Underlying Neural Substrates in Developing Larval Zebrafish," *Neuroscience* 146 (2007): pp. 1109–16.

[23] Kathryn Knight, "Meth(amphetamine) May Stop Snails from Forgetting," *Journal of Experimental Biology* 213 (2010), i, accessed May 31, 2010. doi: 10.1242 / jeb.046664.

[24] "Spiders on Speed Get Weaving," *New Scientist*, April 29, 1995, accessed October 9, 2011. http://www.newscientist.com/article/mg14619750.500-spiders-on-speed-getweaving.html.

[25] Hyun-Gwan Lee, Young-Cho Kim, Jennifer S. Dunning, and Kyung- An Han, "Recurring Ethanol Exposure Induces Disinhibited Courtship in *Drosophila*," *PLoS One* (2008): p. e1391.

[26] Andrew G. Davies, Jonathan T. Pierce-Shimomura, Hongkyun Kim, Miri K. VanHoven, Tod R. Thiele, Antonello Bonci, Cornelia I. Bargmann, et al., "A Central Role of the BK Potassium Channel in Behavioral Responses to Ethanol in *C. elegans*," *Cell* 115: pp. 656–66.

[27] T. Sudhaharan and A. Ram Reddy, "Opiate Analgesics' Dual Role in Firefly Luciferase Activity," *Biochemistry* 37 (1998): pp. 4451–58; K. L. Machin, "Fish, Amphibian, and Reptile Analgesia," *Veterinary Clinics of North American Exotic Animal Practice* 4 (2001): pp. 19–22.

[28] Susanne Dreborg, Görel Sundstrom, Tomas A. Larsson, and Dan Larhammar, "Evolution of Vertebrate Opioid Receptors," *Proceedings of the National Academy of Sciences* 105 (2008): pp. 15487–92; Janicke Nordgreen, Joseph P. Garner, Andrew Michael Janczak, Brigit Ranheim, William M. Muir, and Tor Einar Horsberg, "Thermonociception in Fish: Effects of Two Different Doses of Morphine on Thermal Threshold and Post-Test Behavior in Goldfish (*Carassius auratus*)," *Applied Animal Behaviour Science* 119 (2009): pp. 101–07; N. A. Zabala, A. Miralto, H. Maldonado, J. A. Nunez, K. Jaffe, and L. de C. Calderon, "Opiate Receptor in Praying Mantis: Effect of Morphine and Naloxone," *Pharmacology Biochemistry & Behavior* 20 (1984): pp. 683–87; V. E. Dyakonova, F. W. Schurmann, and D. A. Sakharov, "Effects of Serotonergic and Opioidergic Drugs on Escape Behaviors and Social Status of Male Crickets," *Naturwissenschaften* 86 (1999): pp. 435–37.

[29] John McPartland, Vincenzo Di Marzo, Luciano De Petrocellis, Alison Mercer, and Michelle Glass, "Cannabinoid Receptors Are Absent in Insects," *Journal of Comparative Neurology* 436 (2001): pp. 423–29; Osceola Whitney, Ken Soderstrom, and Frank Johnson, "CB1 Cannabinoid Receptor Activation Inhibits a Neural Correlate of Song Recognition in an Auditory/Perceptual Region of the Zebra Finch Telencephalon," *Journal of Neurobiology* 56 (2003): pp. 266–74; E. Cottone, A. Guastalla, K. Mackie, and M. F. Franzoni, "Endocannabinoids Affect the Reproductive Functions in Teleosts and Amphibians," *Molecular and Cellular Endocrinology* 286S (2008): pp. S41–S45.

[30] Jaak Panksepp, "Science of the Brain as a Gateway to Understanding Play: An Interview with Jaak Panksepp," *American Journal of Play* 3 (2010): p. 250.

[31] Ibid., p. 266

[32] Franklin D. McMillan, *Mental Health and Well-Being in Animals*, Hoboken, NJ: Blackwell, 2005: pp. 6–7.

[33] K. J. S. Anand and P. R. Hickey, "Pain and Its Effects in the Human Neonate and Fetus," *The New England Journal of Medicine* 317 (1987): pp. 1321–29.

[34] Jill R. Lawson, "Standards of Practice and the Pain of Premature Infants," *Recovered Science*, accessed December 18, 2011. http://www.recoveredscience.com/ROP_preemiepain.htm.

[35] Joseph LeDoux, "Rethinking the Emotional Brain," *Neuron* 73 (2012): pp. 653–76.

[36] Randolph M. Nesse and Kent C. Berridge, "Psychoactive Drug Use in Evolutionary Perspective," *Science* 278 (1997): pp. 63–66, accessed February 16, 2010. doi: 0.1126/science.278.5335.63.

[37] E. O. Wilson, *Sociobiology*, Cambridge, MA: Harvard University Press, 1975.

[38] Brian Knutson, Scott Rick, G. Elliott Wimmer, Drazen Prelec, and George Loewenstein, "Neural Predictors of Purchases," *Neuron* 53 (2007): pp. 147–56; Ethan S. Bromberg-Martin and Okihide Hikosaka, "Midbrain Dopamine Neurons Signal Preference for Advance Information About Upcoming Rewards," *Neuron* 63 (2009): pp. 119–26.

[39] Nesse and Berridge, "Psychoactive Drug Use," pp. 63–66.

[40] Dreborg et al., "Evolution of Vertebrate Opioid Receptors," pp. 15487–92.

[41] Panksepp, "Science of the Brain," p. 253.

[42] Shaun Gallagher, "How to Undress the Affective Mind: An Interview with Jaak Panksepp," *Journal of Consciousness Studies* 15 (2008): pp. 89–119.

[43] Nesse and Berridge, "Psychoactive Drug Use," pp. 63–66.

[44] David Sack telephone interview, July 28, 2010.

[45] Jaak Panksepp, "Evolutionary Substrates of Addiction: The Neurochemistries of Pleasure Seeking and Social Bonding in the Mammalian Brain," in *Substance and Abuse Emotion*, ed. Jon D. Kassel, Washing- ton, DC: American Psychological Association, 2010, pp. 137–67.

[46] Gary Wilson interview, Moorpark, CA, May 24, 2011.

[47] David J. Linden, *The Compass of Pleasure*, Viking: 2011 (location 113 in ebook).

[48] Craig J. Slawecki, Michelle Betancourt, Maury Cole, and Cindy L. Ehlers, "Periadolescent Alcohol Exposure Has Lasting Effects on Adult Neurophysiological Function in Rats," *Developmental Brain Research* 128 (2001): pp. 63–72; Linda Patia Spear, "The Adolescent Brain and the College Drinker: Biological Basis of Propensity to Use and Misuse Alcohol," *Journal of Studies on Alcohol* 14 (2002): pp. 71–81; Melanie L. Schwandt, Stephen G. Lindell, Scott Chen, J. Dee Higley, Stephen J. Suomi, Markus Heilig, and Christina S. Barr, "Alcohol Response and Consumption in Adolescent Rhesus Macaques: Life History and Genetic Influences," *Alcohol* 44 (2010): pp. 67–90.

第 6 章　魂飞魄散：发生在荒野的心脏病

[1] Jonathan Leor, W. Kenneth Poole, and Robert A. Kloner, "Sudden Cardiac

Death Triggered by an Earthquake," *New England Journal of Medicine* 334 (1996): pp. 413–19.

[2] Laura S. Gold, Leslee B. Kane, Nona Sotoodehnia, and Thomas Rea, "Disaster Events and the Risk of Sudden Cardiac Death: A Washington State Investigation," *Prehospital and Disaster Medicine* 22 (2007): pp. 313–17.

[3] S. R. Meisel, K. I. Dayan, H. Pauzner, I. Chetboun, Y. Arbel, D. David, and I. Kutz, "Effect of Iraqi Missile War on Incidence of Acute Myocardial Infarction and Sudden Death in Israeli Civilians," *Lancet* 338 (1991): pp. 660–61.

[4] Omar L. Shedd, Samuel F. Sears, Jr., Jane L. Harvill, Aysha Arshad, Jamie B. Conti, Jonathan S. Steinberg, and Anne B. Curtis, "The World Trade Center Attack: Increased Frequency of Defibrillator Shocks for Ventricular Arrhythmias in Patients Living Remotely from New York City," *Journal of the American College of Cardiology* 44 (2004): pp. 1265–67.

[5] Paul Oberjuerge, "Argentina Beats Courageous England 4–3 in Penalty Kicks," *Soccer-Times.com*, June 30, 1998, accessed December 8, 2010. http://www.soccertimes.com/worldcup/1998/games/jun30a.htm.

[6] Douglas Carroll, Shah Ebrahim, Kate Tilling, John Macleod, and George Davey Smith, "Admissions for Myocardial Infarction and World Cup Football Database Survey," *BMJ* 325 (2002): pp. 21–8.

[7] L. Toubiana, T. Hanslik, and L. Letrilliart, "French Cardiovascular Mortality Did Not Increase During 1996 European Football Championship," *BMJ* 322 (2001): p. 1306.

[8] Richard Williams, "Down with the Penalty Shootout and Let the 'Games Won' Column Decide," *Sports Blog, Guardian*, October 24, 2006, accessed October 5, 2011. http://www.guardian.co.uk/football/2006/oct/24/sport.comment3.

[9] K. Tsuchihashi, K. Ueshima, T. Uchida, N. Oh-mura, K. Kimura, M. Owa, M. Yoshiyama, et al., "Transient Left Ventricular Apical Ballooning Without Coronary Artery Stenosis: A Novel Heart Syndrome Mimicking Acute Myocardial Infarction," *Journal of the American College of Cardiology* 38 (2001): pp. 11–18; Yoshiteru Abe, Makoto Kondo, Ryota Matsuoka, Makoto Araki, Kiyoshi Dohyama, and Hitoshi Tanio, "Assessment of Clinical Features in Transient Left Ventricular Apical Ballooning," *Journal of the American College of Cardiology* 41 (2003): pp. 737–42; Kevin A. Bybee and Abhiram Prasad, "Stress- Related Cardiomyopathy Syndromes," *Circulation* 118 (2008):

pp. 397–409; Scott W. Sharkey, Denise C. Windenburg, John R. Lesser, Martin S. Maron, Robert G. Hauser, Jennifer N. Lesser, Tammy S. Haas, et al., "Natural History and Expansive Clinical Profile of Stress (Tako-Tsubo) Cardiomyopathy," *Journal of the American College of Cardiology* 55 (2010): pp. 333–41.

[10] Matthew J. Loe and William D. Edwards, "A Light-Hearted Look at a Lion-Hearted Organ (Or, a Perspective from Three Standard Deviations Beyond the Norm) Part 1 (of Two Parts)," *Cardiovascular Pathology* 13 (2004): pp. 282–92.

[11] National Institutes of Health, "Researchers Develop Innovative Imaging System to Study Sudden Cardiac Death," *NIH News—National Heart, Lung and Blood Institute*, October 30, 2009, accessed October 14, 2011. http://www.nih.gov/news/health/oct2009/nhlbi-30.htm.

[12] Dan Mulcahy interview, Tulsa, OK, October 27, 2009.

[13] Jessica Paterson, "Capture Myopathy," in *Zoo Animal and Wildlife Immobilization and Anesthesia*, edited by Gary West, Darryl Heard, and Nigel Caulkett, Ames, IA: Blackwell, 2007: 115, pp. 115–21.

[14] Ibid.

[15] G. D. Stentiford and D. M. Neil, "A Rapid Onset, Post-Capture Muscle Necrosis in the Norway Lobster, Nephrops norvegicus (L.), from the West Coast of Scotland," *Journal of Fish Diseases* 23 (2000): pp. 251–63.

[16] Purdue University Animal Services, "Meat Quality and Safety," accessed October 14, 2011. http://ag.ansc.purdue.edu/meat_quality/mqf_stress.html.

[17] Mitchell Bush and Valerius de Vos, "Observations on Field Immobilization of Free-Ranging Giraffe (*Giraffa camelopardalis*) Using Carfent- anil and Xylazine," *Journal of Zoo Animal Medicine* 18 (1987): pp. 135–40; H. Ebedes, J. Van Rooyen, and J. G. Du Toit, "Capturing Wild Animals," in *The Capture and Care Manual: Capture, Care, Accommodation and Transportation of Wild African Animals*, edited by Andrew A. McKenzie, Pretoria: South African Veterinary Foundation, 1993, pp. 382–440.

[18] "Why Deer Die," Deerfarmer.com: Deer & Elk Farmers' Information Network, July 25, 2003, accessed October 5, 2011. http://www.deer-library.com/ artman/publish/article_ 98.shtml.

[19] Scott Sonner, "34 Wild Horses Died in Recent NevadaRoundup, Bureau

of Land Management Says," *L.A. Unleashed* (blog), *Los Angeles Times*, August 5, 2010, accessed March 3, 2012. http://latimesblogs.latimes.com/unleashed/2010/08/thirtyfour-wildhorses-died-in-recent-nevada-roundup-bureau-of-land-management-says.html.

[20] J. A. Howenstine, "Exertion-Induced Myoglobinuria and Hemoglobinuria," *JAMA* 173 (1960): pp. 495–99; J. Greenberg and L. Arneson, "Exertional Rhabdomyolysis with Myoglobinuria in a Large Group of Military Trainees," *Neurology* 17 (1967): pp. 216–22; P. F. Smith, "Exertional Rhabdomyolysis in Naval Officer Candidates," *Archives of Internal Medicine* 121 (1968): pp. 313–19; S. A. Geller, "Extreme Exertion Rhabdomyolysis: a Histopathologic Study of 31 Cases," *Human Pathology* (1973): pp. 241–50.

[21] Mark Morehouse, "12 Football Players Hospitalized with Exertional Condition," *Gazette*, January 25, 2011, accessed October 5, 2011. http://the gazette. com/2011/01/25/ui-release-12-football-players-in-hospital-with-undisclosed-illness/.

[22] Paterson, "Capture Myopathy."

[23] Bureau of Land Management, "Status of the Science: On Questions That Relate to BLM Plan Amendment Decisions and Peninsular Ranges Bighorn Sheep," last modified March 14, 2001, accessed October 5, 2011. http://www.blm.gov/pgdata/etc/medialib//blm/ca/pdf/pdfs/palmsprings_pdfs.Par.95932cf3.File.pdf/Stat_of_Sci.pdf.

[24] Department of Health and Human Services, "Rabbits," accessed October 5, 2011. http://ori.hhs.gov/education/products/ncstate/rabbit.htm.

[25] Blue Cross, "Fireworks and Animals: How to Keep Your Pets Safe," accessed November 26, 2009. http://www.bluecross.org.uk/2154–88390/fireworks-andanimals.html; Maggie Page, "Fireworks and Animals: A Survey of Scottish Vets in 2001," accessed November 26, 2009. http://www.angelfire.com/co3/NCFS/survey/sspca/scottishspca. html; Don Jordan, "Rare Bird, Spooked by Fireworks, Thrashes Itself to Death," *Palm Beach Post News*, January 1, 2009, accessed November 26, 2009. http://www.palmbeachpost. com/localnews/content/local_news/epaper/2009/01/01/0101deadbird.html.

[26] Associated Press, "'Killer' Opera: Wagner Fatal to Zoo's Okapi," *The Spokesman-Review,* August 10, 1994, accessed March 3, 2012. http://news.google. com/newspapers?nid =1314&dat=19940810&id=-j0xAAAAIBAJ&sji-

d=5AkEAAAAIBAJ&pg=3036,5879969.

[27] World Health Organization: Regional Office for Europe, "Health Effects of Noise," accessed October 5, 2011. http://www.euro.who.int/en/what-we-do/health-topics/ environment-and-health/noise/facts-and-figures/health-effects-of-noise.

[28] Wen Qi Gan, Hugh W. Davies, and Paul A. Demers, "Exposure to Occupational Noise and Cardiovascular Disease in the United States: The National Health and Nutrition Examination Survey 1999–2004," *Occupational and Environmental Medicine* (2010): doi:10.1136/oem.2010.055269, accessed October 6, 2011. http://oem.bmj.com/content/early/2010/09/06/oem.2010.055269.abstract.

[29] W. R. Hudson and R. J. Ruben, "Hereditary Deafness in the Dalmatian Dog," *Archives of Otolaryngology* 75 (1962): p. 213; Thomas N. James, "Congenital Deafness and Cardiac Arrhythmias," *American Journal of Cardiology* 19 (1967): pp. 627–43.

[30] Darah Hansen, "Investigators Probe Death of Four Zebras at Greater Vancouver Zoo," *Vancouver Sun*, April 20, 2009, accessed March 3, 2012. http://forum.skyscraperpage.com/showthread.php?t=168150.

[31] Jacquie Clark and Nigel Clark, "Cramp in Captured Waders: Suggestions for New Operating Procedures in Hot Conditions and a Possible Field Treatment," *IWSG Bulletin* (2002): 49.

[32] Alain Ghysen, "The Origin and Evolution of the Nervous System," *International Journal of Developmental Biology* 47 (2003): pp. 555–62.

[33] Martin A. Samuels, "Neurally Induced Cardiac Damage. Definition of the Problem," *Neurologic Clinics* 11 (1993): p. 273.

[34] Carolyn Susman, "What Ken Lay's Death Can Teach Us About Heart Health," *Palm Beach Post*, July 7, 2006, accessed October 4, 2011. http://findarticles.com/ p /news-articles/palm-beach-post /mi _8163 /is _ 20060707 /ken-lays-death-teach-heart/ai_ n51923077/.

[35] Joel E. Dimsdale, "Psychological Stress and Cardiovascular Disease," *Journal of the American College of Cardiology* 51 (2008): pp. 1237–46.

[36] M. A. Samuels, "Neurally Induced Cardiac Damage. Definition of the Problem," *Neurologic Clinics* 11 (1993): p. 273.

[37] Helen Pilcher, "The Science of Voodoo: When Mind Attacks Body," *New Scientist,*

May 13, 2009, accessed May 14, 2009. http://www.newscientist.com/article/mg20227081.100-t he-science-of-voodoo-when-mind-attacks-body.html.

[38] Brian Reid, "The Nocebo Effect: Placebo's Evil Twin," *Washington Post*, April 30, 2002, accessed November 26, 2009. http://www.washingtonpost.com/ac2/wp-dyn/ A2709-2002Apr29.

[39] Ibid.

[40] Ronald G. Munger and Elizabeth A. Booton, "Bangungut in Manila: Sudden and Unexplained Death in Sleep of Adult Filipinos," *International Journal of Epidemiology* 27 (1998): pp. 677–84.

[41] Anna Swiedrych, Katarzyna Lorenc-Kukula, Aleksandra Skirycz, and Jan Szopa, "The Catecholamine Biosynthesis Route in Potato Is Affected by Stress," *Plant Physiology and Biochemistry* 42 (2004): pp. 593– 600; Jan Szopa, Grzegorz Wilczynski, Oliver Fiehn, Andreas Wenczel, and Lothar Willmitzer, "Identification and Quantification of Catecholamines in Potato Plants (*Solanum tuberosum*) by GC-MS," *Phytochemistry* 58 (2001): pp. 315–20.

[42] Randolph M. Nesse, "The Smoke Detector Principle: Natural Selection and the Regulation of Defensive Responses," *Annals of the New York Academy of Sciences* 935 (2001): pp. 75–85.

[43] S. L. Lima and L. M. Dill, "Behavioral Decisions Made Under the Risk of Predation: A Review and Prospectus," *Canadian Journal of Zoology* 68 (1990): pp. 619–40.

[44] Wanda K. Mohr, Theodore A. Petti, and Brian D. Mohr, "Adverse Effects Associated with Physical Restraint," *Canadian Journal of Psychiatry* 48 (2003): pp. 330–37.

[45] Centers for Disease Control and Prevention, "Sudden Infant Death Syndrome—United States, 1983–1994," *Morbidity and Mortality Weekly Report* 45 (1996): pp. 859–63; M. Willinger, L. S. James, and C. Catz, "Defining the Sudden Infant Death Syndrome (SIDS): Deliberations of an Expert Panel Convened by the National Institute of Child Health and Human Development," *Pediatric Pathology* 11 (1991): pp. 677–84; Roger W. Byard and Henry F. Krous, "Sudden Infant Death Syndrome: Overview and Update," *Pediatric and Developmental Pathology* 6 (2003): 112–27.

[46] National SIDS Resource Center, "What Is SIDS?," accessed October 5, 2011. http://sids-network.org/sidsfact.htm.

[47] Centers for Disease Control and Prevention, "Sudden Infant Death Syndrome," pp. 859–63; Willinger, James, and Catz, "Defining the Sudden Infant Death Syndrome," pp. 677–84; Byard and Krous, "Sudden Infant Death Syndrome," pp. 112–27.

[48] B. Kaada, "Electrocardiac Responses Associated with the Fear Paralysis Reflex in Infant Rabbits and Rats: Relation to Sudden Infant Death," *Functional Neurology* 4 (1989): pp. 327–40.

[49] E. J. Richardson, M. J. Shumaker, and E. R. Harvey,"The Effects of Stimulus Presentation During Cataleptic, Restrained, and Free Swimming States on Avoidance Conditioning of Goldfish (*Carassius auratus*)," *Psychological Record* 27 (1997): pp. 63–75; P. A. Whitman, J. A. Marshall, and E. C. Keller, Jr., "Tonic Immobility in the Smooth Dogfish Shark, Mustelus canis (Pisces,Carcharhinidae)," *Copeia* (1986): pp. 829–32; L. Lefebvre and M. Sabourin, "Effects of Spaced and Massed Repeated Elicitation on Tonic Immobility in the Goldfish(*Carassius auratus*)," *Behavioral Biology* 21 (1997): pp. 300–5; A. Kahn, E. Rebuffat, and M. Scottiaux, "Effects of Body Movement Restraint on Cardiac Response to Auditory Stimulation in Sleeping Infants," *Acta Paediatrica* 81 (1992): 959–61; Laura Sebastiani, Domenico Salamone, Pasquale Silvestri, Alfredo Simoni, and Brunello Ghelarducci, "Development of Fear-Related Heart Rate Responses in Neonatal Rabbits," *Journal of the Autonomic Nervous System* 50 (1994): pp. 231–38.

[50] Birger Kaada, "Why Is There an Increased Risk for Sudden Infant Death in Prone Sleeping? Fear Paralysis and Atrial Stretch Reflexes Implicated? " *Acta Paediatrica* 83 (1994): pp. 548–57.

[51] Patricia Franco, Sonia Scaillet, Jose Groswaasser, and André Kahn, "Increased Cardiac Autonomic Responses to Auditory Challenges in Swaddled Infants," *Sleep* 27 (2004): pp. 1527–32.

第 7 章　肥胖星球：动物为什么会变胖？如何瘦下来？

[1] American Association of Zoo Veterinarians Annual Conference with the Nutrition Advisory Group, Tulsa, OK, October 2009.

[2] I. M. Bland, A. Guthrie-Jones, R. D. Taylor, and J. Hill. "Dog Obesity: Veterinary Practices' and Owners' Opinions on Cause and Management," *Preventive Veterinary Medicine* 94 (2010): pp. 310–15; Alexander J. German,

"The Growing Problem of Obesity in Dogs and Cats," *Journal of Nutrition* 136 (2006): pp. 19405–65; Elizabeth M. Lund, P. Jane Armstrong, Claudia A. Kirk, and Jeffrey S. Klausner, "Prevalence and Risk Factors for Obesity in Adult Dogs from Private US Veterinary Practice," *International Journal of Applied Research in Veterinary Medicine* 4 (2006): pp. 177–86.

[3] Bland et al., "Dog Obesity"; German, "The Growing Problem," pp. 19405–65; Lund et al., "Prevalence and Risk Factors," pp. 177–86.

[4] Cynthia L. Ogden and Margaret D. Carroll, "Prevalence of Overweight, Obesity, and Extreme Obesity Among Adults: United States, Trends 1960–1962 Through 2007–2008," *National Center for Health Statistics*, June 2010, accessed October 12, 2011. http://www.cdc.gov/nchs/data/hestat/obesity_adult_07_08/obesity_adult_07_08.pdf.

[5] Lund et al., "Prevalence and Risk Factors"; C. A. Wyse, K. A. McNie, V. J. Tannahil, S. Love, and J. K. Murray, "Prevalence of Obesity in Riding Horses in Scotland," *Veterinary Record* 162 (2008): pp. 590–91.

[6] Rob Stein, "Something for the Dog That Eats Everything: A Diet Pill," *Washington Post*, January 6, 2007, accessed October 12, 2011. http://www.washingtonpost.com/wp-dyn/content/article/2007/01/05/AR2007010501753.html.

[7] P. Bottcher, S. Kluter, D. Krastel, and V. Grevel, "Liposuction— Removal of Giant Lipomas for Weight Loss in a Dog with Severe Hip Osteoarthritis," *Journal of Small Animal Practice* 48 (2006): pp. 46–48.

[8] Jessica Tremayne, "Tell Clients to Bite into 'Catkins' Diet to Battle Obesity, Expert Advises," *DVM Newsmagazine*, August 1, 2004, accessed March 3, 2012. http://veterinarynews.dvm360.com/dvm/article/articleDetail.jsp?id=110710.

[9] Caroline McGregor-Argo, "Appraising the Portly Pony: Body Condition and Adiposity," *Veterinary Journal* 179 (2009): pp. 158–60.

[10] Jennifer Watts interview, Tulsa, OK, October 27, 2009; CBS News, "When Lions Get Love Handles: Zoo Nutritionists Are Rethinking Ways of Feeding Animals in Order to Avoid Obesity," March 17, 2008, accessed January 30, 2010. http://www.cbsnews.com/stories/2008/03/17/tech/main3944935.shtml.

[11] Ibid.

[12] Ibid.

[13] Yann C. Klimentidis, T. Mark Beasley, Hui-Yi Lin, Giulianna Murati, Gregory

E. Glass, Marcus Guyton, Wendy Newton, et al., “Canaries in the Coal Mine: A Cross Species Analysis of the Plurality of Obesity Epidemics,” *Proceedings of the Royal Society B* (2010): pp. 2, 3–5. doi: 10. 1098 /rspb. 2010.1980.

[14] Joanne D. Altman, Kathy L. Gross, and S ephen R. Lowry, “Nutritional and Behavioral Effects of Gorge and Fast Feeding in Captive Lions,” *Journal of Applied Animal Welfare Science* 8 (2005): pp. 47–57.

[15] Mark Edwards interview, San Luis Obispo, CA, February 5, 2010.

[16] Katherine A. Houpt, *Domestic Animal Behavior for Veterinarians and Animal Scientists*, 5th ed., Ames, IA: Wiley-Blackwell, 2011: p. 62.

[17] Jim Braly, “Swimming in Controversy, Sea Lion C265 Is First to Be Killed,” *Oregon-Live*, April 17, 2009, accessed April 27, 2010. http://www.oregonlive.com/news/index. ssf/ 2009/ 04/ swimming_ in_controversy_c265_w.html.

[18] Dan Salas telephone interview, September 21, 2010.

[19] Arpat Ozgul, Dylan Z. Childs, Madan K. Oli, Kenneth B. Armitage, Daniel T. Blumstein, Lucretia E. Olsen, Shripad Tuljapurkar, et al., “Coupled Dynamics of Body Mass and Population Growth in Response Environmental Change,” *Nature* 466 (2010): pp. 482–85.

[20] Dan Blumstein interview, Los Angeles, CA. February 29, 2012.

[21] Ibid.

[22] Cynthia L. Ogden, Cheryl D. Fryar, Margaret D. Carroll, and Katherine M. Flegal, “Mean Body Weight, Height, and Body Mass Index, United States 1960–2002,” *Centers for Disease Control and Prevention Advance Data from Vital and Health Statistics* 347, October 27, 2004, accessed October 13, 2011. http://www.cdc.gov/nchs/data/ad/ad347.pdf.

[23] Eugene K. Balon, “Fish Gluttons: The Natural Ability of Some Fishes to Become Obese When Food Is in Extreme Abundance,” *Hydrobiologia* 52 (1977): pp. 239–41.

[24] “Dr. Richard Jackson of the Obesity Epidemic,” video, Media Policy Center, accessed October 13, 2011. http://dhc.mediapolicycenter.org/video/health/drrichardjackson-obesity-epidemic.

[25] Ibid.

[26] David Kessler, *The End of Overeating: Taking Control of the Insatiable American Appetite*, Emmaus, PA: Rodale, 2009.

[27] Medscape News Cardiology, Cardiologist Lifestyle Report 2012,” accessed

March 1, 2012. http://www.medscape.com/features/slideshow/lifestyle/2012/cardiology.

[28] Peter Gluckman, and Mark Hanson, *Mismatch: The Timebomb of Lifestyle Disease*, New York: Oxford University Press, 2006: pp. 161–62.

[29] Peter Nonacs interview, Los Angeles, April 13, 2010.

[30] Ibid.

[31] Ibid.

[32] Ibid.

[33] Caroline M. Pond, *The Fats of Life*, Cambridge: Cambridge University Press, 1998.

[34] Mads Bertelsen interview, Tulsa, OK, October 27, 2009.

[35] Altman, Gross, and Lowry, "Nutritional and Behavioral Effects," pp. 47–57.

[36] Jill Mellen and Marty Sevenich MacPhee, "Philosophy of Environmental Enrichment: Past, Present and Future," *Zoo Biology* 20 (2001): pp. 211–26.

[37] Ibid.; Ruth C. Newberry, "Environmental Enrichment: Increasing the Biological Relevance of Captive Environments," *Applied Animal Behaviour Science* 44 (1995): pp. 229–43.

[38] Smithsonian National Zoological Park, "Conservation & Science: Zoo Animal Enrichment," accessed October 12, 2011. http://nationalzoo.si.edu/ SCBI/AnimalEnrichment/default.cfm.

[39] Newberry, "Environmental Enrichment."

[40] Jennifer Watts, telephone interview by Kathryn Bowers, April 19, 2010.

[41] Volodymyr Dvornyk, Oxana Vinogradova, and Eviatar Nevo, "Origin and Evolution of Circadian Clock Genes in Prokaryotes," *Proceedings of the National Academy of Sciences* 100 (2003): pp. 2495–500.

[42] Jay C. Dunlap, "Salad Days in the Rhythms Trade," *Genetics* 178 (2008): pp. 1–13; John S. O'Neill and Akhilesh B. Reddy, "Circadian Clocks in Human Red Blood Cells," *Nature* 469 (2011): pp. 498–503; John S. O'Neill, Gerben van Ooijen, Laura E. Dixon, Carl Troein, Florence Corellou, François-Yves Bouget, Akhilesh B. Reddy, et al., "Circadian Rhythms Persist Without Transcription in a Eukaryote," *Nature* 469 (2011): pp. 554–58; Judit Kovac, Jana Husse, and Henrik Oster, "A Time to Fast, a Time to Feast: The Crosstalk Between Metabolism and the Circadian Clock," *Molecules and Cells* 28 (2009): pp. 75–80.

[43] Dunlap, "Salad Days"; O'Neill and Reddy, "Circadian Clocks"; O'Neill et al., "Circadian Rhythms"; Kovac, Husse, and Oster, "A Time to Fast."

[44] L. C. Antunes, R. Levandovski, G. Dantas, W. Caumo, and M. P. Hidalgo, "Obesity and Shift Work: Chronobiological Aspects," *Nutrition Research Reviews* 23 (2010): pp. 155–68; L. Di Lorenzo, G. De Pergola, C. Zocchetti, N. L'Abbate, A. Basso, N. Pannacciulli, M. Cignarelli, et al., "Effect of Shift Work on Body Mass Index: Results of a Study Performed in 319 Glucose-Tolerant Men Working in a Southern Italian Industry," *International Journal of Obesity* 27 (2003): pp. 1353–58; Yolande Esquirol, Vanina Bongard, Laurence Mabile, Bernard Jonnier, Jean-Marc Soulat, and Bertrand Perret, "Shift Work and Metabolic Syndrome: Respective Impacts of Job Strain, Physical Activity, and Dietary Rhythms," *Chronobiology International* 26 (2009): pp. 544–59.

[45] Laura K. Fonken, Joanna L. Workman, James C. Walton, Zachary M. Weil, John S. Morris, Abraham Haim, and Randy J. Nelson, "Light at Night Increases Body Mass by Shifting the Time of Food Intake," *Proceedings of the National Academy of Sciences* 107 (2010): pp. 18664–69.

[46] Naheeda Portocarero, "Background: Get the Light Right," *World Poultry*, accessed March 1, 2011. http://worldpoultry.net/background/get-the-light-right-8556.html.

[47] John Pavlus, "Daylight Savings Time: The Extra Hour of Sunshine Comes at a Steep Price," *Scientific American* (September 2010): p. 69.

[48] William Galster and Peter Morrison, "Carbohydrate Reserves of Wild Rodents from Different Latitudes," *Comparative Biochemistry and Physiology Part A: Physiology* 50 (1975): pp. 153–57.

[49] Franz Bairlein, "How to Get Fat: Nutritional Mechanisms of Seasonal Fat Accumulation in Migratory Songbirds," *Naturwissenschaften* 89 (2002): pp. 1–10.

[50] Herbert Biebach, "Phenotypic Organ Flexibility in Garden Warblers Sylvia borin During Long-Distance Migration," *Journal of Avian Biology* 29 (1998): pp. 529–35; Scott R. McWilliams and William H. Karasov, "Migration Takes Gut: Digestive Physiology of Migratory Birds and Its Ecological Significance," in *Birds of Two Worlds: The Ecology and Evolution of Migration*, ed. Peter P. Marra and Russell Greenberg, pp. 67–78. Baltimore: Johns Hopkins University Press, 2005; Theunis Piersma and Ake Lindstrom, "Rapid Reversible Changes

in Organ Size as a Component of Adaptive Behavior, " *Trends in Ecology and Evolution* 12 (1997): pp. 134–38.

[51] John Sweetman, Arkadios Dimitroglou, Simon Davies, and Silvia Torrecillas, "Nutrient Uptake: Gut Morphology a Key to Efficient Nutrition," *International Aquafeed* (January-February 2008): pp. 26–30; Elizabeth Pennesi, "The Dynamic Gut," *Science* 307 (2005): pp. 1896–99.

[52] Terry L. Derting and Becke A. Bogue, "Responses of the Gut to Moderate Energy Demands in a Small Herbivore (Microtus pennsylvanicus)," *Journal of Mammalogy* 74 (1993): pp. 59–68.

[53] Pennesi, "The Dynamic Gut."

[54] Ruth E. Ley, Micah Hamady, Catherine Lozupone, Peter J. Turnbaugh, Rob Roy Ramey, J. Stephen Bircher, Michael L. Schlegel, et al., "Evolution of Mammals and Their Gut Microbes," *Science* 320 (2008): pp. 1647–51.

[55] Peter J. Turnbaugh, Ruth E. Ley, Michael A. Mahowald, Vincent Magrini, Elaine R. Mardis, and Jeffrey I. Gordon, "An Obesity-Associated Gut Microbiome with Increased Capacity for Energy Harvest," *Nature* 444 (2006): pp. 1027–31.

[56] Ibid.

[57] Ibid.; Matej Bajzer and Randy J. Seeley, "Obesity and Gut Flora," *Nature* 444 (2006): p. 1009.

[58] Watts interview.

[59] Nicholas A. Christakis and James Fowler, "The Spread of Obesity in a Large Social Network over 32 Years," *New England Journal of Medicine* 357: pp. 370–79.

[60] Nikhil V. Dhurandhar, "Infectobesity: Obesity of Infectious Origin," *Journal of Nutrition* 131 (2001): pp. 2794S–97S; Robin Marantz Henig, "Fat Factors," *New York Times*, August 13, 2006, accessed February 26, 2010. http://www.nytimes.com/2006/08/13/ magazine/13obesity.html; Nikhil V. Dhurandhar, "Chronic Nutritional Diseases of Infectious Origin: An Assessment of a Nascent Field," *Journal of Nutrition* 131 (2001): pp. 2787S–88S.

[61] James Marden telephone interview, September 1, 2011.

[62] Rudolph J. Schilder and James H. Marden, "Metabolic Syndrome and Obesity in an Insect," *Proceedings of the National Academy of Sciences* 103 (2006): pp. 18805–09; Rudolph J. Schilder, and James H. Marden, "Metabolic Syndrome

in Insects Triggered by Gut Microbes," *Journal of Diabetes Science and Technology* 1 (2007): pp. 794– 96.

[63] Marden interview.

[64] National Diabetes Information Clearinghouse, "Insulin Resistance and Pre-diabetes," accessed October 13, 2011. http://diabetes.niddk.nih.gov/DM/pubs/insulinresis tance/#metabolicsyndrome.

[65] Schilder and Marden, "Metabolic Syndrome and Obesity"; Marden interview.

[66] Schilder and Marden, "Metabolic Syndrome and Obesity."

[67] Marden interview.

[68] Ibid.

[69] Schilder and Marden, "Metabolic Syndrome in Insects"; Schilder and Marden, "Metabolic Syndrome and Obesity."

[70] Marden interview; Schilder and Marden, "Metabolic Syndrome and Obesity."

[71] Justus F. Mueller, "Further Studies on Parasitic Obesity in Mice, Deer Mice, and Hamsters," *Journal of Parasitology* 51 (1965): pp. 523–31.

[72] NobelPrize.org, "The Nobel Prize in Physiology or Medicine 2005: Barry J. Marshall, J. Robin Warren," Nobel Prize press release, October 3, 2005, accessed October 1, 2011. http://www.nobelprize.org/nobel_prizes/medicine/laureates/2005/press.html.

[73] Melissa Sweet, "Smug as a Bug," *Sydney Morning Herald*, August 2, 1997, accessed October 1, 2011. http://www.vianet.net.au/~bjmrshll/features2.html.

[74] Marden interview.

[75] Penn State Science, "Dragonfly's Metabolic Disease Provides Clues About Human Obesity," November 20, 2006, accessed October 13, 2011. http://science.psu.edu/news-and-events/2006-news/Marden11-2006.htm/.

[76] Watts interview.

[77] Edwards interview.

第 8 章　痛并快乐着：痛苦、快感和自戕的起源

[1] "Need Help with Feather Picking in Baby," African Grey Forum, board post dated Feb. 17, 2009, by andrea1981, accessed July 3, 2009. http://www.africangreyforum.com/ forum/ f38/ need- help- with- feather-picking-in-baby; "Sydney Is the Resident Nudist Here," African Grey Forum, board post dated April 25, 2008, by Lisa B., accessed July 3, 2009. http:// www.

africangreyforum. com/ forum/ showthread.php/389-ok-so-who-s-grey-has-plucking-orpicking-issues; "Quaker Feather Plucking," New York Bird Club, accessed July 3, 2009. http:// www. lucie- dove. websitetoolbox. com/ post?id=1091055; "Feather Plucking: Help My Bird Has a Feather Plucking Problem," Quaker Parrot Forum, accessed July 3, 2009. http:// www.quakerparrots.com/forum/indexphp?act=idx; Theresa Jordan, "Quaker Mutilation Syndrome (QMS): Part I," *Winged Wisdom Pet Bird Magazine*, January 1998, accessed July 3, 2009. http://www.birdsnways.com/wisdom/ww 19eiv.htm; "My Baby Is Plucking," Quaker Parrot Forum, accessed July 3, 2009. http://www.quakerparrots.com/forum/index. php?showtopic=49091.

[2] "Feather Plucking."

[3] E. David Klonsky and Jennifer J. Muehlenkamp, "Self-Injury: A Research Review for the Practitioner," *Journal of Clinical Psychology: In Session* 63 (2007): pp. 1045–56; E. David Klonsky, "The Function of Deliberate Self-Injury: A Review of the Evidence," *Clinical Psychology Review* 27 (2007): pp. 226–39; E. David Klonsky, "The Functions of Self-Injury in Young Adults Who Cut Themselves: Clarifying the Evidence for Affect Regulation," *Psychiatry Research* 166 (2009): pp. 260–68; Nicola Madge, Anthea Hewitt, Keith Hawton, Erik Jan de Wilde, Paul Corcoran, Sandor Fakete, Kees van Heeringen, et al., "Deliberate Self-Harm Within an International Community Sample of Young People: Comparative Findings from the Child & Adolescent Self-harm in Europe (CASE) Study," *Journal of Child Psychology and Psychiatry* 49 (2008): pp. 667–77; Keith Hawton, Karen Rodham, Emma Evans, and Rosamund Weatherall, "Deliberate Self Harm in Adolescents: Self Report Survey in Schools in England," *BMJ* 325 (2002): pp. 1207–11; Marilee Strong, *A Bright Red Scream: Self-Mutilation and the Language of Pain*, London: Penguin (Non- Classics): 1999; Steven Levenkron, *Cutting: Understanding and Overcoming Self-Mutilation*, New York: Norton, 1998; Mary E. Williams, *Self-Mutilation* (*Opposing Viewpoints*), Farmington Hills: Greenhaven, 2007.

[4] Klonsky and Muehlenkamp, "Self-Injury"; Klonsky, "The Function of Deliberate Self-Injury"; Madge et al., "Deliberate Self-Harm"; Hawton et al., "Deliberate Self Harm"; Strong, *A Bright Red Scream*; Levenkron, *Cutting*; Williams, *Self-Mutilation*.

[5] BBC News, "The Panorama Interview," November 2005, accessed October 2, 2011. http://www.bbc.co.uk/news/special/politics97/diana/panorama.html; Andrew Morton, *Diana: Her True Story in Her Own Words*, New York: Pocket Books, 1992.

[6] "Angelina Jolie Talks Self-Harm," video, 2010, retrieved October 2, 2011, from http://www.youtube.com/watch?v=IW1Ay4u5JDE; Jolie, 20/20 interview, video, 2010, retrieved October 3, 2011, from http://www.youtube.com/watch?v=rfzPhag _09E&feature=related.

[7] David Lipsky, "Nice and Naughty," *Rolling Stone* 827 (1999): pp. 46– 52.

[8] Chris Heath, "Johnny Depp—Portrait of the Oddest as a Young Man," *Details* (May 1993): pp. 159–69, 174.

[9] Chris Heath, "Colin Farrell—The Wild One," *GQ Magazine* (2004): pp. 233–39, 302–3.

[10] "Self Inflicted Injury," Cornell Blog: An Unofficial Blog About Cornell University, accessed October 9, 2011. http://cornell.elliottback.com/self-inflicted-injury/.

[11] Klonsky and Muehlenkamp, "Self-Injury."

[12] Ibid.; Klonsky, "The Function of Deliberate Self-Injury"; Klonsky, "The Functions of Self-Injury"; Madge et al., "Deliberate Self-Harm"; Hawton et al., "Deliberate Self Harm"; Strong, *A Bright Red Scream*; Levenkron, *Cutting*; Williams, *Self-Mutilation*.

[13] Klonsky and Muehlenkamp, "Self-Injury," p. 1047; Lorrie Ann Dellinger-Ness and Leonard Handler, "Self-Injurious Behavior in Human and Non-human Primates," *Clinical Psychology Review* 26 (2006): pp. 503–14.

[14] American Psychiatric Association, *DSM-IV: Diagnostic and Statistical Manual of Mental Disorders*, 4th ed., Arlington: American Psychiatric Publishing, 1994.

[15] Klonsky and Muehlenkamp, "Self-Injury," p. 1046.

[16] L. S. Saw yer, A. A. Moon-Fanelli, and N. H. Dodman, "Psychogenic Alopecia in Cats: 11 Cases (1993–1996)," *Journal of the American Veterinary Medical Association* 214 (1999): pp. 71–74.

[17] Anita Patel, "Acral Lick Dermatitis," *UK Vet* 15 (2010): pp. 1–4; Mark Patterson, "Behavioural Genetics: A Question of Grooming," *Nature Reviews: Genetics* 3 (2002): p. 89; A. Luescher, "Compulsive Behavior in Companion Animals," *Recent Advances in Companion Animal Behavior Problems*, ed. K. A.

Houpt, Ithaca: International Veterinary Information Service, 2000.

[18] Katherine A. Houpt, *Domestic Animal Behavior for Veterinarians and Animal Scientists*, 5th ed., Ames, IA: Wiley-Blackwell, 2011: pp. 121–22.

[19] N. H. Dodman, E. K. Karlsson, A. A. Moon-Fanelli, M. Galdzicka, M. Perloski, L. Shuster, K. Lindblad-Toh, et al., "A Canine Chromosome 7 Locus Confers Compulsive Disorder Susceptibility," *Molecular Psychiatry* 15 (2010): pp. 8–10.

[20] N. H. Dodman, A. A. Moon-Fanelli, P. A. Mertens, S. Pflueger, and D. J. Stein, "Veterinary Models of OCD," In *Obsessive Compulsive Disorders*, edited by E. Hollander and D. J. Stein. New York: Marcel Dekker, 1997 pp. 99–141; A. A. Moon-Fanelli and N. H. Dodman, "Description and Development of Compulsive Tail Chasing in Terriers and Response to Clomipramine Treatment," *Journal of the American Veterinary Medical Association* 212 (1998): pp. 1252–57.

[21] Karen L. Overall and Arthur E. Dunham, "Clinical Features and Outcome in Dogs and Cats with Obsessive-Compulsive Disorder: 126 Cases (1989–2000)," *Journal of the American Veterinary Medical Association* 221 (2002): pp. 1445–52; Dellinger- Ness and Handler, "Self-Injurious Behavior."

[22] Dan J. Stein, Nicholas H. Dodman, Peter Borchelt, and Eric Hollander, "Behavioral Disorders in Veterinary Practice: Relevance to Psychiatry," *Comprehensive Psychiatry* 35 (1994): pp. 275–85; Nicholas H. Dodman, Louis Shuster, Gary J. Patronek, and Linda Kinney, "Pharmacologic Treatment of Equine Self-Mutilation Syndrome," *International Journal of Applied Research in Veterinary Medicine* 2 (2004): pp. 90–98.

[23] Alice Moon-Fanelli, "Feline Compulsive Behavior," accessed October 9, 2011. http://www.tufts.edu/vet/vet_common/pdf/petinfo/dvm/case_march2005.pdf; Houpt, *Domestic Animal Behavior*, p. 167.

[24] Christophe Boesch, "Innovation in Wild Chimpanzees," *International Journal of Primatology* 16 (1995): pp. 1–16.

[25] Ichirou Tanaka, "Matrilineal Distribution of Louse Egg-Handling Techniques During Grooming in Free-Ranging Japanese Macaques," *American Journal of Physical Anthropology* 98 (1995): pp. 197–201; Ichirou Tanaka, "Social Diffusion of Modified Louse Egg-Handling Techniques During Grooming in Free-Ranging Japanese Macaques," *Animal Behaviour* 56 (1998): pp. 1229–36.

[26] Megan L. Van Wolkenten, Jason M. Davis, May Lee Gong, and Frans B. M. de Waal, "Coping with Acute Crowding by Cebus Apella," *International Journal of Primatology* 2 (2006): pp. 1241–56.

[27] Kristin E. Bonnie and Frans B. M. de Waal, "Affi liation Promotes the Transmission of a Social Custom: Handclasp Grooming Among Captive Chimpanzees," *Primates* 47 (2006): pp. 27–34.

[28] Joseph H. Manson, C. David Navarrete, Joan B. Silk, and Susan Perry, "Time-Matched Grooming in Female Primates? New Analyses from Two Species," *Animal Behaviour* 67 (2004): pp. 493–500.

[29] Karen L. Cheney, Redouan Bshary, and Alexandra S. Grutter, "Cleaner Fish Cause Predators to Reduce Aggression Toward Bystanders at Cleaning Stations," *Behavioral Ecology* 19 (2008): pp. 1063–67.

[30] Ibid.

[31] Houpt, *Domestic Animal Behavior*, p. 57.

[32] Hilary N. Feldman and Kristie M. Parrott, "Grooming in a Captive Guadalupe Fur Seal," *Marine Mammal Science* 12 (1996): pp. 147–53.

[33] Peter Cotgreave and Dale H. Clayton, "Comparative Analysis of Time Spent Grooming by Birds in Relation to Parasite Load," *Behaviour* 131 (1994): pp. 171–87.

[34] Daniel S. Cunningham and Gordon M. Burghardt, "A Comparative Study of Facial Grooming After Prey Ingestion in Colubrid Snakes," *Ethology* 105 (1999): pp. 913–36.

[35] Allan V. Kalueff and Justin L. La Porte, *Neurobiology of Grooming Behavior*, New York: Cambridge University Press, 2010.

[36] Karen Allen, "Are Pets a Healthy Pleasure? The Influence of Pets on Blood Pressure," *Current Directions in Psychological Science* 12 (2003): pp. 236–39; Sandra B. Barker, "Therapeutic Aspects of the Human-Companion Animal Interaction," *Psychiatric Times* 16 (1999), accessed October 10, 2011. http://www.psychiatrictimes.com/display/article/ 10168/54671?pageNumber=1.

[37] Kalueff and La Porte, *Neurobiology of Grooming Behavior*; G. C. Davis, "Endorphins and Pain," *Psychiatric Clinics of North America* 6 (1983): pp. 473–87.

[38] Melinda A. Novak, "Self-Injurious Behavior in Rhesus Monkeys: New Insights into Its Etiology, Physiology, and Treatment," *American Journal of Primatology* 59 (2003): pp. 3–19.

[39] Sue M. McDonnell, "Practical Review of Self-Mutilation in Horses," *Animal Reproduction Science* 107 (2008): pp. 219–28; Houpt, *Domestic Animal Behavior*, pp. 121–22; Nicholas H. Dodman, Jo Anne Normile, Nicole Cottam, Maria Guzman, and Louis Shuster, "Prevalence of Compulsive Behaviors in Formerly Feral Horses," *International Journal of Applied Research in Veterinary Medicine* 3 (2005): pp. 20–24.

[40] I. H. Jones and B. M. Barraclough, "Auto-mutilation in Animals and Its Relevance to Self-Injury in Man," *Acta Psychiatrica Scandinavica* 58 (1978): pp. 40–47.

[41] Franklin D. McMillan, *Mental Health and Well-Being in Animals*, Hoboken: Blackwell, 2005: p. 289.

[42] McDonnell, "Practical Review," pp. 219–28; Houpt, *Domestic Animal Behavior*, pp. 121–22.

[43] McDonnell, "Practical Review," pp. 219–28.

[44] Robert J. Young, *Environmental Enrichment for Captive Animals*, Hoboken: Universities Federation for Animal Welfare and Blackwell, 2003; Ruth C. Newberry, "Environmental Enrichment: Increasing the Biological Relevance of Captive Environments," *Applied Animal Behaviour Science* 44 (1995): pp. 229–43.

[45] Jodie A. Kulpa-Eddy, Sylvia Taylor, and Kristina M. Adams, "USDA Perspective on Environmental Enrichment for Animals," *Institute for Laboratory Animal Research Journal* 46 (2005): pp. 83–94.

[46] Hilda Tresz, Linda Ambrose, Holly Halsch, and Annette Hearsh, "Providing Enrichment at No Cost," *The Shape of Enrichment: A Quarterly Source of Ideas for Environmental and Behavioral Enrichment* 6 (1997): pp. 1–4.

[47] McDonnell, "Practical Review," pp. 219–28.

[48] Deb Martinsen, "Ways to Help Yourself Right Now," American Self- Harm Information Clearinghouse, accessed December 20, 2011. http://www.selfinjury.org/ docs/selfhelp.htm.

[49] John P. Robinson and Steven Martin, "What Do Happy People Do?" *Social Indicators Research* 89 (2008): pp. 565–71.

第 9 章　进食的恐惧：动物王国的厌食症

[1] H. W. Hoek, "Incidence, Prevalence and Mortality of Anorexia Nervosa and

Other Eating Disorders," *Current Opinion in Psychiatry* 19 (2006): pp. 389–94.

[2] Joanna Steinglass, Anne Marie Albano, H. Blair Simpson, Kenneth Carpenter, Janet Schebendach, and Evelyn Attia, "Fear of Food as a Treatment Target: Exposure and Response Prevention for Anorexia Nervosa in an Open Series," *International Journal of Eating Disorders* (2011), accessed March 3, 2012. doi: 10.1002/eat.20936.

[3] James I. Hudson, Eva Hiripi, Harrison G. Pope, Jr., and Ronald C. Kessler, "The Prevalence and Correlates of Eating Disorders in the National Comorbidity Survey Replication," *Biological Psychiatry* 61 (2007): pp. 348–58.

[4] W. Stewart Agras, *The Oxford Handbook of Eating Disorders*, New York: Oxford University Press, 2010.

[5] Ibid.

[6] Ibid.

[7] Walter H. Kaye, Cynthia M. Bulik, Laura Thornton, Nicole Barbarich, Kim Masters, and Price Foundation Collaborative Group, "Comorbidity of Anxiety Disorders with Anorexia and Bulimia Nervosa," *The American Journal of Psychiatry* 161 (2004): pp. 2215–21.

[8] Agras, *The Oxford Handbook*.

[9] Dror Hawlena and Oswald J. Schmitz, "Herbivore Physiological Response to Predation Risk and Implications for Ecosystem Nutrient Dynamics," *Proceedings of the National Academy of Sciences* 107 (2010): pp. 15503–7; Emma Marris, "How Stress Shapes Ecosystems," *Nature News*, September 21, 2010, accessed August 25, 2011. http://www. nature.com/news/2010 /100921/ full/news.2010.479.html.

[10] Dror Hawlena, telephone interview, September 29, 2010.

[11] Dror Hawlena and Oswald J. Schmitz, "Physiological Stress as a Fundamental Mechanism Linking Predation to Ecosystem Functioning," *American Naturalist* 176 (2010): pp. 537–56.

[12] Marian L. Fitzgibbon and Lisa R. Blackman, "Binge Eating Disorder and Bulimia Nervosa: Differences in the Quality and Quantity of Binge Eating Episodes," *International Journal of Eating Disorders* 27 (2000): pp. 238–43.

[13] Tim Caro, *Antipredator Defenses in Birds and Mammals*, Chicago: University of Chicago Press, 2005.

[14] Ibid.

[15] Ibid.

[16] Masaki Yamatsuji, Tatsuhisa Yamashita, Ichiro Arii, Chiaki Taga, Noaki Tatara, and Kenji Fukui, "Season Variations in Eating Disorder Subtypes in Japan," *International Journal of Eating Disorders* 33 (2003): pp. 71–77.

[17] David Baron, *The Beast in the Garden: A Modern Parable of Man and Nature*, New York: Norton, 2004: p. 19.

[18] Scott Creel, John Winnie Jr., Bruce Maxwell, Ken Hamlin, and Michael Creel, "Elk Alter Habitat Selection as an Antipredator Response to Wolves," *Ecology* 86 (2005): pp. 3387–97; John W. Laundre, Lucina Hernandez, and Kelly B. Altendorf, "Wolves, Elk, and Bison: Reestablishing the 'landscape of fear' in Yellowstone National Park, U.S.A.," *Canadian Journal of Zoology* 79 (2001): pp. 1401–9; Geoffrey C. Trussell, Patrick J. Ewanchuk, and Mark D. Bertness, "Trait-Mediated Effects in Rocky Intertidal Food Chains: Predator Risk Cues Alter Prey Feeding Rates," *Ecology* 84 (2003): pp. 629–40; Aaron J. Wirsing and Willilam J. Ripple, "Frontiers in Ecology and the Environment: A Comparison of Shark and Wolf Research Reveals Similar Behavioral Responses by Prey," *Frontiers in Ecology and the Environment* (2010). doi: 10.1980/090226.

[19] Stephen B. Vander Wall, *Food Hoarding in Animals*, Chicago: University of Chicago Press, 1990.

[20] Ibid.

[21] Mark D. Simms, Howard Dubowitz, and Moira A. Szilagyi, "Health Care Needs of Children in the Foster Care System," *Pediatrics* 105 (2000): pp. 909–18.

[22] Alberto Pertusa, Miguel A. Fullana, Satwant Singh, Pino Alonso, Jose M. Mechon, and David Mataix-Cols. "Compulsive Hoarding: OCD Symptom, Distinct Clinical Syndrome, or Both?" *American Journal of Psychiatry* 165 (2008): pp. 1289–98.

[23] Walter H. Kaye, Cynthia M. Bulik, Laura Thornton, Nicole Barbarich, Kim Masters, and Price Foundation Collaborative Group, "Comorbidity of Anxiety Disorders with Anorexia and Bulimia Nervosa," *American Journal of Psychiatry* 161 (2004): pp. 2215–21.

[24] Janet Treasure and John B. Owen, "Intriguing Links Between Animal Behavior and Anorexia Nervosa," *International Journal of Eating Disorders* 21 (1997): p. 307.

[25] Ibid.

[26] Ibid.

[27] Ibid., p. 308.

[28] Ibid.

[29] Ibid., pp. 307–11.

[30] Michael Strober interview, Los Angeles, CA, February 2, 2010.

[31] Treasure and Owen, "Intriguing Links," pp. 307–11.

[32] Ibid.; S. C. Kyriakis, and G. Andersson, "Wasting Pig Syndrome (WPS) in Weaners—Treatment with Amperozide," *Journal of Veterinary Pharmacology and Therapeutics* 12 (1989): pp. 232–36.

[33] Treasure and Owen, "Intriguing Links," p. 308.

[34] Treasure and Owen, "Intriguing Links," pp. 307–11; "Thin Sow Syndrome," ThePigSite.com, accessed September 10, 2010. http://www.thepigsite.com/pighealth/article/212/thin-sow-syndrome.

[35] "Diseases: Thin Sow Syndrome," PigProgress.Net, accessed December 19, 2011. http://www.pigprogress.net/diseases/thin-sow-syndrome-d89.html.

[36] "Thin Sow Syndrome"; "Diseases: Thin Sow Syndrome."

[37] Robert A. Boakes, "Self-Starvation in the Rat: Running Versus Eating," *Spanish Journal of Psychology* 10 (2007): p. 256.

[38] "Thin Sow Syndrome"; Treasure and Owen, "Intriguing Links," p. 308.

[39] Christian S. Crandall, "Social Cognition of Binge Eating," *Journal of Personality and Social Psychology* 55 (1988): pp. 588–98.

[40] Beverly Gonzalez, Emilia Huerta-Sanchez, Angela Ortiz- Nieves, Terannie Vazquez-Alvarez, and Christopher Kribs-Zaleta, "Am I Too Fat? Bulimia as an Epidemic," *Journal of Mathematical Psychology* 47 (2003): pp. 515–26; "Tips and Advice." Thinspiration, accessed September 14, 2010. http://mytaintedlife.wetpaint.com/ page/Tips+and+Advice.

[41] "Tips and Advice," Thinspiration.

[42] Kristen E. Lukas, Gloria Hamor, Mollie A. Bloomsmith, Charles L. Horton, and Terry L. Maple, "Removing Milk from Captive Gorilla Diets: The Impact on Regurgitation and Reingestion (R/R) and Other Behaviors," *Zoo Biology* 18 (1999): p. 516.

[43] Ibid., pp. 515–28.

[44] Ibid., p. 526.

[45] Ibid., p. 516.

[46] Sheryl Smith-Rodgers, "Scary Scavengers," *Texas Parks and Wildlife*, October 2005, accessed November 9, 2010. http://www.tpwmagazine.com/archive/2005/oct/legend/.

[47] Jacqualine Bonnie Grant, "Diversification of Gut Morphology in Caterpillars Is Associated with Defensive Behavior," *Journal of Experimental Biology* 209 (2006): pp. 3018–24.

[48] Caro, *Antipredator Defenses*.

第 10 章　考拉与淋病：感染的隐秘威力

[1] Fox News, "Scorched Koala Rescued from Australia's Wildfire Wasteland," February 10, 2009, accessed August 25, 2011. http://www.foxnews.com/story/0,2933,490566,00.html.

[2] ABC News, "Sam the Bushfire Koala Dies," August 7, 2009, accessed August 25, 2011. http://www.abc.net.au/news/2009-08-06/sam-the-bushfire-koaladies/1381672.

[3] Robin M. Bush and Karin D. E. Everett, "Molecular Evolution of the Chlamydiaceae," *International Journal of Systematic and Evolutionary Microbiology* 51 (2001): pp. 203–20; L. Pospisil and J. Canderle, "Chlamydia (Chlamydiophila) pneumoniae in Animals: A Review," *Veterinary Medicine—Czech* 49 (2004): pp. 129–34.

[4] Dag Album and Steinar Westin, "Do Diseases Have a Prestige Hierarchy? A Survey Among Physicians and Medical Students," *Social Science and Medicine* 66 (2008): p. 182.

[5] Rob Knell, telephone interview, October 21, 2009.

[6] World Health Organization, "Global Health Risks: Mortality and Burden of Disease Attributable to Selected Major Risks," 2009, accessed September 30, 2011. http://www.who.int/healthinfo/global_burden_disease/GlobalHealthRisks_report_full.pdf.

[7] Ann B. Lockhart, Peter H. Thrall, and Janis Antonovics, "Sexually Transmitted Diseases in Animals: Ecological and Evolutionary Implications," *Biological Reviews of the Cambridge Philosophical Society* 71 (1996): pp. 415–71.

[8] G. Smith and A. P. Dobson, "Sexually Transmitted Diseases in Animals," *Parasitology Today* 8 (1992): pp. 159–66.

[9] Ibid., p. 161.

[10] Ibid.

[11] APHIS Veterinary Services, "Contagious Equine Metritis," last modified June 2005, accessed August 25, 2011. http://www.aphis.usda.gov/publications/animal_ health/ content/ printable_ version/fs_ahcem.pdf.

[12] Smith and Dobson, "Sexually Transmitted Diseases," p. 161.

[13] Ibid., p. 163.

[14] Knell interview.

[15] Lockhart, Thrall, and Antonovics, "Sexually Transmitted Diseases," p. 422.

[16] Ibid., p. 432; Robert J. Knell and K. Mary Webberley, "Sexually Transmitted Diseases of Insects: Distribution, Evolution, Ecology and Host Behaviour," *Biological Review* 79 (2004): pp. 557–81.

[17] Lockhart, Thrall, and Antonovics, "Sexually Transmitted Diseases," pp. 418, 423.

[18] Smith and Dobson, "Sexually Transmitted Diseases," p. 163.

[19] University of Wisconsin-Madison School of Veterinary Medicine, "Brucellosis," accessed October 5, 2010. http://www.vetmed.wisc.edu/pbs/zoonoses/ brucellosis/brucellosisindex.html.

[20] J. D. Oriel and A. H. S. Hayward, "Sexually Transmitted Diseases in Animals," *British Journal of Venereal Diseases* 50 (1974): p. 412.

[21] Centers for Disease Control and Prevention, "Brucellosis," accessed September 15, 2011. http://www.cdc.gov/ncidod/dbmd/diseaseinfo/brucellosis_g.htm.

[22] International Society for Infectious Diseases, "Brucellosis, Zoo Animals, Human—Japan," last modified June 25, 2001, accessed August 25, 2010. http://www.promedmail.org/pls/otn/f?p=2400:1001:16761574736063971049::::F2400_P1001 _ BACK _PAGE,F2400_P1001_ ARCHIVE_NUMBER,F2400_P1001 _USE _ARCHIVE: 1202,20010625.1203,Y.

[23] Ibid.

[24] Centers for Disease Control and Prevention, "Diseases Characterized by Vaginal Discharge," *Sexually Transmitted Diseases Treatment Guidelines, 2010,* accessed September 15, 2011. http://www.cdc.gov/std/treatment/2010/vaginal-discharge. htm.

[25] Jane M. Carlton, Robert P. Hirt, Joana C. Silva, Arthur L. Delcher, Michael Schatz, Qi Zhao, Jennifer R. Wortman, et al., "Draft Genome Sequence of the Sexually Transmitted Pathogen Trichomonas vaginalis," *Science* 315 (2007):

pp. 207–12.

[26] Ibid.

[27] Ibid.

[28] H. D. Stockdale, M. D. Givens, C. C. Dykstra, and B. L. Blagburn, "Tritrichomonas foetus Infections in Surveyed Pet Cats," *Veterinary Parasitology* 160 (2009): pp. 13–17; Lynette B. Corbeil, "Use of an Animal Model of Trichomoniasis as a Basis for Understanding This Disease in Women," *Clinical Infectious Diseases* 21 (1999): pp. S158–61.

[29] Ewan D. S. Wolff, Steven W. Salisbury, John R. Horner, and David J. Varricchio, "Common Avian Infection Plagued the Tyrant Dinosaurs," *PLoS One* 4 (2009): p. e7288.

[30] Ibid.

[31] Kristin N. Harper, Paolo S. Ocampo, Bret M. Steiner, Robert W. George, Michael S. Silverman, Shelly Bolotin, Allan Pillay, et al., "On the Origin of the Treponematoses: A Phylogenetic Approach," *PLoS Neglected Tropical Disease* 2 (2008): p. e148.

[32] Ibid.

[33] Beatrice H. Hahn, George M. Shaw, Kevin M. De Cock, and Paul M. Sharp, "AIDS as a Zoonosis: Scientific and Public Health Implications," *Science* 28 (2000): pp. 607–14; A. M. Amedee, N. Lacour, and M. Ratterree, "Mother-to-infant transmission of SIV via breast-feeding in rhesus macaques," *Journal of Medical Primatology* 32 (2003): pp. 187–93.

[34] Martine Peeters, Valerie Courgnaud, Bernadette Abela, Philippe Auzel, Xavier Pourrut, Frederic Bilollet-Ruche, Severin Loul, et al., "Risk to Human Health from a Plethora of Simian Immunodeficiency Viruses in Primate Bushmeat," *Emerging Infectious Diseases* 8 (2002): pp. 451–57.

[35] Centers for Disease Control and Prevention, "Rabies," accessed September 15, 2011. http://www.cdc.gov/rabies/.

[36] Ajai Vyas, Seon-Kyeong Kim, Nicholas Giacomini, John C. Boothroyd, and Robert M. Sapolsky, "Behavioral Changes Induced by Toxoplasma Infection of Rodents Are Highly Specific to Aversion of Cat Odors," *Proceedings of the National Academy of Sciences* 104 (2007): pp. 6442–47.

[37] Ibid.; J. P. Dubey, "Toxoplasma gondii," in *Medical Microbiology,* 4th ed., ed. S. Baron, chapter 84. Galveston: University of Texas Medical Branch at

Galveston, 1996.
[38] Vyas et al., “Behavioral Changes,” p. 6446.
[39] Frederic Libersat, Antonia Delago, and Ram Gal, “Manipulation of Host Behavior by Parasitic Insects and Insect Parasites,” *Annual Review of Entomology* 54 (2009): pp. 189–207; Amir H. G osman, Arne Janssen, Elaine F. de Brito, Eduardo G. Cordeiro, Felipe Colares, Juliana Oliveira Fonseca, Eraldo R. Lima, et al., “Parasitoid Increases Survival of Its Pupae by Inducing Hosts to Fight Predators,” *PLoS One* 3 (2008): p. e2276.
[40] Marlene Zuk, and Leigh W. Simmons, “Reproductive Strategies of the Crickets (Orthoptera: Gryllidae),” in *The Evolution of Mating Systems in Insects and Arachnids*, ed. Jae C. Choe and Bernard J. Crespi, Cambridge: Cambridge University Press, 1997, pp. 89–109.
[41] Knell and Webberley, “Sexually Transmitted Diseases of Insects,” p. 574.
[42] Ibid., pp. 573–74.
[43] Peter H. Thrall, Arjen Biere, and Janis Antonovics, “Plant Life- History and Disease Suspectibility: The Occurrence of Ustilago violacea on Different Species Within the Caryophyllaceae,” *Journal of Ecology* 81 (1993): pp. 489–90.
[44] Lockhart, Thrall, and Antonovics, “Sexually Transmitted Diseases,” p. 423.
[45] Smith and Dobson, “Sexually Transmitted Diseases,” pp. 159–60.
[46] Knell interview.
[47] Centers for Disease Control and Prevention, “Persons Aged 50 and Older: Prevention Challenges,” accessed September 29, 2011. http://www.cdc.gov/hiv/topics/ over50/challenges.htm.
[48] Colorado Division of Wildlife, “Wildlife Research Report—Mammals—July 2005,” accessed October 11, 2011. http://wildlife.state.co.us/SiteCollectionDocu ments/ DOW/Research/Mammals/Publications/2004–2005WILDLIFERESEARCHREPORT.pdf.
[49] Oriel and Hay ward, “Sexually Transmitted Diseases in Animals,” p. 414.
[50] B. C. Sheldon, “Sexually Transmitted Disease in Birds: Occurrence and Evolutionary Significance,” *Philosophical Transactions of the Royal Society of London* B 339 (1993): pp. 493, 496;N. B. Davies, “Polyandry, Cloaca-Pecking and Sperm Competition in Dunnocks,” *Nature* 302 (1983): pp. 334–36.
[51] B. C. Sheldon, “Sexually Transmitted Disease in Birds: Occurrence and Evolutionary Significance,” *Philosophical Transactions of the Royal Society of*

London B 339 (1993): pp. 493, 496; N. B. Davies, "Polyandry, Cloaca-Pecking and Sperm Competition in Dunnocks," *Nature* 302 (1983): pp. 334–36.
[52] Sheldon, "Sexually Transmitted Disease in Birds," p. 493.
[53] Ibid.
[54] Allan M. Brandt, *No Magic Bullet: A Social History of Venereal Disease in the United States Since 1880*, New York: Oxford University Press, 1987.
[55] J. Waterman, "The Adaptive Function of Masturbation in a Promiscuous African Ground Squirrel," *PLoS One* 5 (2010): p. e13060.
[56] Mark Schaller, Gregory E. Miller, Will M. Gervais, Sarah Yager, and Edith Chen, "Mere Visual Perception of Other People's Disease Symptoms Facilitates a More Aggressive Immune Response," *Psychological Science* 21 (2010): 649–52.
[57] Matt Ridley, *The Red Queen: Sex and the Evolution of Human Nature*, New York: Harper Perennial, 1993.
[58] David P. Strachan, "Hay Fever, Hygiene and Household Size," *British Medical Journal* 299 (1989): pp. 1259–60.
[59] PBS, "Hygiene Hypothesis," accessed October 4, 2011. http://www.pbs.org/wgbh/evolution/library/10/4/l_104_07.html.
[60] Ridley, *The Red Queen*.
[61] Janis Antonovics telephone interview, September 30, 2009.
[62] Peter Timms telephone interview, October 5, 2009.
[63] Mark Schoofs, "A Doctor, a Mutation and a Potential Cure for AIDS," *Wall Street Journal*, November 7, 2008, accessed October 11, 2011. http://online.wsj. com/article/SB122602394113507555.html.
[64] Randy Dotinga, "Genetic HIV Resistance Deciphered," Wired.com, January 7, 2005, accessed November 9, 2010. http://www.wired.com/medtech/health/news/2005/01/66198#ixzz13JfSSBIj.

第 11 章　离巢独立：动物的青春期与成长大冒险

[1] Tim Tinker telephone interview, July 28, 2011.
[2] T. H. Clutton-Brock, *The Evolution of Parental Care*, Princeton: Princeton University Press, 1991.
[3] Kate E. Evans and Stephen Harris, "Adolescence in Male African Elephants, Loxodonta africana, and the Importance of Sociality," *Animal Behaviour* 76

(2008): pp. 779–87; “Life Cycle of a Housefly,” accessed October 10, 2011. http://www.vtaide.com/ png/housefly.htm.

[4] Tim Ruploh e-mail correspondence, August 5, 2011.

[5] Lynn Fairbanks interview, Los Angeles, CA, May 3, 2011.

[6] Marine Biological Laboratory, *The Biological Bulletin*, vols. 11–12. Charleston: Nabu Press, 2010: p. 234.

[7] Society for Adolescent Health and Medicine, “Overview,” accessed October 12, 2011. http://www.adolescenthealth.org/Overview/2264.htm.

[8] Centers for Disease Control and Prevention, “Worktable 310: Deaths by Single Years of Age, Race, and Sex, United States, 2007,” last modified April 22, 2010, accessed October 14, 2011. http://www.cdc.gov/nchs/data/dvs/ MortFinal2007_Worktable310. pdf.

[9] Arialdi M. Minino, “Mortality Among Teenagers Aged 12–19 Years: United States, 1999–2006,” *NCHS Data Brief* 37 (May 2010), accessed October 14, 2011. http://www.cdc.gov/nchs/data/databriefs/db37.pdf.

[10] Melonie Heron, “Deaths: Leading Causes for 2007,” *National Vital Statistics Reports* 59 (2011), accessed October 14, 2011. http://www.cdc.gov/nchs/data/ nvsr/ nvsr59/nvsr59_08.pdf.

[11] Tim Caro, *Antipredator Defenses in Birds and Mammals*, Chicago: University of Chicago Press, 2005: p. 15.

[12] Maritxell Genovart, Nieves Negre, Giacomo Tavecchia, Ana Bistuer, Luis Parpal, and Daniel Oro, “The Young, the Weak and the Sick: Evidence of Natural Selection by Predation,” *PLoS One* 5 (2010): p. e9774; Sarah M. Durant, Marcella Kelly, and Tim M. Caro, “Factors Affecting Life and Death in Serengeti Cheetahs: Environment, Age, and Sociality,” *Behavioral Ecology* 15 (2004): pp. 11–22; Caro, *Antipredator Defenses*, p. 15.

[13] Margie Peden, Kayode Oyegbite, Joan Ozanne-Smith, Adnan A. Hyder, Christine Branche, AKM Fazlur Rahman, Frederick Rivara, and Kidist Bartolomeos, “World Report on Child Injury Prevention,” Geneva: World Health Organization, 2008.

[14] Minino, “Mortality Among Teenagers,” p. 2.

[15] Peden et al., “World Report.”

[16] World Health Organization, “Global Health Risks: Mortality and Burden of Disease Attributable to Selected Major Risks,” 2009, accessed September

30, 2011. http://www.who.int/healthinfo/global_burden_disease/Global HealthRisks_report_full. pdf.

[17] Chris Megerian, "N.J. Officials Unveil Red License Decals for Young Drivers Under Kyleigh's Law," *New Jersey Real-Time News*, March 24, 2010, accessed October 10, 2011. http://www.nj.com/news/index.ssf/2010/03/nj_officials_ decide_ how_to_imp.html.

[18] Linda Spear, *The Behavioral Neuroscience of Adolescence*, New York: Norton, 2010; Linda Van Leijenhorst, Kiki Zanole, Catharina S. Van Meel, P. Michael Westenberg, Serge A. R. B. Rombouts, and Eveline A. Crone, "What Motivates the Adolescent? Brain Regions Mediating Reward Sensitivity Across Adolescence," *Cerebral Cortex* 20 (2010): pp. 61–69; Laurence Steinberg, "The Social Neuroscience Perspective on Adolescent Risk-Taking," *Developmental Review* 28 (2008): pp. 78–106; Laurence Steinberg, "Risk Taking in Adolescence: What Changes, and Why?" *Annals of the New York Academy of Sciences* 1021 (2004): pp. 51–58; Stephanie Burnett, Nadege Bault, Girgia Coricelli, and Sarah-Jayne Blakemore, "Adolescents' Heightened Risk-Seeking in a Probabilistic Gambling Task," *Cognitive Development* 25 (2010): pp. 183–96; Linda Patia Spear, "Neurobehavioral Changes inAdolescence," *Current Directions in Psychological Science* 9 (2000): pp. 111–14; Cheryl L. Sisk, "The Neural Basis of Puberty and Adolescence," *Nature Neuroscience* 7(2004): pp. 1040–47; Linda Patia Spear, "The Biology of Adolescence," last updated February 2, 2010, accessed October 10, 2011.

[19] Giovanni Laviola, Simone Macri, Sara Morley- Fletcher, and Walter Adriani, "Risk-Taking Behavior in Adolescent Mice: Psychobiological Determinants an Early Epigenetic Influence," *Neuroscience and Biobehavioral Reviews* 27 (2003): pp. 19–31.

[20] Kirstie H. Stansfield, Rex M. Philpot, and Cheryl L. Kirstein, "An Animal Model of Sensation Seeking: The Adolescent Rat," *Annals of the New York Academy of Sciences* 1021 (2004): pp. 453–58.

[21] Lynn A. Fairbanks, "Individual Differences in Response to a Stranger: Social Impulsivity as a Dimension of Temperament in Vervet Monkeys (*Cercopithecus aethiops sabaeus*)," *Journal of Comparative Psychology* 115 (2001): pp. 22–28; Fairbanks interview.

[22] Ruploh e-mail correspondence.

[23] Tinker interview; Gena Bentall interview, Moss Landing, CA, August 4, 2011.

[24] Caro, *Antipredator Defenses*, p. 20.

[25] Clare D. Fitzgibbon, "Anti-predator Strategies of Immature Thomson's Gazelles: Hiding and the Prone Response," *Animal Behaviour* 40 (1990): pp. 846–55.

[26] Judy Stamps telephone interview, August 4, 2011.

[27] N. J. Emery, "The Eyes Have It: The Neuroethology, Function and Evolution of Social Gaze," *Neuroscience and Biobehavioral Reviews* 24 (2000): pp. 581–604.

[28] Carter et al., "Subtle Cues," pp. 1709–15.

[29] Emery, "The Eyes Have It," pp. 581–604.

[30] Caro, *Antipredator Defenses*.

[31] Fairbanks interview; Lynn A. Fairbanks, Matthew J. Jorgensen, Adriana Huff, Karin Blau, Yung-Yu Hung, and J. John Mann, "Adolescent Impulsivity Predicts Adult Dominance Attainment in Male Vervet Monkeys," *American Journal of Primatology* 64 (2004): pp. 1–17.

[32] Fairbanks interview.

[33] Fairbanks et al., "Adolescent Impulsivity."

[34] Spear, "Neurobehavioral Changes."

[35] Spear, "The Biology of Adolescence."

[36] Kate E. Evans and Stephen Harris, "Adolescence in Male African Elephants, Loxodonta africana, and the Importance of Sociality," *Animal Behaviour* 76 (2008): pp. 779–87.

[37] Ibid.

[38] Bentall interview.

[39] Claudia Feh, "Social Organisation of Horses and Other Equids," Havemeyer Equine Behavior Lab, accessed April 15, 2010. http://research.vet.upenn.edu/HavemeyerEquineBeha viorLabHomePage/ReferenceLibraryHavemeyerEquineBehaviorLab/HavemeyerWorkshops/HorseBehaviorandWelfare1316June2002/HorseBehaviorandWelfare2/RelationshipsandCommunicationinSociallyNatura/tabid/3119/Default.aspx.

[40] Ibid.

[41] Evans and Harris, "Adolescence."

[42] Ibid.

[43] Michael Clark interview, Los Angeles, CA, July 21, 2011.

[44] Ibid.

[45] Ibid.

[46] Ibid.

[47] Alan Kazdin telephone interview, July 26, 2011.

[48] Alan Kazdin and Carlo Rotella, "No Breaks! Risk and the Adolescent Brain," Slate, February 4, 2010, accessed October 10, 2011. http://www.slate.com/articles/life/ family/2010/02/no_brakes_2.html.

[49] Ruploh e-mail correspondence.

[50] David J. Varricchio, Paul C. Sereno, Zhao Xijin, Tan Lin, Jeffery A. Wilson, and Gabrielle H. Lyon, "Mud-Trapped Herd Captures Evidence of Distinctive Dinosaur Sociality," *Acta Palaeontologica Polonica* 53 (2008): pp. 567–78.

[51] Jean-Guy J. Godin, "Behavior of Juvenile Pink Salmon (*Oncorhynchus gorbuscha Walbaum*) Toward Novel Prey: Influence of Ontogeny and Experience," *Environmental Biology of Fishes* 3 (1978): pp. 261–66.

[52] Susan Perry, with Joseph H. Manson, *Manipulative Monkeys: The Capuchins of Lomas Barbudal*, Cambridge: Harvard University Press, 2008: p. 51.

[53] Susan Perry telephone interview, May 12, 2011.

[54] Ibid.

[55] Laurence Steinberg, *The 10 Basic Principles of Good Parenting*, New York: Simon & Schuster, 2004; Laurence Steinberg and Kathryn C. Monahan, "Age Differences in Resistance to Peer Influence," *Developmental Psychology* 43 (2007): pp. 1531–43.

[56] LGBTQNation, "Two More Gay Teen Suicide Victims—Raymond Chase, Cody Barker—Mark 6 Deaths in September," October 1, 2010, accessed October 10, 2011. http:// www.lgbtqnation.com/2010/10/two-more-gay-teen-suicide-victims-raymond-chase-cody-barkermark-6-deaths-in-september/.

[57] Centers for Disease Control and Prevention, "Suicide Prevention: Youth Suicide," accessed October 14, 2011. http://www.cdc.gov/violenceprevention/pub/youth_ suicide.html.

[58] U.S. Department of Health and Human Services, Health Resources and Services Administration, Stop Bullying Now!, "Children Who Bully," accessed October 14, 2011. http://stopbullying.gov/community/tip_sheets/children_who_bully.pdf.

[59] T. H. Clutton-Brock and G. A. Parker, "Punishment in Animal Societies," *Nature* 373 (1995): pp. 209–16.
[60] Martina S. Muller, Elaine T. Porter, Jacquelyn K. Grace, Jill A. Awkerman, Kevin T. Birchler, Alex R. Gunderson, Eric G. Schneider, et al., "Maltreated Nestlings Exhibit Correlated Maltreatment As Adults: Evidence of A 'Cycle of Violence,' in Nazca Boobies (*Sula Granti*)," *The Auk* 128 (2011): pp. 615–19.
[61] Clutton-Brock, *The Evolution of Parental Care*.
[62] Ibid.
[63] Linda Spear, "Modeling Adolescent Development and Alcohol Use in Animals," *Alcohol Res Health* 24 (2000): pp. 115–23.
[64] Charles Darwin, "The Autobiography of Charles Darwin," The Complete Work of Charles Darwin Online, accessed October 13, 2011. http://darwin-online.org.uk/ content/ frameset? itemID= F1497& viewtype-text&pageseq=1.
[65] Darwin, "The Autobiography."

第 12 章　人兽同源学

[1] Tracey McNamara interview, Pomona, CA, May 2009; George V. Ludwig, Paul P. Calle, Joseph A. Mangiafico, Bonnie L. Raphael, Denise K. Danner, Julie A. Hile, Tracy L. Clippinger, et al., "An Outbreak of West Nile Virus in a New York City Captive Wildlife Population," *American Journal of Tropical Medicine and Hygiene* 67 (2002): pp. 67–75; Robert G. McLean, Sonya R. Ubico, Douglas E. Docherty, Wallace R. Hansen, Louis Sileo, and Tracey S. McNamara, "West Nile Virus Transmission and Ecology in Birds," *Annals of the New York Academy of Sciences* 951 (2001): pp. 54–57; K. E. Steele, M. J. Linn, R. J. Schoepp, N. Komar, T. W. Geisbert, R. M. Manduca, P. P. Calle, et al., "Pathology of Fatal West Nile Virus Infections in Native and Exotic Birds During the 1999 Outbreak in New York City, New York," *Veterinary Pathology* 37 (2000): pp. 208–24; Peter P. Marra, Sean Griffing, Carolee Caffrey, A. Marm Kilpatrick, Robert McLean, Christopher Brand, Emi Saito, et al., "West Nile Virus and Wildlife," *BioScience* 54 (2004): pp. 393–402; Caree Vander Linden, "USAMRIID Supports West Nile Virus Investiga tions," accessed October 11, 2011. http:// ww2. dcmilitary. com/ dcmilitary_ archives/ stories/100500/2027-1.shtml; Rosalie T. Trevejo and Millicent Eidson, "West Nile Virus," Journal of the American Veterinary Medical Association 232

(2008): pp. 1302– 09.

[2] American Museum of Natural History, "West Nile Fever: A Medical Detective Story," accessed October 10, 2011. http://www.amnh.org/sciencebulletins/biobulletin/ biobulletin/story1378.html.

[3] McNamara interview.

[4] Ibid.

[5] Ibid.

[6] Linden, "USAMRIID."

[7] McNamara interview.

[8] James J. Sejvar, "The Long-Term Outcomes of Human West Nile Virus Infection," *Emerging Infections* 44 (2007): pp. 1617–24; Douglas J. Lanska, "West Nile Virus," last modified January 28, 2011, accessed October 13, 2011. http://www.medlink.com/ medlinkcontent.asp.

[9] United States General Accounting Office, "West Nile Virus Outbreak: Lessons for Public Health Preparedness," *Report to Congressional Requesters*, September 2000, accessed October 10, 2011. http://www.gao.gov/new.items/he00180.pdf.

[10] Ibid.

[11] Donald L. Noah, Don L. Noah, and Harvey R. Crowder, "Biological Terrorism Against Animals and Humans: A Brief Review and Primer for Action," *Journal of the American Veterinary Medical Association,* 221 (2002): pp. 40–43; Wildlife Disease News Digest, accessed October 10, 2011. http://wdin.blogspot.com/.

[12] Canary Database, "Animals as Sentinels of Human Environmental Health Hazards," accessed October 10, 2011. http://canarydatabase.org/.

[13] USAID press release, "USAID Launches Emerging Pandemic Threats Program," October 21, 2009.

[14] USAID spokesperson, March 19, 2012.

[15] University of California, Davis, "UC Davis Leads Attack on Deadly New Diseases," *UC Davis News and Information*, October 23, 2009, accessed on October 10, 2011. http://www.news.ucdavis.edu/search/news_detail.lasso?id=9259.

[16] Jonna Mazet interviewed on Capital Public Radio, by Insight host Jeffrey Callison, October 26, 2009. http://www.facebook.com/video/video.

php?v=162741314486.
[17] Marguerite Pappaioanou address to the University of California, Davis Wildlife and Aquatic Animal Medicine Symposium, February 12, 2011, Davis, CA.
[18] One Health, One Medicine Foundation, "Health Clinics," accessed October 10, 2011. http://www.onehealthonemedicine.org/Health_Clinics.php.
[19] North Grafton, "Dogs and Kids with Common Bond of Heart Disease to Meet a Cummings School," Tufts University Cummings School of Veterinary Medicine, April 22, 2009, accessed October 10, 2011. http://www.tufts.edu/vet/pr/20090422.html.
[20] Clearwater Marine Aquarium, "Maja Kazazic," accessed October 10,
[21] Matthew Scotch, John S. Brownstein, Sally Vegso, Deron Galusha, and Peter Rabinowitz, "Human vs. Animal Outbreaks of the 2009 Swine-Origin H1N1 Influenza A Epidemic," *EcoHealth* (2011): doi: 10/1007/s10393-011-0706-x. 2011. http://www.seewinter.com/winter/winters-friends/maja.
[22] Michele T. Jay, Michael Cooley, Diana Carychao, Gerald W. Wiscomb, Richard A. Sweitzer, Leta Crawford-Miksza,Jeff A. Farrar, et al., "Escherichia coli O157:H7 in Feral Swine Near Spinach Fields and Cattle, Central California Coast," *Emerging Infectious Diseases* 13 (2007): pp. 1908–11; Michele T. Jay and Gerald W. Wiscomb, "Food Safety Risks and Mitigation Strategies for Feral Swine (Sus scrofa) Near Agriculture Fields," in *Proceedings of the Twenty-third Vertebrate Pest Conference*, edited by R. M. Timm and M. B. Madon. University of California, Davis, 2008.
[23] Matthew Scotch, John S. Brownstein, Sally Vegso, Deron Galusha, and Peter Rabinowitz, "Human vs. Animal Outbreaks of the 2009 Swine-Origin H1N1 Influenza A Epidemic," *EcoHealth* (2011): doi: 10/1007/s10393-011-0706-x.
[24] Laura H. Kahn, "Lessons from the Netherlands," *Bulletin of the Atomic Scientists*, January 10, 2011, accessed October 10, 2011. http://www.thebulletin. org/web-edition/ columnists/ laura-h-kahn/ lessons-the-netherlands.
[25] Laura H. Kahn, "An Interview with Laura H. Kahn," *Bulletin of the Atomic Scientists*, last updated October 8, 2011, accessed October 10, 2011. http://www. thebulletin.org/ web-edition/ columnists/laura-h-kahn/interview.
[26] Centers for Disease Control and Prevention, "Bioterrorism Agents/ Diseases," accessed October 10, 2011. http://www.bt.cdc.gov/agent/agentlist-category.asp; C. Patrick Ryan, "Zoonoses Likely to Be Used in Bioterrorism," Public Health

Reports 123 (2008): pp. 276–81.

[27] Centers for Disease Control and Prevention, "Bioterrorism Agents/ Diseases."

[28] U.S. Food and Drug Administration, "Melamine Pet Food Recall— Frequently Asked Questions," accessed October 13, 2011. http://www.fda.gov/animalveterinary/ safetyhealth/ RecallsWithdrawals/ ucm129932.htm.

[29] Melissa Trollinger, "The Link Among Animal Abuse, Child Abuse, and Domestic Violence," Animal Legal and Historical Center, September 2001, accessed October 10, 2011. http://www.animallaw.info/articles/arus30sepcololaw29.htm.

新知
文库

01 《证据：历史上最具争议的法医学案例》[美] 科林·埃文斯 著 毕小青 译
02 《香料传奇：一部由诱惑衍生的历史》[澳] 杰克·特纳 著 周子平 译
03 《查理曼大帝的桌布：一部开胃的宴会史》[英] 尼科拉·弗莱彻 著 李响 译
04 《改变西方世界的 26 个字母》[英] 约翰·曼 著 江正文 译
05 《破解古埃及：一场激烈的智力竞争》[英] 莱斯利·罗伊·亚京斯 著 黄中宪 译
06 《狗智慧：它们在想什么》[加] 斯坦利·科伦 著 江天帆、马云霏 译
07 《狗故事：人类历史上狗的爪印》[加] 斯坦利·科伦 著 江天帆 译
08 《血液的故事》[美] 比尔·海斯 著 郎可华 译 张铁梅 校
09 《君主制的历史》[美] 布伦达·拉尔夫·刘易斯 著 荣予、方力维 译
10 《人类基因的历史地图》[美] 史蒂夫·奥尔森 著 霍达文 译
11 《隐疾：名人与人格障碍》[德] 博尔温·班德洛 著 麦湛雄 译
12 《逼近的瘟疫》[美] 劳里·加勒特 著 杨岐鸣、杨宁 译
13 《颜色的故事》[英] 维多利亚·芬利 著 姚芸竹 译
14 《我不是杀人犯》[法] 弗雷德里克·肖索依 著 孟晖 译
15 《说谎：揭穿商业、政治与婚姻中的骗局》[美] 保罗·埃克曼 著 邓伯宸 译 徐国强 校
16 《蛛丝马迹：犯罪现场专家讲述的故事》[美] 康妮·弗莱彻 著 毕小青 译
17 《战争的果实：军事冲突如何加速科技创新》[美] 迈克尔·怀特 著 卢欣渝 译
18 《口述：最早发现北美洲的中国移民》[加] 保罗·夏亚松 著 暴永宁 译
19 《私密的神话：梦之解析》[英] 安东尼·史蒂文斯 著 薛绚 译
20 《生物武器：从国家赞助的研制计划到当代生物恐怖活动》[美] 珍妮·吉耶曼 著 周子平 译
21 《疯狂实验史》[瑞士] 雷托·U. 施奈德 著 许阳 译
22 《智商测试：一段闪光的历史，一个失色的点子》[美] 斯蒂芬·默多克 著 卢欣渝 译
23 《第三帝国的艺术博物馆：希特勒与“林茨特别任务”》[德] 哈恩斯 – 克里斯蒂安·罗尔 著 孙书柱、刘英兰 译
24 《茶：嗜好、开拓与帝国》[英] 罗伊·莫克塞姆 著 毕小青 译
25 《路西法效应：好人是如何变成恶魔的》[美] 菲利普·津巴多 著 孙佩妏、陈雅馨 译
26 《阿司匹林传奇》[英] 迪尔米德·杰弗里斯 著 暴永宁、王惠 译

27《美味欺诈：食品造假与打假的历史》[英]比·威尔逊 著　周继岚 译

28《英国人的言行潜规则》[英]凯特·福克斯 著　姚芸竹 译

29《战争的文化》[以]马丁·范克勒韦尔德 著　李阳 译

30《大背叛：科学中的欺诈》[美]霍勒斯·弗里兰·贾德森 著　张铁梅、徐国强 译

31《多重宇宙：一个世界太少了？》[德]托比阿斯·胡阿特、马克斯·劳讷 著　车云 译

32《现代医学的偶然发现》[美]默顿·迈耶斯 著　周子平 译

33《咖啡机中的间谍：个人隐私的终结》[英]吉隆·奥哈拉、奈杰尔·沙德博尔特 著　毕小青 译

34《洞穴奇案》[美]彼得·萨伯 著　陈福勇、张世泰 译

35《权力的餐桌：从古希腊宴会到爱丽舍宫》[法]让－马克·阿尔贝 著　刘可有、刘惠杰 译

36《致命元素：毒药的历史》[英]约翰·埃姆斯利 著　毕小青 译

37《神祇、陵墓与学者：考古学传奇》[德]C. W. 策拉姆 著　张芸、孟薇 译

38《谋杀手段：用刑侦科学破解致命罪案》[德]马克·贝内克 著　李响 译

39《为什么不杀光？种族大屠杀的反思》[美]丹尼尔·希罗、克拉克·麦考利 著　薛绚 译

40《伊索尔德的魔汤：春药的文化史》[德]克劳迪娅·米勒－埃贝林、克里斯蒂安·拉奇 著
王泰智、沈惠珠 译

41《错引耶稣：〈圣经〉传抄、更改的内幕》[美]巴特·埃尔曼 著　黄恩邻 译

42《百变小红帽：一则童话中的性、道德及演变》[美]凯瑟琳·奥兰丝汀 著　杨淑智 译

43《穆斯林发现欧洲：天下大国的视野转换》[英]伯纳德·刘易斯 著　李中文 译

44《烟火撩人：香烟的历史》[法]迪迪埃·努里松 著　陈睿、李欣 译

45《菜单中的秘密：爱丽舍宫的飨宴》[日]西川惠 著　尤可欣 译

46《气候创造历史》[瑞士]许靖华 著　甘锡安 译

47《特权：哈佛与统治阶层的教育》[美]罗斯·格雷戈里·多塞特 著　珍栎 译

48《死亡晚餐派对：真实医学探案故事集》[美]乔纳森·埃德罗 著　江孟蓉 译

49《重返人类演化现场》[美]奇普·沃尔特 著　蔡承志 译

50《破窗效应：失序世界的关键影响力》[美]乔治·凯林、凯瑟琳·科尔斯 著　陈智文 译

51《违童之愿：冷战时期美国儿童医学实验秘史》[美]艾伦·M. 霍恩布鲁姆、朱迪斯·L. 纽曼、
格雷戈里·J. 多贝尔 著　丁立松 译

52《活着有多久：关于死亡的科学和哲学》[加]理查德·贝利沃、丹尼斯·金格拉斯 著　白紫阳 译

53《疯狂实验史Ⅱ》[瑞士]雷托·U. 施奈德 著　郭鑫、姚敏多 译

54《猿形毕露：从猩猩看人类的权力、暴力、爱与性》[美]弗朗斯·德瓦尔 著　陈信宏 译

55《正常的另一面：美貌、信任与养育的生物学》[美]乔丹·斯莫勒 著　郑嬿 译

56《奇妙的尘埃》[美] 汉娜·霍姆斯 著　陈芝仪 译

57《卡路里与束身衣：跨越两千年的节食史》[英] 路易丝·福克斯克罗夫特 著　王以勤 译

58《哈希的故事：世界上最具暴利的毒品业内幕》[英] 温斯利·克拉克森 著　珍栎 译

59《黑色盛宴：嗜血动物的奇异生活》[美] 比尔·舒特 著　帕特里曼·J. 温 绘图　赵越 译

60《城市的故事》[美] 约翰·里德 著　郝笑丛 译

61《树荫的温柔：亘古人类激情之源》[法] 阿兰·科尔班 著　苜蓿 译

62《水果猎人：关于自然、冒险、商业与痴迷的故事》[加] 亚当·李斯·格尔纳 著　于是 译

63《囚徒、情人与间谍：古今隐形墨水的故事》[美] 克里斯蒂·马克拉奇斯 著　张哲、师小涵 译

64《欧洲王室另类史》[美] 迈克尔·法夸尔 著　康怡 译

65《致命药瘾：让人沉迷的食品和药物》[美] 辛西娅·库恩等 著　林慧珍、关莹 译

66《拉丁文帝国》[法] 弗朗索瓦·瓦克 著　陈绮文 译

67《欲望之石：权力、谎言与爱情交织的钻石梦》[美] 汤姆·佐尔纳 著　麦慧芬 译

68《女人的起源》[英] 伊莲·摩根 著　刘筠 译

69《蒙娜丽莎传奇：新发现破解终极谜团》[美] 让－皮埃尔·伊斯鲍茨、克里斯托弗·希斯·布朗 著　陈薇薇 译

70《无人读过的书：哥白尼〈天体运行论〉追寻记》[美] 欧文·金格里奇 著　王今、徐国强 译

71《人类时代：被我们改变的世界》[美] 黛安娜·阿克曼 著　伍秋玉、澄影、王丹 译

72《大气：万物的起源》[英] 加布里埃尔·沃克 著　蔡承志 译

73《碳时代：文明与毁灭》[美] 埃里克·罗斯顿 著　吴妍仪 译

74《一念之差：关于风险的故事与数字》[英] 迈克尔·布拉斯兰德、戴维·施皮格哈尔特 著　威治 译

75《脂肪：文化与物质性》[美] 克里斯托弗·E. 福思、艾莉森·利奇 编著　李黎、丁立松 译

76《笑的科学：解开笑与幽默感背后的大脑谜团》[美] 斯科特·威姆斯 著　刘书维 译

77《黑丝路：从里海到伦敦的石油溯源之旅》[英] 詹姆斯·马里奥特、米卡·米尼奥－帕卢埃洛 著　黄煜文 译

78《通向世界尽头：跨西伯利亚大铁路的故事》[英] 克里斯蒂安·沃尔玛 著　李阳 译

79《生命的关键决定：从医生做主到患者赋权》[美] 彼得·于贝尔 著　张琼懿 译

80《艺术侦探：找寻失踪艺术瑰宝的故事》[英] 菲利普·莫尔德 著　李欣 译

81《共病时代：动物疾病与人类健康的惊人联系》[美] 芭芭拉·纳特森－霍洛威茨、凯瑟琳·鲍尔斯 著　陈筱婉 译

新知文库近期预告（顺序容或微调）

- 《纸影寻踪：旷世发明的传奇之旅》[英]亚历山大·门罗 著　史先涛 译
- 《小心坏科学：医药广告没有告诉你的事》[英]本·戈尔达克 著　刘建周 译
- 《南极洲：一片神秘大陆的真实写照》[英]加布里埃尔·沃克 著　蒋功艳 译
- 《上穷碧落：热气球的故事》[英]理查德·霍姆斯 著　暴永宁 译
- 《牛顿与伪币制造者：科学巨人不为人知的侦探工作》[美]托马斯·利文森 著　周子平 译
- 《谁是德古拉？布莱姆·斯托克的血色踪迹》[美]吉姆·斯坦梅尔 著　刘芳 译
- 《竞技与欺诈：运动药物背后的科学》[美]克里斯·库珀 著　孙翔、李阳 译